农用运输车拖拉机驾驶与维修

主　编　李烈柳
编　者　徐天敏　李中煜　曾智艳
　　　　李中焜　喻小瑾

本书被评为"三农"
优　秀　图　书

金盾出版社

内 容 提 要

本书共分八章,系统介绍了我国现有拖拉机、农用车的结构性能特点、驾驶技术训练、维护保养知识和修理方法等,共 500 题。

全书图文结合,通俗易懂,适合驾驶员和修理工阅读,也可供农机安全监理部门、农机学校、农机培训机构和农机生产、流通、管理部门学习参考。

图书在版编目(CIP)数据

农用运输车拖拉机驾驶与维修/李烈柳主编;徐天敏等编著. —北京:金盾出版社,2003.2

ISBN 978-7-5082-2286-8

Ⅰ.农… Ⅱ.①李…②徐… Ⅲ.①农用运输车-驾驶术②农用运输车-车辆修理③拖拉机-驾驶术④拖拉机-车辆修理 Ⅳ.①S229②S219

中国版本图书馆 CIP 数据核字(2002)第 103668 号

金盾出版社出版、总发行

北京太平路 5 号(地铁万寿路站往南)
邮政编码:100036 电话:68214039 83219215
传真:68276683 网址:www.jdcbs.cn
封面印刷:北京 2207 工厂
正文印刷:北京四环科技印刷厂
装订:海波装订厂
各地新华书店经销

开本:850×1168 1/32 印张:13.75 字数:368 千字
2009 年 6 月第 1 版第 8 次印刷
印数:46781—56780 册 定价:22.00 元

(凡购买金盾出版社的图书,如有缺页、
倒页、脱页者,本社发行部负责调换)

前　言

改革开放以来,我国农机化事业迅猛发展,农村拖拉机和农用运输车拥有量迅速增多。农机驾驶员和修理人员迫切需要学习掌握较系统、全面和安全的驾车技术与修车技能,以便在科技兴农中,充分施展自己的聪明才智,更好地为支援工农业生产,繁荣城乡经济和全面建设小康社会服务。

为适应我国加入 WTO 后各地农机部门对拖拉机、农用车驾驶员技术培训和交通安全法规教育学习的新形势,提高农机驾驶员和修理人员自身的专业技术素质和农机系统员工支农服务技术水平,我们特编写此书。

本书具有理论联系实际、知识性和实用性强的特点,是农机驾驶员和修理人员及农机系统员工学习拖拉机、农用车实用机械常识、驾驶、维修、耕作技术和交通安全法规的一本科普读物。它可使农机驾驶员和修理工在实际操作中,学到方便、快捷的安全驾车小经验,掌握维修车辆小窍门和爱护车辆新办法,从而达到提高农机操作人员专业技能,延长机车使用寿命,更好地发挥机车为我国农业增产、农民增收服务的作用。

本书在编写过程中,得到了中国农机化报社,中国农机总公司,江西省农机局、江西省农机总公司、农机学会、农机流通协会,《农机市场》、《南方农机》杂志社,江西省拖拉机厂、手扶拖拉机厂,南昌柴油机厂、齿轮厂、旋耕机厂,福建龙马农用车厂,安徽南陵机械厂等单位领导和专家的热心支持和帮助。本书特邀李存想、马亭山同志为全书审稿。在此,谨向上述各单位领导和专家表示衷心感谢。

本书所用的少数图表和疑题解答,引用了一些老前辈和同行们的有关资料,特此说明,并顺致谢意。

由于作者水平有限,书中不妥之处在所难免,敬请读者批评指正。

作　者
2002 年 10 月

目　　录

第一章　拖拉机、农用车基本常识 ……………………（1）

第一节　拖拉机、农用车的分类及特点 ……………………（1）

1. 拖拉机按用途分为几类？ ……………………………（1）

2. 拖拉机按行走装置分为几类？ ………………………（2）

3. 拖拉机按功率大小分为几类？ ………………………（3）

4. 履带式拖拉机有何特点？ ……………………………（3）

5. 两轮驱动轮式拖拉机有何特点？ ……………………（4）

6. 四轮驱动轮式拖拉机有何特点？ ……………………（4）

7. 手扶拖拉机有何特点？ ………………………………（4）

8. 船形拖拉机有何特点？ ………………………………（4）

9. 农用运输车（以下简称农用车）有几类车型？

　　其特点是什么？ ……………………………………（5）

第二节　拖拉机、农用车的编号、主要技术指标及

　　　　结构特点 ………………………………………（5）

10. 你知道拖拉机型号的组成及编制方法吗？ ………（5）

11. 拖拉机由几部分组成？其各部功用如何？ ………（7）

12. 我国部分轮式与履带式拖拉机主要技术规格

　　如何？ ………………………………………………（7）

13. 农用车由几部分组成？其各部功用如何？ ………（7）

14. 三轮农用车产品型号编制有何规定？ ……………（9）

15. 四轮农用车产品型号编制有何规定？ ……………（10）

16. 三轮农用车的结构有何特点？ ……………………（11）

17. 四轮农用车的结构有何特点？ ……………………（11）

18. 农用车主要技术指标如何？ ………………………（13）

第二章　拖拉机的驾驶 …………………………………… (17)

第一节　出车前的检查与准备 …………………………… (17)

　1. 拖拉机在出车前有哪些检查内容? ………………… (17)

　2. 拖拉机起动前须做哪些准备? ……………………… (17)

第二节　拖拉机驾驶操作要点 …………………………… (18)

　3. 拖拉机应怎样起动? ………………………………… (18)

　4. 拖拉机应怎样起步? ………………………………… (19)

　5. 拖拉机应怎样换档变速? …………………………… (20)

　6. 拖拉机应怎样转向? ………………………………… (21)

　7. 拖拉机应怎样制动? ………………………………… (21)

　8. 拖拉机应怎样倒车? ………………………………… (22)

　9. 拖拉机应怎样停车和熄火? ………………………… (22)

　10. 起动手扶拖拉机发动机应注意些什么? ………… (22)

　11. 手扶拖拉机发动机在运转中有哪些注意事项? … (23)

　12. 手扶拖拉机发动机使用停机后应注意些什么? … (23)

　13. 驾驶拖拉机如何节油? ……………………………… (24)

　14. 怎样避免拖拉机翻车? ……………………………… (25)

　15. 拖拉机运输作业时怎样选择档位? ………………… (26)

　16. 拖拉机停车前怎样选择档位? ……………………… (26)

　17. 拖拉机溜坡起动有何害处? ………………………… (27)

　18. 怎样使拖拉机保持良好工作状态? ………………… (27)

　19. 挂车在使用中有哪些不安全因素? ………………… (28)

　20. 挂车钢板弹簧使用应注意哪些事项? ……………… (28)

　21. 挂车陷车时有何应急措施? ………………………… (29)

第三节　拖拉机道路安全驾驶 …………………………… (30)

　22. 驾驶员在驾驶机动车时,主要应注意哪些事项? … (30)

　23. 驾车为何后视镜不能少? …………………………… (30)

　24. 驾车在乡村道路上怎样安全行车? ………………… (31)

　25. 驾车上下渡船时应注意哪些事项? ………………… (31)

26. 驾车通过涉水路时应注意哪些事项？ ……… (32)

27. 驾车通过铁路道口时应注意哪些事项？ ……… (32)

28. 驾车怎样通过凸凹泥泞道路？ ……… (32)

29. 车辆在行进中遇有畜力车时,应注意哪些事项？
……………………………………………………… (33)

30. 马达一响为何要集中思想？ ……………… (34)

31. 生理节律与安全行车有何关系？ ………… (34)

32. 驾车为何要自我控制饮酒？ ……………… (35)

33. 酒后为何不能马上开车？ ………………… (35)

34. 驾驶员引发事故有几种不良心态？ ……… (36)

35. 为何说驾车"十次肇事九次快"？ ………… (37)

36. 你知道开车"四戒"、超车"四忌"吗？ ……… (37)

37. 你知道安全行车"九不"吗？ ……………… (38)

38. 你知道驾驶员"十忌"吗？ ………………… (38)

39. 你知道车祸"八害"吗？ …………………… (39)

40. 你知道安全行车"十二想"吗？ …………… (39)

41. 你知道安全行车"十慢"吗？ ……………… (39)

第四节　拖拉机田间作业安全驾驶 ……………… (40)

42. 拖拉机田间作业对操作人员有何要求？ … (40)

43. 拖拉机在挂接农具时应注意哪些事项？ … (40)

44. 拖拉机进行整地时应注意哪些事项？ …… (41)

45. 拖拉机进行播种插秧时应注意哪些事项？ … (42)

46. 拖拉机进行植保施肥时应注意哪些事项？ … (42)

47. 拖拉机进行收割作业时应注意哪些事项？ … (43)

48. 拖拉机进行排灌作业时应注意哪些事项？ … (44)

49. 拖拉机驾驶员作业有哪些不良行为？ …… (44)

50. 拖拉机田间作业该如何倒车和转向？ …… (45)

51. 拖拉机在作业时应怎样控制油门？ ……… (45)

52. 拖拉机在作业中为何不宜常换冷却水？ … (46)

53. 拖拉机田间作业应怎样选择档位？ …………（47）

54. 拖拉机如何选配耕整农机具？ …………（47）

55. 怎样使用圆盘犁耕作？ …………（48）

56. 怎样排除圆盘犁的使用故障？ …………（48）

57. 怎样安装旋耕机？ …………（49）

58. 怎样试耕与调整旋耕机？ …………（49）

59. 使用旋耕机应注意些什么？ …………（50）

60. 怎样安装旋耕机的犁刀？ …………（52）

61. 怎样驾驶水田耕整机犁田耙田？ …………（53）

62. 怎样调整水田耕整机犁耙作业的深浅？ …………（54）

63. 驾驶水田耕整机作业应注意些什么？ …………（54）

64. 驾驶水田耕整机出现"飞车"怎么办？ …………（57）

65. 驾驶水田耕整机出现翻车怎么办？ …………（57）

66. 驾驶水田耕整机出现陷车怎么办？ …………（57）

67. 怎样预防水田耕整机作业时翻车？ …………（57）

68. 怎样排除水田耕整机行走传动机构故障？ …………（58）

69. 怎样排除水田耕整机耕作机具的故障？ …………（59）

70. 手扶拖拉机耙田有何技巧？ …………（59）

71. 驾驶手扶拖拉机有哪四个小孔不能堵塞？ …………（60）

72. 手扶拖拉机使用铁轮应注意些什么？ …………（60）

第三章　农用车的驾驶 …………（61）

第一节　机动车驾驶证的申办与变更 …………（61）

1. 申请机动车驾驶证应具备什么条件？ …………（61）

2. 申请学习驾驶证需哪些手续？ …………（61）

3. 约考驾驶证有何规定？ …………（62）

4. 军队、武警部队驾驶证换证需要哪些手续？ …………（62）

5. 外国或港、澳、台地区驾驶证换证需要哪些手续？ …………（63）

6. 增加准驾车型需要哪些手续？ …………（63）

7. 机动车驾驶考试科目如何分？ …………（63）

8. 初考和增驾的考试科目有何规定？ ……………… （67）

9. 外国和港、澳、台地区驾驶证或国际驾驶证
   换证需考试哪些科目？ …………………………… （67）

10. 军队、武警部队驾驶证换证需考哪些科目？ ……… （67）

11. 各科目考试范围有哪些？ ………………………… （68）

12. 各科考试的顺序和方法如何？ …………………… （68）

13. 考试要求与合格标准有哪些规定？ ……………… （68）

14. 驾驶员补考有哪些规定？ ………………………… （72）

15. 驾驶员的准驾有何规定？ ………………………… （72）

16. 对驾驶证的定期审验有何规定？ ………………… （73）

17. 补发驾驶证有何规定？ …………………………… （73）

18. 更换驾驶证有何规定？ …………………………… （73）

19. 变更驾驶证有何规定？ …………………………… （74）

20. 注销驾驶证有何规定？ …………………………… （74）

21. 机动车号牌分几类？各类号牌的规格、颜
    色、适用范围如何？ ……………………………… （74）

22. 机动车行驶证是何式样？ ………………………… （76）

23. 填写行驶证有哪些要求？ ………………………… （78）

24. 机动车如何分类？ ………………………………… （78）

25. 机动车检验有哪些规定？ ………………………… （79）

26. 车辆异动登记有哪些规定？ ……………………… （80）

27. 机动车报废有哪些规定？ ………………………… （81）

28. 补发或换发机动车牌证有哪些规定？ …………… （81）

29. 申领机动车牌证应具备哪些条件？ ……………… （81）

第二节　驾驶基本动作训练 ……………………………… （82）

30. 农用车操纵机构的类型与功用如何？ …………… （82）

31. 农用车仪表的类型与功用如何？ ………………… （83）

32. 农用车常用开关的类型与功用如何？ …………… （85）

33. 驾驶农用车姿势的基本要求是什么？ …………… （86）

34. 起动农用车前应做哪些检查和准备？ ……… (87)

35. 怎样操作农用车转向盘？ ……………………… (87)

36. 怎样操作农用车油门踏板？ …………………… (88)

37. 怎样操作农用车离合器踏板？ ………………… (90)

38. 怎样操作农用车变速杆？ ……………………… (92)

39. 怎样操作农用车制动踏板？ …………………… (93)

40. 怎样操作农用车手制动杆？ …………………… (94)

41. 怎样起动农用车？ ……………………………… (95)

42. 农用车如何正确起步？ ………………………… (96)

43. 农用车如何正确换档？ ………………………… (97)

44. 农用车如何转向？ ……………………………… (99)

45. 农用车如何调头？ ……………………………… (101)

46. 农用车如何倒车？ ……………………………… (103)

47. 农用车如何制动？ ……………………………… (105)

48. 农用车如何停车？ ……………………………… (106)

49. 驾驶农用车如何会车？ ………………………… (108)

50. 驾驶农用车如何超车？ ………………………… (108)

51. 驾驶农用车如何让超车？ ……………………… (109)

52. 农用车驾驶员如何掌握车速？ ………………… (110)

53. 驾驶农用车如何节油？ ………………………… (110)

54. 农用车在途中行驶有哪些检查内容？ ………… (111)

55. 驾驶员手上油腻怎样清洗？ …………………… (112)

56. 驾驶员如何当心防冻液中毒？ ………………… (112)

第三节　一般道路驾驶训练 ……………………… (112)

57. 驾车在渣油路面行驶应注意哪些事项？ ……… (112)

58. 车辆在上下坡道及在坡道上停车应注意
　　哪些事项？ …………………………………… (113)

59. 农用车如何通过桥梁？ ………………………… (113)

60. 农用车如何通过隧道和涵洞？ ………………… (114)

61．农用车如何通过田间小道？ ……………………（115）

62．农用车如何通过集镇？ ………………………（116）

63．农用车如何上、下渡船？ ………………………（116）

64．车辆滑行应注意哪些事项？ …………………（117）

65．遇有交通阻塞情况应如何处理？ ……………（118）

66．车辆横向翻车的主要原因是什么？ …………（118）

67．车辆为何不许超载行驶？ ……………………（118）

68．在行车中不慎发生事故应采取什么措施？ …（118）

第四节　特殊情况驾驶注意事项 ……………………（119）

69．驾车遇急转弯路怎样行车？ …………………（119）

70．驾车遇坡道怎样行车？ ………………………（119）

71．驾车遇傍山险路怎样行车？ …………………（119）

72．驾车在雨雾雪中行驶应注意哪些事项？ ……（120）

73．车辆通过冰雪道路时应如何驾驶？ …………（120）

74．行车中方向失控有何应急办法？ ……………（120）

75．行车中脚制动器失灵有何应急办法？ ………（121）

76．行车中发生爆胎有何应急办法？ ……………（121）

77．车辆在坡道上失控下滑有何应急措施？ ……（121）

78．车辆在泥泞路上发生侧滑有何应急措施？ …（122）

79．夜间行车的特点是什么？ ……………………（122）

80．夜间行车应注意哪些安全事项？ ……………（123）

81．夏季行车应注意什么？ ………………………（124）

82．夏季行车遇冷却水沸腾应如何处理？ ………（124）

第四章　拖拉机、农用车的维护保养与常见故障的排除 …（125）

第一节　拖拉机的维护保养 …………………………（125）

1．拖拉机技术保养操作要点有哪些？ …………（125）

2．拖拉机在低温条件下使用应采取哪些维护措施？ …（126）

3．拖拉机在高温条件下使用应采取哪些维护措施？ …（127）

4．拖拉机在磨合期内应注意哪些事项？ ………（127）

5. 拖拉机"三漏"是怎样产生的？ ·················· （128）

6. 拖拉机"三漏"的危害是什么？ ·················· （128）

7. 如何进行拖拉机技术保养？ ···················· （129）

8. 拖拉机保养周期如何计算？ ···················· （129）

9. 拖拉机技术保养有哪些内容？ ·················· （130）

10. 怎样为拖拉机加注润滑脂？ ·················· （132）

11. 怎样保养挂车？ ······························ （136）

12. 机车水温过低有何危害？ ···················· （136）

13. 车辆在起动前为何不能反复踩油门？ ·········· （137）

14. 车辆在作业中为何不能任意改变油门？ ········ （137）

15. 熄火前为何不能猛轰油门？ ·················· （137）

16. 油门为何不能当喇叭使？ ···················· （138）

17. 停车怠速运转为何不能时间太长？ ············ （138）

18. 冬季行车为何不能立即熄火？ ················ （138）

19. 怎样维修刮水器？ ·························· （138）

20. 怎样制作简易防雾灯？ ······················ （139）

21. 三角皮带折断有何应急措施？ ················ （139）

22. 怎样快速寻找有裂纹的零件？ ················ （140）

23. 怎样检查节温器失灵？ ······················ （140）

24. 油箱开关处漏油怎么治漏？ ·················· （140）

25. 壳体接触面处漏油怎么治漏？ ················ （141）

26. 操纵杆轴处漏油怎么治漏？ ·················· （141）

27. 回转轴处漏油怎么治漏？ ···················· （141）

28. 飞轮壳处漏油怎么治漏？ ···················· （141）

29. 怎样正确调整三角皮带的松紧度？ ············ （142）

30. 怎样拆下锈蚀螺栓螺母？ ···················· （142）

31. 机车动力安全技术有何衡量标准？ ············ （142）

32. 机车配套农机具安全技术有何衡量标准？ ······ （143）

33. 拖拉机修理时有哪几种人为故障？ ·············· （143）

34．拖拉机修理中如何避免人为故障？ ⋯⋯⋯⋯⋯（144）

第二节　拖拉机的故障排除⋯⋯⋯⋯⋯⋯⋯⋯⋯（144）

35．拖拉机技术状态良好的标准有哪些？ ⋯⋯⋯（144）

36．拖拉机发生故障的原因有哪些？ ⋯⋯⋯⋯⋯（145）

37．拖拉机故障的征象有哪些？ ⋯⋯⋯⋯⋯⋯⋯（146）

38．拖拉机故障分析与排除的原则是什么？ ⋯⋯（146）

39．拖拉机常见故障怎样检查与排除？ ⋯⋯⋯⋯（147）

第三节　农用车的维护保养⋯⋯⋯⋯⋯⋯⋯⋯⋯（147）

40．农用车在磨合期有哪些注意事项？ ⋯⋯⋯⋯（147）

41．夏季如何保养农用车冷却系统？ ⋯⋯⋯⋯⋯（149）

42．怎样做好农用车的润滑保养？ ⋯⋯⋯⋯⋯⋯（150）

43．怎样做好农用车使用中保养？ ⋯⋯⋯⋯⋯⋯（152）

44．农用车如何进行技术保养？ ⋯⋯⋯⋯⋯⋯⋯（154）

45．怎样做好农用车长期停车的保养？ ⋯⋯⋯⋯（159）

第四节　农用车常见故障与排除⋯⋯⋯⋯⋯⋯⋯（159）

46．农用车故障表现特征有哪些？ ⋯⋯⋯⋯⋯⋯（159）

47．农用车故障应怎样分析判断？ ⋯⋯⋯⋯⋯⋯（160）

48．农用车故障产生的原因有哪些？ ⋯⋯⋯⋯⋯（160）

49．农用车常见故障应怎样排除？ ⋯⋯⋯⋯⋯⋯（161）

第五章　发动机（柴油机）的使用与维修⋯⋯⋯⋯⋯⋯（184）

第一节　柴油机的结构及工作原理⋯⋯⋯⋯⋯⋯（184）

1．柴油机的构造和工作原理是怎样的？ ⋯⋯⋯（184）

2．你知道内燃机型号及表示方法吗？ ⋯⋯⋯⋯（184）

3．柴油机故障检查与诊断有几种方法？ ⋯⋯⋯（186）

4．怎样判断柴油机工况的优劣？ ⋯⋯⋯⋯⋯⋯（187）

5．柴油机为何不能起动？ ⋯⋯⋯⋯⋯⋯⋯⋯⋯（188）

6．怎样排除柴油机起动困难？ ⋯⋯⋯⋯⋯⋯⋯（189）

7．柴油机为何会出现"飞车"？ ⋯⋯⋯⋯⋯⋯⋯（189）

8．怎样排除柴油机"飞车"故障？ ⋯⋯⋯⋯⋯⋯（190）

9. 柴油机出现"飞车"有何应急措施？ ·············· （191）

10. 柴油机为何出现敲击声？ ··················· （191）

11. 怎样排除柴油机的敲击声？ ················· （192）

12. 冬季起动柴油机有何禁忌？ ················· （193）

13. 冬季怎样起动柴油机？ ··················· （194）

14. 小型柴油机有几个基本系列？ ··············· （194）

15. 小型柴油机型号之前的字母含义是什么？ ······· （195）

16. 小型柴油机型号尾部符号的含义是什么？ ······· （195）

17. 小型柴油机是怎样变型的？ ················· （196）

18. 同系列柴油机的零件能通用吗？ ············· （196）

19. 柴油发动机什么情况下应大修？ ············· （197）

20. 单缸与多缸柴油机维修应注意什么？ ·········· （197）

21. 如何清除柴油机的积炭？ ················· （199）

22. 影响柴油机压缩比有几种因素？ ············· （199）

23. 柴油机废气含什么有毒物质？ ··············· （200）

24. 如何延长柴油机的使用寿命？ ··············· （201）

第二节　气缸体与曲柄连杆机构·················· （202）

25. 气缸体由哪些零部件组成,其功用如何？ ······· （202）

26. 曲柄连杆机构由哪些零部件组成,其功用如何？ ··· （203）

27. 气缸盖、气缸体为何会开裂？ ··············· （203）

28. 怎样预防气缸盖、气缸体开裂？ ············· （204）

29. 缸盖螺母拧紧力矩的规定值是多少？ ·········· （205）

30. 紧固气缸盖螺栓有何技巧？ ················· （206）

31. 怎样固装气缸盖？ ······················· （206）

32. 怎样巧拆气缸盖？ ······················· （206）

33. 怎样巧补机体、缸盖出现的砂眼？ ··········· （207）

34. 怎样用简便方法检查气缸密封性能？ ·········· （207）

35. 气缸垫烧损的原因是什么？ ················· （208）

36. 怎样预防气缸垫烧损？ ··················· （208）

37. 怎样正确安装缸垫? ……………………………… (208)

38. 气缸套端面凸出缸体平面尺寸应是多少? ……… (209)

39. 怎样拆装气缸套? ……………………………… (209)

40. 怎样选配缸套与活塞? ………………………… (210)

41. 怎样选配活塞与缸套的间隙? ………………… (210)

42. 气缸套、活塞、活塞环为何严重磨损? ………… (210)

43. 怎样预防气缸套、活塞、活塞环严重磨损? …… (211)

44. 怎样巧查活塞环的弹力? ……………………… (211)

45. 怎样检查和安装活塞环? ……………………… (212)

46. 怎样把活塞连杆组装进缸套? ………………… (215)

47. 怎样巧抽柴油机曲轴? ………………………… (215)

48. 曲轴箱漏机油怎么治漏? ……………………… (216)

49. 曲轴油封处漏油怎么治漏? …………………… (216)

50. 怎样巧装正时齿轮? …………………………… (216)

51. 怎样修复走外圈的轴承? ……………………… (217)

52. 怎样判断柴油机轴瓦间隙过大? ……………… (217)

第三节　配气机构 ………………………………… (219)

53. 配气机构由哪些零部件组成,其功用如何? …… (219)

54. 气门漏气会出现什么问题,漏气的原因是什么? … (219)

55. 怎样排除气门漏气故障? ……………………… (220)

56. 气门开度变小会出现什么问题,气门开
度变小的原因是什么? ………………………… (221)

57. 怎样排除气门开度变小故障? ………………… (221)

58. 气门积炭、烧损会出现什么问题,产生
的原因是什么? ………………………………… (222)

59. 怎样排除气门积炭、烧损故障? ……………… (222)

60. 你知道柴油机气门间隙值吗? ………………… (223)

61. 怎样检查调整气门间隙? ……………………… (223)

62. 怎样调整 S195 型柴油机气门间隙? ………… (224)

63. 怎样研磨气门？ …………………………………… (224)

64. 怎样正确铰削气门座？ …………………………… (225)

65. 气门弹簧折断有何应急方法？ …………………… (226)

66. 排气管为何冒黑烟？ ……………………………… (226)

67. 怎样消除排气管冒黑烟问题？ …………………… (227)

68. 排气管为何冒白烟？ ……………………………… (227)

69. 怎样解决排气管冒白烟问题？ …………………… (227)

70. 排气管为何冒蓝烟？ ……………………………… (228)

71. 怎样排除排气管冒蓝烟？ ………………………… (228)

72. 平衡轴为何断裂？ ………………………………… (228)

73. 怎样巧装调速器钢球？ …………………………… (229)

74. 怎样调整 S195 型柴油机减压器？ ……………… (230)

第四节　燃油系统、润滑系统和冷却系统 …………… (230)

75. 燃油系统由哪些零部件组成,其功用如何？ …… (230)

76. 润滑系统由哪些零部件组成,其功用如何？ …… (231)

77. 冷却系统由哪些零部件组成,其功用如何？ …… (233)

78. 你知道柴油机燃油供给的途径吗？ ……………… (234)

79. 你知道柴油机机油压力和温度极限值吗？ ……… (234)

80. 怎样调整机油压力？ ……………………………… (235)

81. 机油温度为何过高？ ……………………………… (235)

82. 怎样预防和排除机油温度过高故障？ …………… (236)

83. 机油耗量过大的原因是什么？ …………………… (236)

84. 怎样预防和排除机油耗量过大？ ………………… (236)

85. 油底壳机油面为何升高？ ………………………… (237)

86. 怎样预防和排除油底壳机油面升高？ …………… (237)

87. S195 型柴油机油底壳为何会渗进柴油？ ……… (238)

88. 怎样用胶粘补油箱、水箱和油底壳裂纹？ ……… (238)

89. 怎样安装喷油嘴耦件？ …………………………… (239)

90. 喷油嘴为何早期损坏？ …………………………… (239)

91. 怎样预防喷油嘴早期损坏？ …………………… (239)

92. 你知道喷油器喷油压力和喷雾锥角吗？ ……… (240)

93. 怎样修复喷油嘴喷孔变大？ …………………… (242)

94. 怎样修复起动副喷孔堵塞？ …………………… (242)

95. 怎样修复出油阀？ ……………………………… (242)

96. 怎样拔出针阀？ ………………………………… (243)

97. 怎样调整 S195 型柴油机供油提前角？ ………… (243)

98. 怎样调整 495A 型柴油机供油提前角？ ………… (245)

99. 你知道常用柴油机供油提前角是多少吗？ …… (245)

100. 你知道柴油机的润滑方式和润滑路线吗？ …… (246)

101. 怎样修复高压油管锥孔缩变？ ………………… (249)

102. 怎样安装油封？ ………………………………… (249)

103. 怎样安全焊补燃油箱？ ………………………… (250)

104. 怎样锡焊油顶杆？ ……………………………… (250)

105. 高压油管漏油怎么治漏？ ……………………… (251)

106. 润滑油管破裂后漏油怎么治漏？ ……………… (251)

107. 柴油箱漏油怎么治漏？ ………………………… (251)

108. 高压垫漏油怎么治漏？ ………………………… (251)

109. 低压油管接头处渗漏油怎么治漏？ …………… (252)

110. 怎样巧洗油箱？ ………………………………… (252)

111. 怎样巧集油底壳底部铁屑？ …………………… (252)

112. 怎样巧修油箱开关处漏油？ …………………… (252)

113. 怎样巧弯油管？ ………………………………… (253)

114. 怎样巧排机油泵内空气？ ……………………… (253)

115. 怎样巧除铁质滤芯污物？ ……………………… (253)

116. 怎样简易测试空气滤清器？ …………………… (253)

117. 柴油机水温过高的原因是什么？ ……………… (256)

118. 怎样排除柴油机水温过高？ …………………… (257)

119. 怎样清洗冷却水套内水垢？ …………………… (259)

120. 怎样清洗润滑油道？ …………………………………（259）

第六章 底盘的使用与维修……………………………（260）

第一节 传动机构……………………………………………（260）

  1. 传动机构由哪些零部件组成,其功用如何？ ………（260）

  2. 变速箱为何挂档困难？ …………………………………（261）

  3. 怎样排除变速箱挂档困难？ …………………………（261）

  4. 变速箱为何自动脱档或乱档？ ………………………（262）

  5. 怎样排除变速箱自动脱档或乱档？ …………………（262）

  6. 装配手扶拖拉机变速箱应注意些什么？ ……………（263）

  7. 更换变速箱内齿轮为何要成对？ ……………………（264）

  8. 怎样目测齿轮表面硬度？ ……………………………（264）

  9. 拆装传动齿轮有何要领？ ……………………………（265）

  10. 怎样维护保养传动齿轮？ ……………………………（265）

  11. 怎样巧拆减速齿轮外弹力挡圈？ ……………………（265）

  12. 怎样检查调整后桥小圆锥齿轮轴承预紧力？ ………（266）

  13. 怎样检查调整后桥大圆锥齿轮轴承预紧力？ ………（266）

  14. 怎样检查调整后桥盆角齿的齿侧间隙？ ……………（266）

  15. 怎样检查调整后桥盆角齿的啮合印痕？ ……………（267）

  16. 后桥过热的原因是什么？如何排除？ ………………（267）

  17. 维修装配后桥盆角齿有何窍门？ ……………………（267）

  18. 怎样判断与排除后桥异响的故障？ …………………（268）

  19. 分离轴承为什么会损坏？如何修复？ ………………（269）

  20. 怎样巧装轴承？ ………………………………………（269）

  21. 离合器为何会打滑？ …………………………………（269）

  22. 怎样判断与排除离合器打滑？ ………………………（271）

  23. 离合器沾油怎样清洗？ ………………………………（272）

  24. 离合器为何分离不彻底？ ……………………………（272）

  25. 怎样排除离合器分离不彻底故障？ …………………（273）

  26. 离合器分离间隙与踏板自由行程是多少？ …………（274）

27. 操纵离合器有何诀窍？ ……………………… （274）

28. 如何调整手扶拖拉机离合、制动手柄自由

行程？ ………………………………… （277）

29. 如何调整手扶拖拉机离合器分离间隙？ ………… （277）

30. 手扶拖拉机离合器如何使用与保养？ …………… （277）

31. 手扶拖拉机传动箱内敲击声怎样排除？ ………… （278）

32. 手扶拖拉机有哪些零件不能装反？ …………… （278）

33. 手扶拖拉机链条滚子破裂和链条断裂是何

原因？ ………………………………… （279）

34. 链条链节松动有何修理方法？ ………………… （279）

35. 磨损的链条怎样进行翻新？ …………………… （280）

36. 农用车装配传动轴应注意什么？ ……………… （280）

37. 怎样防止传动轴振抖？ ………………………… （281）

38. 组装农用车十字万向节应注意什么？ …………… （281）

第二节 行走系统 …………………………………… （281）

39. 行走系统由哪些零部件组成,其功用如何？ …… （281）

40. 怎样预防拖拉机轮胎早期磨损？ ……………… （282）

41. 怎样拆装拖拉机内、外轮胎？ ………………… （282）

42. 怎样识别国产轮胎标记？ ……………………… （283）

43. 农用轮胎分为几类？ …………………………… （284）

44. 你知道外胎胎面花纹的种类及用途吗？ ………… （284）

45. 你知道轮胎规格尺寸表示方法吗？ …………… （285）

46. 轮胎层数越多越好吗？ ………………………… （289）

47. 内胎气门芯粘连在气门嘴上怎么办？ …………… （290）

48. 水田型轮胎为何不能用于长途运输？ …………… （290）

49. 常用轮胎的充气气压和载重负荷是多少？ ……… （290）

50. 同一车上的轮胎磨损量为何有差别？ …………… （292）

51. 两只轮胎并装时应注意什么？ ………………… （293）

52. 子午线轮胎如何维护保养？ …………………… （293）

53. 怎样延长拖拉机轮胎使用寿命？ ……………… （293）

54. 为什么翻新轮胎不能用于前轮？ ……………… （294）

55. 安装车轮如何保持平衡？ ……………………… （295）

56. 轮毂螺栓为什么要采用反螺纹？ ……………… （295）

57. 怎样检查调整前轮前束和后轮轮距？ ………… （296）

58. 怎样巧修气门芯？ ……………………………… （297）

59. 怎样修复前轮胎气门损坏？ …………………… （297）

60. 怎样修复内胎气门芯阻气圈老化？ …………… （297）

61. 怎样巧拆锈死轮胎？ …………………………… （297）

62. 怎样巧治轮胎慢漏气？ ………………………… （297）

63. 农用车行走系统出故障对行车安全有何影响？ …… （298）

64. 农用车怎样巧换轮胎？ ………………………… （298）

65. 延长农用车轮胎使用寿命有何方法？ ………… （299）

第三节　转向系统………………………………… （300）

66. 转向系统由哪些零部件组成,其功用如何？ …… （300）

67. 怎样使用手扶拖拉机的转向手把？ …………… （301）

68. 轮式拖拉机转向困难的原因是什么？ ………… （302）

69. 怎样排除轮式拖拉机转向困难？ ……………… （303）

70. 轮式拖拉机前轮左右摇摆的原因是什么？ …… （304）

71. 怎样排除轮式拖拉机前轮左右摇摆？ ………… （304）

72. 链轨式拖拉机转向困难的原因是什么？ ……… （304）

73. 怎样排除链轨式拖拉机转向困难？ …………… （305）

74. 农用车转向系统出故障对行车安全有何影响？ …… （306）

75. 农用车底盘安装哪种滚动轴承和油封？ ……… （307）

76. 怎样识别油封标记？ …………………………… （309）

77. 滚动轴承可分为几类？ ………………………… （309）

78. 怎样识别轴承标记？ …………………………… （310）

第四节　制动系统………………………………… （317）

79. 制动系统由哪些零部件组成,其功用如何？ …… （317）

80. 拖拉机驾驶员如何做好预见性制动？ ············· （319）

81. 你知道拖拉机制动器的种类和构造吗？ ········· （319）

82. 拖拉机制动器为何失灵？ ····················· （319）

83. 怎样调整制动器踏板自由行程？ ··············· （320）

84. 拖拉机制动时两边驱动轮为何不能同时制动？ ····· （321）

85. 怎样排除两边驱动轮不能同时制动的故障？ ····· （322）

86. 拖拉机制动器为何产生"自刹"现象？ ··········· （323）

87. 怎样排除制动器"自刹"故障？ ················· （323）

88. 怎样排除制动器发热故障？ ··················· （323）

89. 气压制动器为何会咬死？ ····················· （323）

90. 怎样排除气压制动器咬死故障？ ··············· （324）

91. 气压制动为何失灵？ ························· （325）

92. 怎样排除气压制动失灵？ ····················· （325）

93. 制动气室皮碗破裂有何应急方法？ ············· （326）

94. 如何检查拖拉机的制动性能？ ················· （326）

95. 农用车驾驶员如何做好预见性制动？ ··········· （326）

96. 农用车怎样紧急制动？ ······················· （327）

97. 农用车怎样利用发动机制动？ ················· （327）

98. 农用车制动系统出故障对行车安全有何影响？ ····· （327）

99. 农用车驾驶员制动器怎样调整？ ··············· （328）

100. 农用车脚踏板自由行程怎样调整？ ··········· （328）

第五节 液压悬挂系统 ································· （329）

101. 液压悬挂系统由哪些零部件组成，其功用

如何？ ································· （329）

102. 如何正确使用拖拉机的液压悬挂系统？ ········· （330）

103. 液压油缸内漏有何应急方法？ ··············· （331）

104. 怎样排除拖拉机液压系统油路故障？ ··········· （331）

105. 怎样排除拖拉机液压系统油缸故障？ ··········· （332）

106. 怎样排除拖拉机液压油泵故障？ ··············· （333）

107. 怎样排除拖拉机液压系统分配器故障？ ⋯⋯⋯ (333)

108. 拖拉机液压系统提升农具为何不能下降？ ⋯⋯ (335)

109. 怎样排除液压系统提升农具后不能下降的
      故障？ ⋯⋯⋯⋯⋯⋯⋯⋯⋯⋯⋯⋯⋯⋯⋯⋯ (335)

110. 液压装置为何不能保持作业农具所需高度？ ⋯ (335)

111. 怎样排除液压装置不能保持作业农具所需
      高度的故障？ ⋯⋯⋯⋯⋯⋯⋯⋯⋯⋯⋯⋯⋯ (337)

112. 拖拉机液压系统分配器手柄为何不能定位？ ⋯ (338)

113. 怎样排除分配器手柄不能定位故障？ ⋯⋯⋯⋯ (338)

114. 液压系统分配器手柄为何不能跳回“中立”
      位置？ ⋯⋯⋯⋯⋯⋯⋯⋯⋯⋯⋯⋯⋯⋯⋯⋯ (338)

115. 怎样排除分配器手柄不能跳回“中立”位置
      的故障？ ⋯⋯⋯⋯⋯⋯⋯⋯⋯⋯⋯⋯⋯⋯⋯ (339)

116. 拖拉机液压系统高压软管为何破裂？ ⋯⋯⋯⋯ (339)

117. 怎样预防液压系统高压软管破裂？ ⋯⋯⋯⋯⋯ (340)

118. 拖拉机液压系统为何会进入空气？ ⋯⋯⋯⋯⋯ (340)

119. 怎样预防拖拉机液压系统进入空气？ ⋯⋯⋯⋯ (340)

120. 怎样拆单作用油缸的活塞？ ⋯⋯⋯⋯⋯⋯⋯⋯ (341)

121. 农用车液压自卸机构如何使用与维修？ ⋯⋯⋯ (341)

122. 怎样排除农用车液压制动系统的空气？ ⋯⋯⋯ (342)

123. 农用车液压制动系统使用中应注意什么？ ⋯⋯ (342)

第七章　电气设备使用与维修⋯⋯⋯⋯⋯⋯⋯⋯⋯⋯ (344)

第一节　蓄电池的使用与维护⋯⋯⋯⋯⋯⋯⋯⋯⋯ (344)

1. 拖拉机、农用车电气设备由几部分组成，其功用
    如何？ ⋯⋯⋯⋯⋯⋯⋯⋯⋯⋯⋯⋯⋯⋯⋯⋯ (344)

2. 拖拉机、农用车电气设备的特点是什么？ ⋯⋯⋯ (344)

3. 蓄电池的功用是什么？ ⋯⋯⋯⋯⋯⋯⋯⋯⋯⋯ (345)

4. 怎样正确使用蓄电池？ ⋯⋯⋯⋯⋯⋯⋯⋯⋯⋯ (345)

5. 蓄电池的极板为何会硫化？ ⋯⋯⋯⋯⋯⋯⋯⋯ (347)

6. 怎样预防蓄电池极板硫化？ …………………（348）

7. 蓄电池为何自行放电？ …………………（348）

8. 怎样预防蓄电池自行放电？ …………………（349）

9. 配制和添加蓄电池电解液时应注意什么？ ………（349）

10. 蓄电池使用中何时充电好？ …………………（350）

11. 蓄电池应怎样安全充电？ …………………（351）

12. 蓄电池应怎样维护保养？ …………………（351）

13. 怎样预防蓄电池爆炸？ …………………（352）

14. 农用车蓄电池在使用中应注意什么？ ………（353）

第二节　发电机电气系统…………………（353）

15. 发电机有几种,其功用如何？ …………………（353）

16. 发电机为何不发电？ …………………（354）

17. 怎样排除发电机不发电的故障？ …………………（355）

18. 怎样检测直流发电机有无断路、短路和搭铁？ …（356）

19. 发电机为何温度过高？ …………………（357）

20. 怎样排除发电机温度过高的故障？ …………………（358）

21. 怎样调整发电机调节器？ …………………（358）

22. 你知道发电机调节器调整数据吗？ …………………（359）

23. 发电机在使用时应注意什么？ …………………（360）

24. 火花塞为何无火花或火花微弱？ …………………（361）

25. 怎样预防和排除火花塞无火花的故障？ ………（361）

26. 怎样巧除火花塞积炭？ …………………（362）

27. 怎样使用电喇叭？ …………………（362）

28. 怎样排除电喇叭故障？ …………………（363）

29. 如何防止搭铁线引发的电路故障？ …………………（363）

30. 电路总开关导电不良怎么修理？ …………………（364）

31. 电流表指针为何在"0"位不动？ …………………（364）

32. 电流表指针超过"＋"15 安怎么办？ …………………（365）

33. 电流表为何在"＋"侧左右摆动？ …………………（365）

34. 电流表指针为何在 0～－5 安范围内摆动？ ······ (365)

35. 电流表指针为何在 0～＋25 安内大幅摆动？ ······ (365)

36. 电流表指针为何指向"－"向最大电流值？ ······ (366)

37. 农用车仪表在使用时应注意什么？ ······ (366)

38. 农用车洗涤器在使用中应注意什么？ ······ (366)

39. 农用车刮水器不能工作怎么办？ ······ (367)

40. 农用车刮水器在工作中突然停止运动怎么办？ ······ (367)

41. 农用车刮水器刮刷摆动不对称怎么办？ ······ (367)

第三节 起动电动机的使用与保养 ······ (368)

42. 起动电动机的功用是什么？ ······ (368)

43. 电起动机接通电路为何不运转？ ······ (368)

44. 怎样排除电起动机不运转故障？ ······ (369)

45. 电起动机运转为何无力？ ······ (370)

46. 怎样排除电起动机运转无力故障？ ······ (370)

47. 怎样安装、使用、保养起动机？ ······ (371)

48. 如何判断起动机带不动发动机？ ······ (371)

49. 起动机在使用时应注意什么？ ······ (372)

第八章 拖拉机、农用车油液 ······ (373)

第一节 拖拉机、农用车用燃油 ······ (373)

1. 拖拉机和农用车应选用何种燃油？ ······ (373)

2. 怎样净化柴油机燃油？ ······ (373)

3. 使用油料应注意些什么？ ······ (374)

4. 怎样用简便方法识别各种油料？ ······ (375)

5. 怎样选用柴油？ ······ (376)

第二节 拖拉机、农用车用润滑油 ······ (376)

6. 润滑油的性质和作用是什么？ ······ (376)

7. 润滑油的压力对柴油机工作有何影响？ ······ (377)

8. 润滑油的流量对柴油机工作有何影响？ ······ (377)

9. 润滑油的温度对柴油机工作有何影响？ ······ (378)

　　10. 变速箱与后桥的齿轮润滑油有何区别？ ············ (378)

　　11. 怎样用简便方法识别使用中机油的好坏？ ········ (378)

　　12. 怎样选用机油？ ···································· (379)

　第三节　其他油液的选用································ (380)

　　13. 怎样选用齿轮油？ ······························ (380)

　　14. 怎样选用润滑脂？ ······························ (380)

　　15. 怎样选用制动液？ ······························ (381)

　　16. 废机油为何不能代替齿轮油？ ··············· (381)

　　17. 你会使用金属清洗剂吗？ ······················ (381)

附录··· (383)

　一、中华人民共和国机动车驾驶证管理办法 ·············· (383)

　二、中华人民共和国机动车驾驶员考试办法 ·············· (392)

　三、道路交通标志图解 ································ (395)

　四、机动车驾驶员交通违章记分办法 ·················· (402)

　五、我国农用车 2001 年 1～9 月产销量情况 ·············· (409)

　六、我国大中型拖拉机 2001 年 1～6 月排名前 10 名

　　　企业的产销量 ···································· (410)

第一章 拖拉机、农用车基本常识

第一节 拖拉机、农用车的分类及特点

1. 拖拉机按用途分为几类？

答 拖拉机按用途可分为三类：

（1）工业拖拉机 主要用于筑路、矿山、水利、石油和建筑工程上，也可用于农田基本建设作业。

（2）林业拖拉机 主要用于林区集材，即把采伐下来的木材收集并运往林场。配带专业机具也可以进行植树、造林和伐木作业，如 J-80 型和 J-50A 型拖拉机。一般带有绞盘、搭载板和清除障碍装置等。

（3）农业拖拉机 农业拖拉机主要用于农业生产，按其用途又可分为：

①普通拖拉机。它主要用于一般条件下的农田移动作业、固定作业和运输作业等。如丰收-180、泰山-25、上海-50、铁牛-650 等型号拖拉机。

②中耕拖拉机。主要用于中耕作业，也兼用于其他作业。如长春-400 型即属于万能中耕拖拉机，它的特点是拖拉机离地间隙较大（一般在 630 毫米以上），轮胎较窄。

③园艺拖拉机。主要适用于果园、菜地、茶林等处作业。它的特点是体积小、机动灵活、功率小。如金狮-61 型园艺多功能拖拉机等。

④特种型式拖拉机。它适于在特殊工作环境下作业或适应某

种特殊需要的拖拉机。如湖北-12型、江西-12型机耕船、机滚船，山地拖拉机、水田拖拉机等。

2. 拖拉机按行走装置分为几类？

答 (1)履带(也叫链轨)式拖拉机 它的行走装置是履带，主要适用于土质粘重、潮湿地块田间作业，农田水利、土方工程等农田基本建设工作。如东方红-75、东方红-802、东方红-70T、东方红1002/1202、上海-120、红旗-150等型号。

(2)轮式拖拉机 它的行走装置是轮子。按其行走轮或轮轴的数量不同又可分为手扶式和轮式拖拉机两种：

①手扶拖拉机。它的行走轴只有一根。如轮轴上只有一个车轮的称为独轮拖拉机，有两个车轮的称为双轮拖拉机。由于它们只有一根轮轴，因此在农田作业时操作者多为步行，用手扶持操纵拖拉机作业，所以，我国习惯上将单轴独轮和双轮拖拉机称为手扶拖拉机。如东风-12型、工农-12型、长江101-121型、桂花GN61型等手扶拖拉机。手扶拖拉机根据带动农具的方法不同又可分为：

A. 牵引型手扶拖拉机。它只用于牵引作业，如牵引犁、耙进行农田作业，牵引挂车运输作业等。

B. 驱动型手扶拖拉机。它与旋耕机联成一体，只能进行旋耕农田作业，不能做牵引工作。

C. 兼用型手扶拖拉机。它兼有上述两种机型作业性能。由于它使用范围较广，所以目前生产的手扶拖拉机多属此种。

②轮式拖拉机。它有两根行走轮轴，如轮轴上有三个车轮称为三轮拖拉机；如有四个车轮称为四轮拖拉机。我国目前生产和应用最广泛的是四轮拖拉机。按驱动型式不同，四轮拖拉机又可分为：

A. 两轮驱动轮式拖拉机。一般为后两轮驱动，前两轮转向。驱动型式的代号以 4×2 来表示(4 和 2 分别表示车轮总数和驱动轮数)。在农业上主要用于一般田间作业、排灌和农副产品加工以及运输等项作业。

B. 四轮驱动轮式拖拉机。前后四个轮都由发动机驱动。驱动型式代号为 4×4。在农业上主要用于土质粘重、大块地深耕,泥泞道路运输作业;在林业上主要用于集材和短途运材。

③船形拖拉机。是一种水田用的拖拉机,它的特点是用船体支承整机重量,适用南方湖田、深泥脚水田作业。

④耕整机。是我国近几年新开发的一种结构简单、采用独轮或双轮驱动,适用于小块地水耕和旱耕的简易小型农用动力机械。

3. 拖拉机按功率大小分为几类?

答 拖拉机按功率大小可分为:

(1)大型拖拉机 功率为 73.6 千瓦(100 马力)以上。

(2)中型拖拉机 功率为 14.7~73.6 千瓦(20~100 马力)。

(3)小型拖拉机 功率为 14.7 千瓦(20 马力)以下。

4. 履带式拖拉机有何特点?

答 由于履带式拖拉机是通过卷绕的履带支承在地面上,履带与地面接触面积大,压强小。如东方红-802 型的接地压力为 44.1 千帕(0.45 千克/厘米^2),所以拖拉机不易下陷。由于履带板上有很多履刺插入土内,易于抓住土层,在潮湿泥泞或松软土壤上不易打滑,因此有良好的牵引附着性能。与同等功率的其他类型拖拉机相比较,它能发出较大的牵引力,因而履带式拖拉机对不同的地面和土壤条件适应性好,并能做其他类型拖拉机难以胜任的开荒、深翻和农田基本建设等繁重工作;它的缺点是体积大而笨重,所用金属多,价格和维修费用高,配套农具较少,作业范围窄,易破坏路面而不适于公路运输,所以综合利用性能低。

5. 两轮驱动轮式拖拉机有何特点？

答 其基本特点与履带式拖拉机相反。它的体积小、重量较轻，所用金属少，价格和维修费用较低，配套农具较多，作业范围较广，能用于公路运输，每年使用时间较长，所以综合利用性能高；它的缺点是对地面压强较大，在田间作业时轮胎气压一般为 $83.3\sim137.2$ 千帕（$0.85\sim1.4$ 千克/厘米^2），硬路面上不如履带式拖拉机。

6. 四轮驱动轮式拖拉机有何特点？

答 其特点介于两轮驱动和履带式拖拉机之间，它是兼有两者的某些优点的机型。由于它是四轮驱动，所以其牵引性能比两轮驱动的轮式拖拉机高 $20\%\sim50\%$，适用于挂带重型或宽幅高效农具，也适于农田基本建设。在中等湿度土壤上作业时，它与履带式拖拉机工作质量相差不多，但在高湿度粘重土壤上作业相差较大。在结构上，它比两轮驱动轮式拖拉机复杂，价格高，但比履带式拖拉机所用金属少，价格低。

7. 手扶拖拉机有何特点？

答 其特点是体积小，重量轻，结构简单，价格便宜，机动灵活，通过性能好。它不仅是小块水田、旱田和丘陵地区的良好耕作机械，而且适于果园、菜园的多项作业。此外，手扶拖拉机还能与各种农副产品加工机械配套，既可进行固定作业又可进行短途运输，每年使用时间很长，综合利用性能高。因此，在我国生产和使用的拖拉机中，手扶拖拉机数量为最多。它的缺点是功率小，生产率低，经济性较差，水田作业劳动强度大。

8. 船形拖拉机有何特点？

答 目前，船形拖拉机主要型式是机耕船和机滚船。它是我国南方水田地区近年发展的一种新型拖拉机(如湖北-12型机耕船、江西-12型机耕船)。它主要是在水田、湖田作为动力与耕、耙、滚作业机具配套使用;若把驱动轮换成胶轮则可作为动力配带挂车供运输用。它的工作原理是利用船体支承整机的重量,通过一般为楔形的铁轮与土层作业推动船体滑移前进,并带动配套农具在水田里作业。在低洼、烂泥较深、无硬底层,牛和其他型式拖拉机很难进行作业的田里,由于它不沉陷、不破坏土壤,前进阻力小,所以比其他型式的拖拉机和耕牛都具有较大适用性。它的缺点是作业范围较窄,作业项目较少,综合利用性能低。

9. 农用运输车(以下简称农用车)有几类车型?其特点是什么?

答 国产农用车按行走装置分为三轮农用车和四轮农用车两大类。

农用车的结构和性能介于拖拉机和汽车之间,以柴油机为动力,低成本,小吨位,中低车速,适合在乡村公路上行驶,是我国农村现阶段条件下的短途运输车辆。

第二节 拖拉机、农用车的编号、主要技术指标及结构特点

10. 你知道拖拉机型号的组成及编制方法吗?

答 (1)国产拖拉机型号的组成及编制方法:

①拖拉机型号一般由系列代号、功率代号、型式代号、功能代号和区别标志组成,按表示顺序排列。

②系列代号用不多于两个大写汉语拼音字母表示(后一个字母不得用 I 和 O),用以区别不同系统或不同设计的机型。如无必要,系列代号可省略。

③功率代号用发动机标定功率值附近的圆整数值表示,功率的计量单位为千瓦(kW)。

④型式及功能代号。

⑤结构经重大改进后,可加注区别标志,区别标志用阿拉伯数字表示。拖拉机型号的组成及编制方法,见表1-1。

表1-1　拖拉机型号的组成及编制方法

系列代号	功率代号	型式代号,采用下列数字符号		功能代号,采用下列字母符号	区别标志
0		后轮驱动四轮式	(空白)	一般农业用	
1		手扶式(单轴式)	G	果园用	
2		履带式	H	高地隙中耕用	
3		三轮式或并置前置前轮式	J	集材用	
4		四轮驱动式	L	营林用	
5		自走底盘式	P	坡地用	
6			S	水田用	
7			T	运输用	
8			Y	园艺用	
9		船形	Z	沼泽地用	

(2)型号示例:

①91:9千瓦左右的手扶拖拉机。

②110-1:11千瓦左右的轮式拖拉机,第一次改进。

③362-J:36千瓦左右的履带式集材用拖拉机。

④B104G：B 系列，10 千瓦左右的四轮驱动果园用拖拉机。

11. 拖拉机由几部分组成？其各部功用如何？

答 拖拉机虽是一种比较复杂的机器，其型式和大小也各不相同，但它们都是由发动机、底盘和电气设备三大部分组成的。

发动机、底盘和电气设备的功用是：

（1）发动机的功用 它是拖拉机产生动力的装置。其作用是将燃料的热能转变成为机械能向外输出动力。我国目前生产的农用拖拉机都采用柴油机。

（2）底盘的功用 它是拖拉机传递动力的装置。其作用是将发动机的动力传递给驱动轮和工作装置使拖拉机行驶，并完成移动作业和固定作业。这个作业是通过传动系统、行走系统、转向系统、制动系统和工作装置的相互配合、协调工作来实现的，同时它们又组成了拖拉机的骨架和身躯。因此，我们把上述四大系统和一大装置统称为底盘。

（3）电气设备的功用 它是保证拖拉机实现各种功能的用电装置。其作用是解决照明、安全信号和发动机的起动。

12. 我国部分轮式与履带式拖拉机主要技术规格如何？

答 我国部分轮式与履带式拖拉机主要技术规格见表 1-2。

13. 农用车由几部分组成？其各部功用如何？

答 农用运输车由发动机、底盘（传动、行走和操纵系统等）、电气设备三部分组成。

（1）发动机的功用 农用运输车上使用的发动机均为柴油机，它是利用柴油在气缸内燃烧放出的热能，通过活塞、连杆、曲轴等零件运动的作用，把热能转换成机械能而做功，驱动车辆行驶，它是农用运输车的动力源。

（2）底盘的功用 是将发动机输出的转矩转变成驱动轮的驱

表 1-2　我国部分轮式与履带式拖拉机主要技术规格

型　号		泰山12	湘台140	东方红150	丰收180	泰山25	神牛254	长春400	上海50	江苏504	铁牛55C	铁牛650	东方红802
外形尺寸	长(mm)	2540	2170	2520	2550	3005	2900	3960	3100	3590	4100	4220	4280
	宽(mm)	1160	1200	1170	1155	1335	1400	1958	1670	1660	1934	1934	1850
	高(mm)	1240	1235	1270	1340	1470	1450	2465	2330	1780	1910	1910	2432
拖拉机使用重量(kg)		990	660	950	880	1210	1320	2530	1860	2280	3000	3200	6200
拖拉机最低离地间隙(mm)		245	275	251	290		282	630	400	360	640	640	260
最小转弯半径(m)		2.6	2.95	1.97	2.3	2.8	2.9	4.2	3.01	3.8	5.0		
额定牵引力(N)		2942	3500	3500	3920	6700	7500	9800	11760	15000	13730	13720	35110
速度(km/h)	I 档	1.90	2.0	2.31	1.06	1.66	1.66	4.15	2.15	2.12	1.32	1.53	4.71
	II 档	4.40	3.82	3.80	1.4	2.09	2.09	5.74	3.45	3.19	1.76	1.85	5.50
	III 档	5.97	5.84	5.43	2.6	3.40	3.40	7.11	6.71	5.21	2.17	2.28	6.86
	IV 档	7.07	7.59	8.48	4.6	5.40	5.40	9.92	8.58	7.03	4.03	4.24	8.20
	V 档	13.90	14.48	10.65	5.5	6.49	6.49	20.76	14.13	8.48	6.21	6.54	10.80
	VI 档	22.17	22.14	15.22	7.4	8.20	8.20	28.67	26.86	12.76	6.09	7.09	
	VII 档			23.77	13.5	13.34	13.34			20.84	8.14	8.57	
	VIII 档				23.7	21.20	21.20			28.12	10.02	10.54	
	IX 档										18.58	19.56	
	X 档										28.64	30.15	
	倒 I 档	4.58	2.0	3.06	1.2	1.55	1.55	5.36	2.84	2.79	1.32	1.40	3.18
	倒 II 档	7.59	7.59	8.58	6.5	6.06	6.06	7.31	11.35	11.16	6.10	6.43	
发动机	型　号	195	195	S1100	J285T	295T	295T	495A	495A	495A	4115TA1	X4115T1	4125A4
	缸径×冲程(mm×mm)	95×115	95×110	100×120	85×101.6	95×115	95×115	95×115	95×115	95×115	115×130	115×130	125×152
	活塞总排量(L)				1.15	1.63	1.63	3.26	3.26	3.26	5.4		
	压缩比				19	19	19	16.5	16.5	16.5	18.5		
	额定功率(kW)/相应转速(r/min)	8.8/2000	8.8/2000	11/2000	13.2/2200	17.7/2000	17.7/2000	29.4/1600	36.8/2000	36.8/2000	40.5/1500	47.8/1700	58.8/1550

注：＊I档～V档为低I档～低V档，VI档～X档为中I档～中V档，此外还有高I档～高V档，其速度为10.46～28.70km/h，倒I档～倒II档为13.8km/h。

动力,并承担载荷和满足农用运输车使用要求进行运输作业。

(3)电气设备的功用 主要用于起动发动机、照明及信号显示。如龙马牌 LM12Z(平头车型)主要设备的型号规格如下:发电机型号 SFF-2T-280;起动机型号 QD13 或 QD122;蓄电池型号 6-QA-90;刮水器型号 LM2008VW-48051;喇叭型号 DL34G-12;整流调节器型号 FZT-280;前大灯菲亚特单大灯 45W/40W;前小灯 LM1508-48003(含转向灯);后组合灯新 BJ130、后组合灯 20,20/12.8W。

14. 三轮农用车产品型号编制有何规定?

答 各种三轮农用运输车按 NT89—74《农机产品编号规则》编制产品型号、牌号。说明如下:

(1)三轮农用运输车的型号由产品的类别代号、特征代号和主参数三段组成。

(2)类别代号,按 NT89—74 第 13 条规定,三轮农用运输车的类别代号为 7Y。

(3)特征代号,用 1~3 个大写拼音字母表示,字母的含义如下:J—带驾驶室,P—转向盘转向(转向把、无驾驶室、单功能,为基本型无特征代号)。

(4)主参数。主参数由三位数组成:左边第一位用发动机一小时功率千瓦数附近的整数表示,根据实际配套的柴油机规格和功率值,统一取下列值表示:175 型柴油机表示为 5,180 型柴油机表示为 6,185 型柴油机表示为 7,190 型柴油机表示为 8,195 型柴油机表示为 9;左边第二、三位数字用额定载重量千克数的 1/10 表示:如载重量 500 千克表示为 50,载重量 750 千克表示为 75。

(5)结构重大改变的改进产品应在原型号后加注字母"A",如进行了数次改进,则在字母 A 后从 2 开始加注顺序号。

(6)型号示例:7Y—550 表示配 175 型柴油机、额定载重量为 500 千克的基本型三轮农用运输车;7YJ—550 表示 7Y—550 型加驾驶室的三轮农用运输车;7YPJ—975 表示配 195 型柴油机、载重量 750 千克、转向盘转向、带驾驶室三轮农用运输车。

为了提高产品质量,保证行车安全,1993 年 5 月 13 日公安部发出机械农(1993)154 号文件,并印发《1993 年三轮农用运输车生产企业产品目录》(以下简称《目录》)通知。通知中指出,经审查,不具备生产条件的企业及不能满足基本安全要求的机型,没有列入《目录》的企业及其产品,一律不核发行车牌证。《目录》共列入 111 家企业的 359 种车型。

15. 四轮农用车产品型号编制有何规定?

答　四轮农用车是指发动机为柴油机,功率不大于 28 千瓦(38 马力),载重量不大于 1500 千克,最高车速不大于 50 公里/小时的四个车轮(后车轮为单胎)的机动车。

四轮农用车产品型号编制规定:

(1)四轮农用车的型号包括拼音字母和数字两部分。由功率代号和载重代号组成,必要时加注结构特征标志。

(2)功率代号,用发动机标定功率千瓦数附近的圆整数值表示。

(3)载重量代号,用额定载重量百千克数附近的圆整数值表示。小于 1000 千克的载重量,在百千克数前加"0"。

(4)结构特征标志,用 1～3 个大写拼音字母表示,字母含义如下:D—单排座自卸式;W—双排座非自卸式;M—双排座自卸式;S—四轮驱动型;Z—折腰转向式;P—排半;C—长头;Q—清洁;L—冷藏;H—活鱼;SS—洒水;F—吸粪。

(5)型号示例,如车型号 2815SZM,表示该车的功率约为 28千瓦,载重量约为 1500 千克,四轮驱动、折腰转向、双排座、自卸式农用运输车。

四轮农用车的控制生产与及规划,与三轮农用车一样,凡未列入《目录》的企业及其产品一律不核发行车牌证。1993 年 8 月 7 日机械工业部和公安部下发机械农［1993］392号文件，并印发《1993年四轮农用车生产企业及其产品目录》。《目录》共列入167家企业的672种车型。

16. 三轮农用车的结构有何特点？

答 三轮农用车由发动机、底盘（包括传动、行走、制动系统等）和车身组成（见图1-1）。配套动力一般为6～12马力单缸卧式柴油机。动力经由三角皮带传给底盘的传动系统。一般柴油机纵向前置，后轮双轮驱动。离合器采用手扶拖拉机干式双片常接合式离合器。变速箱的结构比较简单，有二档位、三档位、四档位三种。后桥一般为非独立悬挂整体结构，变速箱与后桥之间用单排或双排套筒滚子链条传动。车架用无缝方管和角钢焊接而成。行走装置由前轮总成和后轮总成两部分组成。制动系统比较简单，前轮无制动机构、后轮为凸轮蹄式结构。

三轮农用车由于配套动力较小，它的载重量一般为0.5～0.8吨；时速为30～40公里；最小离地间隙为170～190毫米；爬坡能力为10°～20°。三轮农用车振动较大、噪声较大、操作平稳性较差，是一种结构简单、维修方便、价格便宜的经济车型（目前，车型有无棚手把式和有棚转向盘式）。

17. 四轮农用车的结构有何特点？

答 我国农用车大部分是由农机、拖拉机制造厂生产制造的，一开始便带有拖拉机结构和性能的某些色彩。除配用柴油机外，还采用了某些拖拉机的总成，由于在乡村公路行驶，速度较低，也便于拖拉机驾驶员操作。

多年来的发展，四轮农用车发动机由卧式单缸机发展到立式多缸机；功率由9～11千瓦发展到24～28千瓦；传动系统由皮带传动发展到轴传动，变速箱普遍为（4＋1）档；最高车速从20公里/小时，提高到50公里/小时；并具有完整的后桥悬挂系统及双管路

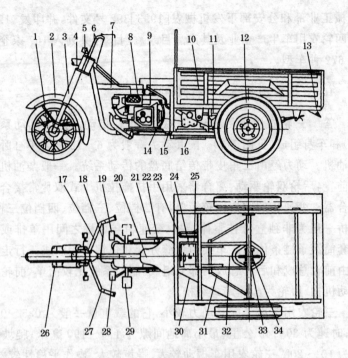

图 1-1 三轮农用车的结构图

1. 前轮总成　2. 前轮挡泥板　3. 前叉组件　4. 前大灯　5. 前转向灯　6. 手油门　7. 车架总成　8. 柴油机　9. 变速杆　10. 车厢　11. 钢板弹簧　12. 后轮总成　13. 尾灯　14. 制动主拉杆　15. 制动中间摆臂　16. 制动踏板回位弹簧　17. 转向手把　18. 手油门拉线　19. 离合器踏板　20. 坐凳　21. 皮带护罩　22. 发电机　23. 三角皮带　24. 离合器、皮带盘　25. 变速箱　26. 前轮轴　27. 组合开关　28. 制动踏板　29. 脚蹬板　30. 制动后拉杆　31. 斜推力杆　32. 链条　33. 后桥体　34. 差速器

制动装置;载重量由 500～750 千克发展到 1000～1500 千克;车型有单排座、双排座、自卸车、客货两用车。四轮农用车具有较好的动力性和经济性指标,是一种受农民欢迎的车型。图 1-2 为四轮农用车结构图。

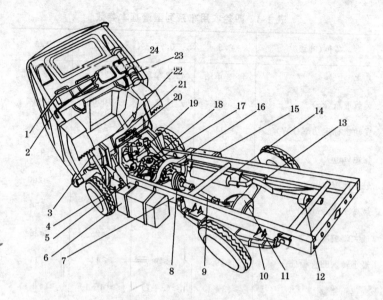

图 1-2 四轮农用车结构图

1. 锁紧机构 2. 驾驶室 3. 转向机 4. 车轮(6.50-16,10 层级) 5. 前轴
6. 油箱 7. 车架 8. 驻车制动器 9. 传动轴 10. 钢板弹簧 11. 驱动桥
12. 备胎紧固器 13. 制动油管 14. 排气管 15. 蓄电池 16. 变速箱 17.
离合器 18. 变速杆 19. 发动机 20. 空气滤清器(二缸、三缸发动机带) 21.
散热器 22. 变速手柄 23. 保险机构 24. 空气滤清器进气管(四缸机用)

18. 农用车主要技术指标如何？

答 农用车根据不同车型质量其技术指标参数略有不同,区分如下:

(1)四轮农用车系列型谱基本参数,见表 1-3。

表 1-3　四轮农用车系列型谱基本参数

吨位(吨级)	0.5	0.75	1.0	1.5
基本型	4×2单胎	4×2单胎	4×2单胎	4×2单胎
装载重量(kg)	500	750	1000	1500
发动机标定功率(kW)	≤11	≤16	≤20	≤28
轮距(mm)	1200	1200	1350	1350
最小地隙(mm)	≥165	≥165	≥200	≥200
最高车速(km/h)	≤50	≤50	≤50	≤50
最大爬坡度(%)	≥20	≥20	≥25	≥25
最小转向圆直径(m)	≤9	≤9	≤11	≤11
变速箱档数	≥(3+1)	≥(3+1)	≥(4+1)	≥(4+1)
空载静态侧向稳定角(°)	≥35	≥35	≥35	≥35
功率输出装置	选装	选装	选装	选装
变型	自卸车、双排座 客货两用车 公共事业变型	自卸车、双排座 客货两用车 公共事业变型	自卸车、双排座 客货两用车 公共事业变型	自卸车、双排座 客货两用车 公共事业变型

(2)型号示例　北汽福田四轮汽车主要技术参数见表1-4。

表1-4 北汽福田四轮汽车主要技术参数两例

BJ1028E 系列柴油汽车主要技术参数

目录号	外廓尺寸(长×宽×高)(mm)	货厢内部尺寸(长×宽×高)(mm)	发动机	变速箱	轮胎	轮距(前/后)(mm)
BJ1028E1	4460×1610×1800	2810×1515×342	480Q	CG4—10T7	后轮单胎 6.00—14	1300/1300
BJ1028PE1	4430×1610×1860	2400×1515×342				
BJ1028AE1	4430×1610×1860	1855×1515×342				
BJ1028E2	4460×1695×1805	2810×1600×342	480Q	CG4—10T7	后轮双胎 6.00—14	1300/1240
BJ1028PE2	4430×1695×1865	2400×1600×342				
BJ1028AE2	4530×1695×1865	1855×1600×342				

北京牌 BJ1022EZC 系列柴油汽车主要技术参数

目录号	外廓尺寸(长×宽×高)(mm)	货厢内部尺寸(长×宽×高)(mm)	发动机	变速箱	轮胎	轮距(前/后)(mm)
BJ1022EZC1	4470×1695×1920	2775×1600×342	高速 485 N485	CAS5—20E27	6.50—14	1400/1400

续表 1-4

目录号	外廓尺寸 (长×宽×高) (mm)	货厢内部尺寸 (长×宽×高) (mm)	发动机	变速箱	轮胎	轮距（前/后） (mm)
BJ1022AEZC1	4835×1695×2020	2200×1600×342	高速 485 N485	CAS5—20E27	6.50—14	1400/1400
BJ1022PEZC1	4595×1685×2020	2500×1600×342	高速 485 N485	CAS5—20E27	6.50—14	1400/1400
BJ1022EZC2	4835×1822×1920	3130×1732×342	高速 485 N485	CAS5—20K11	6.00—15/双	1400/1375
BJ1022AEZC2	4835×1822×1920	2200×1732×342	高速 485 N485	CAS5—20K11	6.00—15/双	1400/1375
BJ1022PEZC2	4835×1822×1920	2775×1732×342	高速 485 N485	CAS5—20K11	6.00—15/双	1400/1375

第二章　拖拉机的驾驶

第一节　出车前的检查与准备

1. 拖拉机在出车前有哪些检查内容?

答　出车前检查内容如下(每工作 8 小时后进行):

(1)检查柴油、机油、冷却水、制动液是否加足。不足的应补充,并检查有无渗漏现象。

(2)检查轮胎气压是否足够,不足应充足。

(3)发动机起动后,在不同转速下检查发动机和仪表的工作是否正常。

(4)检查灯光、喇叭、刮水器、指示灯是否正常。

(5)检查离合器、制动器是否正常有效。

(6)检查转向器是否灵活。

(7)检查各连接件有无松动现象。

(8)检查蓄电池接线柱清洁及接线坚固情况,通气孔是否畅通。

(9)检查随车工具、附件是否带齐。

(10)检查装载是否合理、安全可靠。

2. 拖拉机起动前须做哪些准备?

答　拖拉机起动前须做下列准备工作:

(1)各种拖拉机在起动前都必须完成预定的技术保养,加足清洁燃油和冷却软水。

(2)检查油底壳油面和轮胎气压,拧紧各部件螺栓和螺母。

(3)将变速手柄、动力输出轴操纵手柄放在空档位置。

(4)在减压的情况下摇转曲轴数圈,使润滑油提前润滑各部,避免起动时由于半干摩擦造成零件的非正常磨损,然后按照不同方法和要求起动拖拉机。

起动的方法分为起动机起动、电动机起动、柴油换汽油起动和手摇起动四种。

第二节　拖拉机驾驶操作要点

3. 拖拉机应怎样起动?

答　一、采用机械起动按下列操作程序进行:

(1)用手摇把转动曲轴数圈排除油路中的空气。

(2)将减压手柄放在减压位置。

(3)低温起动应先预热机件,接通电预热开关,预热 15 分钟,直到有"噗噗"的着火声为止;有预热指示器的,直到电阻丝发红为止。

(4)将手油门放到最大供油位置。

(5)变速杆放到空档位置。

(6)将离合器踏板踩到底。

(7)用钥匙接通电路,将起动开关转到"起动"位置;发动机转动后,推下减压手柄;待发动机着火后立即断电,随即将油门放到怠速位置。

每次起动时间不应超过 5 秒钟。若一次起动不着,停 2～3 分钟后再次起动;三次起动无效,应查出原因,排除后再起动。

(8)热车起动时,可简化上述起动操作程序。

二、采用手摇起动按下列操作程序进行:

(1)右手握紧摇把,左手减压,两手相互配合,当转速达到起动转速时,方可放下减压手柄;若过早放下减压手柄,不但不能起动发动机,摇把还会反转弹出伤人。右手握摇把时,不但要五指并拢握紧做顺时针圆周转动,而且还应注意使摇把向里靠拢,防止摇把滑出伤人。

(2)发动机着火后,起动手柄靠起动轴斜面的推力自行滑出;当起动轴斜面磨损过多成很深的凹槽时,摇把不易自行滑出应修理或更换。

(3)起动后,要检查机油压力指示阀红标志是否升起,并倾听柴油机有无不正常响声。

4. 拖拉机应怎样起步?

答 拖拉机起步的操作程序是:

(1)发动机起动后,应以中速空转,预热发动,并检查传动情况和仪表读数,检查空气滤清器和进气管道的密封性,待水温上升到40℃以上方可起步。

(2)拖拉机起动前,应检查拖挂的农具或挂车的连接情况,悬挂农具应升起,查看周围有无人、畜和其他障碍物。

(3)起步时应挂低速档,鸣喇叭,再缓松离合器踏板,适当加大油门平稳起步,夜间及浓雾视线不清时,须同时打开前、后灯。

(4)轮式拖拉机在上坡途中起步,应一手握住转向盘,一手控制油门(适当加大),右脚缓慢松开制动器,左脚同时缓慢松开离合器,使拖拉机缓慢起步。

(5)在下坡途中起步,应在慢松制动器的同时,缓松离合器,使机车平稳起步而又不发生溜坡现象。

(6)拖拉机田间作业起步,应在缓松离合器的同时,加大油门,若使用双作用离合器,应先使作业机械运转正常后再行起步。

(7)正在犁地作业的拖拉机起步,应使农具升起,同时使拖拉机缓慢倒退,待农具离开地面后,再挂前进档,并下降农具进行正常作业。

5. 拖拉机应怎样换档变速？

答 拖拉机在行驶途中,由于负荷和道路情况的变化,驾驶员需要经常变换速度。一般说,换档变速应在停车时进行,特别是履带拖拉机。轮式拖拉机在公路上行驶,应在不停车状态下换档,但要掌握时机,采取"两脚离合器"操作法,即在两个啮合齿轮的速度趋于相等时换档,这样可做到无声啮合。

(1)由低速变高速时,"两脚离合器"操作要领如下:

①稍加油门,提高车速。

②缩小油门,踩下离合器踏板,同时迅速将变速杆移入空档位置,随即放松离合器踏板。

③再次踩下离合器踏板,将变速杆移入高一级档位后,放松离合器踏板,加大油门,使拖拉机继续行驶。在操作熟练后,也可不必踩两次离合器踏板,只须在第一次踩下离合器踏板时,使变速杆在空档稍停一会,然后再挂入高速档位。

(2)由高速换低速时,"两脚离合器"操作要领如下:

①缩小油门,降低车速。

②踩下离合器踏板,迅速将变速杆移入空档位置,随即放松离合器踏板。

③迅速空轰一下油门,提高发动机转速,再次踩下离合器踏板,将变速杆移入低一级档位,放松离合器踏板。换档过程中,动作要迅速、敏捷、准确,使变速杆在踩离合器和油门的掌握上互相配合好,油门加大或减小的程度应根据车速适当控制,车速越快,油门变动量也应越大。

(3)载重拖拉机在上、下坡前,应根据情况提前换低速档,严禁上、下坡途中变换档位,防止换不上档而造成空档滑行出事故。

(4)换档时,两眼要注视前方道路,左手握紧转向盘,注意道路及行人车辆情况。

6. 拖拉机应怎样转向？

答 正确的转向,除应对弯道的角度有正确的估计外,还应了解拖拉机限制转弯度的两个因素:

(1)最小转弯半径 就轮式拖拉机而言,将转向盘由右(左)转到极限位置,绕圆圈行驶,其外侧前轮轨迹的半径,即为拖拉机最小转弯半径。转向的转动角度大,轴距短的拖拉机转弯半径就小,反之则大。

(2)内轮差 拖拉机转弯时,内侧前轮轨迹和内侧后轮轨迹的半径差称为内轮差。内轮差的大小与转向角度、轴距有关:转向角度愈大,轴距愈长,内轮差愈大;反之则小。拖拉机牵引挂车时的内轮差要比单车大。

因此,拖拉机转弯时,就要估计最小转弯半径和内轮差,既要注意不使前轮越出路外,又要防止后轮掉沟或碰路上障碍物。还应做到:减速缓行,运用转向盘与车速配合,及时转,及时回,转角适当,平稳转弯;要根据道路和交通情况,在弯道前50~100米发出转弯信号,并随时做好制动准备。

7. 拖拉机应怎样制动？

答 拖拉机制动方法按其性质分为预见性制动和紧急制动两种:

(1)预见性制动就是驾驶员在行车途中,根据道路、障碍、行人及交通情况,提前做好思想上准备,有目的地减速或停车。方法是减小油门,利用发动机的牵阻作用来降低拖拉机的惯性力,使车速减慢,这种方法称为发动机制动。若要进一步尽快减速,应先踩下离合器踏板,再踩制动踏板,使车速迅速降低,直到停车。

(2)紧急制动,就是在行车时遇到突然情况,迅速准确地使用离合器和制动器,使拖拉机紧急停车。其方法是握紧转向盘,迅速减小油门,急踩离合器和制动器踏板,随即摘档。紧急制动对拖拉机各部件和轮胎都有较大损伤,所以只在紧急情况下才采用。

8. 拖拉机应怎样倒车?

答 倒车时,如需使车尾向左,则左转转向盘(或分离左操纵杆、踩下左制动器踏板);如需使车尾向右,则右转转向盘(或分离右操向杆,踩下右制动器踏板),并根据选定目标及时回正。拖拉机倒车应注意车后的道路、障碍物和行人。

9. 拖拉机应怎样停车和熄火?

答 停车要选择适宜地点,以保证安全,不影响交通和便于出车为原则。停车方法是减小油门,踩下离合器踏板,随即摘档,踩制动器踏板停车,再拉熄火按钮,使发动机熄火。坡道上一般不允许停车。如遇特殊情况需停车时,可踩下制动器踏板并锁定好,后轮要用三角木或石块垫好,也可用熄火后挂上档的方法,如上坡停车可挂前进档,下坡停车可挂倒退档。在水温较高的情况下需要熄火时,就使发动机低速空转几分钟,待水温下降后再熄火。

10. 起动手扶拖拉机发动机应注意些什么?

答 S195型柴油机是东风-12型手扶拖拉机的发动机。该机在手摇起动时,驾驶员须注意以下安全事项:

(1)手摇起动时,应注意手握手柄的姿势,五指并拢,右手握住手摇柄,用力往上提拉,这样比较容易使上劲;如果采取往下压转的方法,一旦曲轴反转,容易伤害摇车人的胸部或打坏脸部、牙齿。

(2)如果柴油机已起动,但手摇柄未及时抽出而随曲轴一起高速运转,操作者不要惊慌失措,人员不要站在手摇柄的旋转平面内,应迅速关死油门,让发动机熄火。

(3)如果起动爪卡口有毛刺或缺损,应及时修整,以免手摇柄滑脱或妨碍手摇柄退出。

(4)起动柴油机时,务必挂空档和刹车,同时要严防衣物和发辫卷进机器内酿成事故。

(5)手摇起动,右手握紧摇把、左手减压,当转速达到起动转速时,方可放下减压手柄;若过早放下减压手柄,摇把易反转弹出伤人。

11. 手扶拖拉机发动机在运转中有哪些注意事项?

答 S195 型柴油机是东风-12 型手扶拖拉机的发动机,该机在作业中须注意以下事项:

(1)冷却水 S195 型柴油机是水冷蒸发式柴油机,冷却水应该在工作时沸腾蒸发,不必发现"水开"了就加水,而应在冷却水不断蒸发减少到水箱浮水红标志降到漏斗口时,再用清洁的冷却水加足。

(2)润滑油 一般选用 T8 号机油作润滑油。拔出油标尺,观看曲轴箱内油面是否处于油标尺上、下两条刻线的中间。加油时,不得超过上刻线,机器正常运转时不得低于下刻线。

(3)油箱柴油 当柴油用到油箱面管下端时,应随时加足。按季节选用适用柴油,一般选 0 号、10 号、20 号轻柴油。打开油箱盖,将预先沉淀过滤清洁的柴油注入油箱,勿将灰土带入。

(4)排气烟色 柴油机不允许在冒黑烟情况下运转。如果柴油机各部门运转正常时冒黑烟,说明负载超过规定,则应减轻负荷;如果柴油机有故障冒黑烟,则应停机检查排除。

(5)运转响声 该机为 12 马力,每分钟正常运转 2000 转,运转声平稳无杂音。驾驶员要经常倾听柴油机运转有无杂音。一旦发现杂音,则应立即停机检修。

12. 手扶拖拉机发动机使用停机后应注意些什么?

答 (1)停机时间较长,应打开放水开关,放掉冷却水。特别是冬天,应将水放尽,以免冻裂机体或其他零件。应将飞轮上的"上止点"刻线对准水箱上的红刻线,使活塞处于上止点的压缩位置,以免灰尘进入气缸。

（2）检查空气滤清器，如有机油污秽则应清洗滤网，手扶拖拉机发动机在灰尘较多的条件下工作时，应特别注重此项工作。

（3）调整气门间隙到规定值，可用厚薄规测量，进气门间隙为0.35毫米，排气门间隙为0.45毫米为正常。这是保证S195型柴油机正常工作主要因素。

（4）检查水箱、气缸盖等各部螺栓是否松动。若松动，则应拧紧；关闭油箱开关；对传动部位加注润滑油，以免机件锈蚀。

13. 驾驶拖拉机如何节油？

答 拖拉机节油操作可从以下几方面入手：

（1）拖拉机在作业前，要进行检查维修，防止带病作业；农具配套要正确合理，以免打滑而耗油。

（2）避免发动机空转和怠速运转，如停车5分钟以上时，最好熄火。

（3）要搞好燃油净化，保持燃油清洁，并保证润滑油的清洁和质量，润滑油要充足。

（4）拖拉机行走时，尽量不用或少用刹车，以减少动力消耗。要正确选用牵引负荷，做到既不超载，又不"大马拉小车"，更不跑空车。

（5）杜绝燃油滴漏，定期对发动机进行耗油技术测试，并安装油量校正器及回油管。

（6）机车应尽量满负荷工作。如负荷不足，应采用高档小油门的操作方法。

（7）发动机水温应保持在85～95℃之间。因为这段水温之间的效率高、耗油量最小。

（8）保持较高的轮胎气压。一般充气压力比规定值高98～147千帕/厘米^2，但不得超过最高气压。

14. 怎样避免拖拉机翻车？

答 拖拉机翻车并非完全是因地势险恶，而往往是由于驾驶员在复杂的情况下采取措施不力，或一时疏忽，麻痹大意，违反安全操作规程。翻车主要是在拖拉机行走倾斜时，它的重心垂直线超过了左右任一轮胎与地面接触范围所致。因此，为避免翻车，驾驶员应做到以下几点：

（1）尽量避免过横坡。因拖拉机在横坡上已有倾倒的趋势，往往由于一堆土、一块石头或一处凹坑，使拖拉机突然颠动失去平衡而翻车。因此，在横坡行驶时，应放低速档，严禁向上坡方向转弯。因转弯所产生的离心力将使拖拉机向下坡方向翻倒。在机耕地头转向时，须防止因急速升起悬挂犁，使重心突然改变失去平衡而翻车。在坡上耕地，可放宽轮距来提高拖拉机的稳定性。

（2）在下坡时，根据坡的陡峭程度采用低速档行驶，不可分离离合器滑行，拖拉机牵引车或农具下坡时更应注意：如下坡速度快、惯性大，或遇冰雪路滑，制动不及时就会翻车。手扶拖拉机、履带式拖拉机下坡，特别是有自动下滑趋势时，为使其直线行驶，须牢记运用"反向操作法"，可加制动。因为当分离一侧的转向离合器时，能使其向相反方向转弯。当沿坡行驶时，驾驶员不用反向操作，错用了转向离合器就会翻车。

（3）轮式拖拉机在山坡或堤岸上高速行驶，应将左右制动板连在一起，防止只踩一边制动踏板，以致急转向而发生事故。在岭上耕地时，地头不要留得过小，地头转弯应小心，往往前轮沿岭边勉强转过而后轮有压塌岭边的危险。双制式调速器的拖拉机，在地头起犁的同时，应立即减小油门，否则拖拉机会向前猛冲下岭。

（4）进行夜间作业的驾驶员，白天应有充足的睡眠时间，作业时精力集中，不得麻痹大意。地头有坡或沟时应特别注意，一定要用犁耕一道较深的横线作为地头的明显标记。夜间拖拉机在山坡或堤岸上行驶，至少要离边缘 1.5 米以上，并要求灯光照明设备在良好状态下运行。

15. 拖拉机运输作业时怎样选择档位?

答 (1)拖拉机满负荷、道路平坦、车流量不大时,应选择高档大油门。

(2)在轻负荷、道路凸凹不平、车流量不大时,应选择高档小油门。

(3)在崎岖不平的道路上行驶,车流量较大时,以及跨越沟、坎时,应挂低速档。

(4)在上坡时,如坡度不大、坡道较长,应提前挂上低速档;若遇较短的陡坡,可视情况挂高速档"冲坡"。若悬挂农具上坡,可使拖拉机挂倒档上坡,以防机组倾翻。上坡中应避免中途换档。

(5)拖拉机下坡时,应提前挂上低速档,严禁空档滑行。下坡前换档时,不要将变速杆放在高档位置上踩下离合器踏板滑行,以防机车失控,发生事故。

(6)在横坡道上行驶时,要挂低档慢速行驶。

(7)通过泥泞道路时,应低速直线行驶,中途不要换档和停车。

(8)在转弯时,应采用低档小油门,严禁高档大油门急转弯。装有转向离合器的手扶拖拉机和履带式拖拉机下坡转弯时,可采用"反向操纵法"。

16. 拖拉机停车前怎样选择档位?

答 (1)在停车前,应减小油门,降低速度,分离离合器,将变速杆置于空档位置,然后再踩下制动器踏板而停车,避免用"紧急制动"。

(2)在任何情况下,都不能挂空档,只踏下离合器踏板,用分离离合器的办法来停车。即使是临时停车,也一定要摘档。

17. 拖拉机溜坡起动有何害处?

答 冬季气温低,拖拉机起动困难,有的驾驶员图方便省事,采用溜坡起动方法。这种方法是通过陡坡,给驱动轮产生巨大转矩后,传动到后桥,经变速箱、离合器、飞轮、曲柄连杆机构,经过一系列传动环节才使发动机起动。长期采用这种方法是有害无利的。这是因为:

(1)溜坡起动,发动机没有经过预热,无缓慢起动过程,就突然高速运转,润滑油不能立即到达摩擦表面,造成干摩擦,使曲轴加速磨损,严重时产生烧瓦现象。

(2)溜坡起动,传动系统中离合器瞬间接合,使传动系统中的零件受冲力,产生磨损、变形,缩短使用寿命。

(3)溜坡起动,发动机着火后,急需刹车,机车易发生摆尾横推的现象,容易造成事故,同时,也会加速轮胎磨损。

18. 怎样使拖拉机保持良好工作状态?

答 拖拉机应在额定工况下稳定工作,才能发挥最好动力性和经济性。当拖拉机受行驶速度、发动机转速,以及土壤阻力,路面性质,公路坡度等因素影响而发生变化时,都会使机车工部偏离额定工况。因此,驾驶员在驾驶中应遵循下列要求:

(1)尽量减少运动件可能受到的附加惯性力或冲击载荷,操作行驶应力求平稳,不骤然改变加速杆位置,不猛抬离合器,不在不平路面上和过沟时高速行驶。

(2)在机车负荷不大、速度不允许过高时,应采取"高档小油门"行驶,随行驶条件变化而机动变速,适应情况,但要防止油门偏小,相对负荷偏大,使发动机长期处于低速状态下工作,尤其应避免发动机时间过长怠速运转,以免润滑恶化油耗增大。

(3)驾驶员要按说明书规定进行班保养和等级保养,尤其对易损导致摩擦的零件要及时保养,这是稳定机车工作的重要措施。技术保养包括清洗、紧固、润滑、调整、密封、换用新件等,只有认真保养,才能使机车保持良好工作状态。

19. 挂车在使用中有哪些不安全因素?

答 (1)制动器长期不进行保养,以致锈蚀、卡死,刹车带烧伤后不及时更换,造成制动器刹车不灵敏或单边制动失效。

(2)挂车上的气刹软管、铜管长期密封不严,造成制动时气压不足而酿成事故。

(3)挂车转向系统磨损过甚或卡死,造成挂车转向不灵活而倾翻。

(4)牵引装置磨损过大,没有设置保险链或钢丝绳,牵引销没有锁销而造成主机与挂车分离。

(5)车架松动、断裂不及时处理,前后轴轴承长期润滑不良,配合间隙不当,以致发生轴承损坏,轴颈断裂,轮胎飞出等事故。

(6)栏板不全,挂钩磨损严重,双轴挂车两侧前后之间没有设置安全护网,造成货物外卸。

(7)轮胎气压不正常,钢板弹簧缺损,轮毂螺栓不全、滑扣,造成轮胎早损或轮毂松脱。

(8)挂车的转向灯、刹车灯、尾灯损坏后不及时更换,会给夜间行车酿成事故。

20. 挂车钢板弹簧使用应注意哪些事项?

答 钢板弹簧能缓和与吸收车辆行驶中受到的冲击和振动,保证各种力的传递。因此,它的损伤不利于机车的正常行驶。使用中应注意:

(1)忌紧急制动 尤其是满载货物时,应避免紧急制动,使板簧弯曲应力过大而折断。

(2)忌车速过快 在不平路面行驶,如车速过快,会使板簧变形幅度加大和变形次数增多,促使弯曲应力加大和疲劳加剧。

（3）忌转弯过急　因为转弯过急,增加外侧板簧负荷,转弯愈急负荷愈大,对钢板弹簧的损坏作用愈大。

（4）忌严重超载偏载　超载和偏载会使板簧受力不均,板簧拱度减小甚至没有拱度,久而久之,钢板弹簧失去弹性,刚度下降。

（5）忌长改短　以长改短或拼凑的板簧将就凑合在一起,会使整副钢板弹簧承压不均,总体强度降低。

（6）忌将就使用　如遇板簧折断、中心螺栓断裂等故障,切忌继续使用,应及时更换。

（7）忌长期不保养　钢板销、套长期缺油,润滑不良,V形螺栓松动等,都将对板簧造成损坏,应经常保养。

21. 挂车陷车时有何应急措施?

答　挂车陷车时可采取下列应急方法:

(1)挂车陷入泥坑中,车轮打滑空转时,不要加油猛冲,必须停车修路,或在车轮下垫石块、木板后再行驶。

(2)当泥坑埋没车轮 1/2 以上时,垫石块、木板有困难,可用木杠翘起轮毂,紧抵泥坑边缘上,然后加大油门,直接驶出泥坑。

(3)当挂车陷入不深时,且前后辙较长,可将长木板塞插在轮前车辙中,增大车轮摩擦力,抬高车轮胎位,从而帮助挂车驶出。

(4)当挂车陷入泥中,且载料重心严重后移时,可将车斗后部物料卸去或改装在车斗前部,这样重心改变后,可容易使挂车驶出泥坑。

(5)当附近有其他牵引机时,也可以用钢丝绳将拖拉机牵引出泥坑,此时应注意钢丝绳不宜太长,且牵引方向要与陷车运动方向一致。

第三节　拖拉机道路安全驾驶

22. 驾驶员在驾驶机动车时,主要应注意哪些事项?

答　应注意以下事项:

(1)要有正确的驾驶姿势。这样可以减轻劳动强度,便于运用各种驾驶操纵机构,观察仪表和瞭望道路情况。

(2)严格遵守交通规则,熟练掌握驾驶技术,按照交通标志、标线的规定驾驶车辆。如进入环岛路口,应按逆时针方向进入环岛等。

(3)借道行驶的车辆,应尽快驶回原车道,在驶回原车道时,须查明情况,开转向灯,确认安全后驶回原车道。

(4)在遇有行人或自行车并排行驶的情况下,机动车应留有一定的安全距离或错开行驶。行人或自行车横穿马路,机动车应从行人或自行车的后方绕行通过。

(5)行车中如遇少年儿童在公路上玩耍,驾驶员应加倍小心,提前减速,必要时应停车避让。

(6)在雨雪天气或结冰的道路上会车时,应靠右边慢慢通过,必要时应停车避让,绝对禁止占道行驶。

23. 驾车为何后视镜不能少?

答　后视镜是机动车辆安全设备之一,是驾驶员的好助手。驾驶员在驾车时精力要特别集中,一方面要观察车辆前进方面的动态,另一方面还要借助后视镜观察车后的情况。如起步时,要借助后视镜观察后面是否有来车,车边是否有人;停车时,要借助后视镜观看后面有无车辆跟近;行驶中,要借助后视镜观察有无超车车辆。另外,在道路上交会让车、左转弯、右转弯时,都要借助后视镜来观察后车情况,然后再作出准确判断。因此,后视镜在安全行车中起着重要作用,不得缺少。

24. 驾车在乡村道路上怎样安全行车?

答 驾车在乡村道路上行驶要特别注意人、畜和自行车的安全。行车中须注意:

(1)车辆在乡村道路上起步或停车,先要仔细观察前后左右有无人、畜或其他障碍物,确认安全时,才能起步或停车。

(2)穿越村镇街道、集市时,要及早减速,注意人、畜和自行车的动态,要随时准备采取避让措施。

(3)在乡村道路上遇有盲人、聋哑人、小孩、老人、残疾人,要喇叭号、减速,正确估计他们的行动方向,并保持一定距离。

(4)行驶中临近牲畜或畜力车时,不要按喇叭或猛轰油门,应缓行以防牲畜惊车而发生意外。

(5)在雨天或积水的乡村道路上驶近行人、牲畜和自行车之前,尽量远离慢行,这既可避免泥水溅到对方身上,又可提醒对方及早避让。

(6)驶近交叉路口、弯道和路旁小村落时,必须减速注意观察,谨慎驾驶,以防行人、牲畜、自行车突然从近窜出而刹车不及,造成事故。

25. 驾车上下渡船时应注意哪些事项?

答 驾车上下渡船应注意下列事项:

(1)必须严格遵守管理规定,服从渡口管理人员指挥。

(2)上下渡船时,应对准跳板,低速行驶,不可在跳板上换档、停车和熄火,也不得加油猛冲。要谨慎驾驶,平稳行车,以免发生危险。

(3)车辆上船停稳后,应拉紧手制动器,然后熄火,将变速杆放在1档或倒档位置上,必要时将前后轮胎用三角木塞住,以免车辆移位。

26. 驾车通过涉水路时应注意哪些事项？

答 （1）涉水前,应查清水深、流速、流向和水底路面的坚实程度,以利机车进、出水时选择线路。

（2）水深不得超过机车最大涉水深度,应用低速档保持机车平稳而有足够的动力,徐徐下水,不要在水路中停车、变速和急转向。

（3）机车通过漫水桥时,还要有人引路。

（4）涉水后,用低速档行驶,轻踩制动踏板,使制动片水分摩擦生热蒸发后,再正常行驶。

27. 驾车通过铁路道口时应注意哪些事项？

答 驾车通过铁路道口时应注意下列事项:

（1）通过铁路道口,最高时速不准超过 10 公里,车辆不得在道口内停留。

（2）遇有栏杆放下,音响器发出警报或道口看守员示意火车即将通过,车辆须依次停留在停车线外,没有停车线的应停放在距钢轨 5 米外。

（3）通过无人看守的铁路交叉道口时,须停车观望,确认安全后,方可通过。

（4）通过设有道口信号的铁路道口须遵守下列规定:

①两个红灯交替闪烁或红灯亮时,表示火车接近道口即刻通过,禁止车辆通行。

②白灯亮时,表示道口开通,准许通过。

③红灯和白灯同时熄灭时,表示停电或设备发生故障,道口无信号,应遵守道口管理人员的指挥。

28. 驾车怎样通过凸凹泥泞道路？

答 拖拉机在通过凸凹泥泞道路时,如驾驶员操作不当就会剧烈振动,不仅易损机件,而且还会使转向盘失控而发生危险。因

此,驾驶员要灵活掌握驾驶技巧:

(1)通过凸凹道路时要谨慎,首先要保持正确的驾驶姿势,上身稍贴后靠背坐稳,两手握紧转向盘,防止身体随车跳动而失去对车的控制。

(2)注意路面情况,决定通过方法。在通过短而凹凸又小的道路时,可空档滑行通过。

(3)通过有连续小凹凸路或"搓板"路时,要适当减速,保持匀速行驶。

(4)通过凸形较大的障碍物路面时,应用低速档缓慢通过,必要时可在障碍物前停车,重新起步通过。前轮将要上障碍物时应加油,前轮到障碍物最高点时可抬起加速踏板,使前轮缓慢溜下障碍物,然后用前轮通过方法使后轮通过。

(5)通过凹形较大的横断路时,应抬起加速踏板,并使车速降到一定程度,利用机车的惯性力使前轮溜下凹形沟底,再加油上沟,然后待后轮到凹形沟边时,再抬起加速踏板,使后轮溜下沟底,再加油使后轮上沟。

(6)通过泥泞道路时,应选择泥泞程度较小,路面较平实的地方或沿前车轨迹行驶。一般用中速或低速档,应保持充足动力平稳通过,尽量避免途中换档和停车。

(7)在泥泞路段下坡时,因车轮向下滑动,要充分利用发动机牵阻控制车速,特别是转弯路段,更要小心驾驶,防止向一边滑溜的危险。

(8)通过泥泞路时,操作转向盘动作要平稳,禁止猛打急转,尽可能少用或不用制动器,禁止使用紧急制动,防止造成侧滑事故。

29. 车辆在行进中遇有畜力车时,应注意哪些事项?

答 应注意以下事项:

(1)车辆在行进中遇有畜力车时,应避免突然鸣喇叭,尽量少鸣喇叭,禁止鸣高音喇叭。

（2）车辆在行进中遇有成队的畜力车时，应注意观察路幅的宽窄，对面有无来车，是否有足够的间距等情况，确认安全后，方可超越。

（3）车辆在行进中遇有畜力车正在转弯时，应提前减速，观察畜力车的占道状况及去向，切不可抢道超越。

30. 马达一响为何要集中思想？

答 机动车辆是一种高速运动的交通工具，驾驶汽车、农用车和拖拉机是一项技术性强、责任重大、具有一定危险性的工作，因此驾驶员必须随时随地情绪稳定，精力充沛，思想集中，特别是客车驾驶员，转向盘关系着几十人的生命安全、不能有一丝一毫的分心。所以《条例》明文规定："不准在驾驶车辆时吸烟、饮食、闲谈或有其他妨碍安全行车的行为。"这也是用鲜血和生命总结出来的教训，事故是无情的，所以，驾驶员要做到："马达一响，集中思想"。

31. 生理节律与安全行车有何关系？

答 20世纪初，有关科学家发现人体内存在以23天为周期的体力循环，以28天为周期的情绪循环，以33天为周期的智力循环。体力、情绪、智力周期变化称为生理节律。生理节律理论认为，所有的人，从他出生的那天起，体力、情绪、智力就开始周期性变化，人们的行为受到其影响。

当人的生理节律处于不同时期，其表现不同：有时精力旺盛、心情愉快、体力充沛、反应灵敏，人处于生理节律高潮期；有时人很容易疲劳、情绪不稳定、判断能力弱、健忘、迟钝，这个时期人处于生理节律低潮期；有时人机体协调功能下降，最易出差错，这个时期人处于生理节律临界期。

据报道，很多国家利用生理节律安排车辆运输，取得了较好的效果。如日本电气服务公司，采用插红旗的办法，以引起临界期驾驶员的注意，结果事故减少了45%。

另据报道,根据所出交通事故与驾驶员的生理节律状态进行综合统计,驾驶员处于低潮期与临界期时所发生交通事故比率占75%。

作为驾驶员应根据自己的出生时间,计算出自己的生理节律状态,了解什么时期处于低潮或临界期,在此时出车,须提醒自己,特别注意行车安全。

32. 驾车为何要自我控制饮酒?

答 农用车和拖拉机驾驶员,要高度认识饮酒对交通安全的危害,树立良好的职业道德观念,提高酒精对身体变化的自我意识。在开车前、行车中,切莫贪杯饮酒。要增强对饮酒的自我控制能力。

酒精是一种麻醉剂,抑制中枢神经、降低感觉、视觉、嗅觉和手脚的操纵能力。据有关资料披露,驾驶员饮酒后,当血液中酒精浓度达到 0.06%～0.1%时便开始显露,驾车产生死亡事故的可能性为不饮酒时的 6.4 倍。血液中酒精浓度为 0.1%～0.3%时,大脑细胞麻痹,对事物判断不准,情绪抑制解除,反应变得迟钝,此时开车,产生死亡事故的可能性为不饮酒时的 16 倍以上。血液中酒精浓度为 0.3%～0.4%时,人的动作变得失调,手脚变得不听使唤,失去自控能力,此时开车必出事故。为此,驾驶员必须自我控制饮酒行为。

因饮酒感情冲动,驾车精神恍惚,酒后驾车,两车相撞,车毁人亡时有发生,血的教训告诫我们"人饮杯中酒,祸从酒中来"。

33. 酒后为何不能马上开车?

答 据测试,喝下 28.35 克(1 盎司)酒精,需要 1 小时后才能全部恢复驾驶能力,才能作出正常警觉、头脑清醒的反应。如果喝下 41 克的酒精,至少要 5 小时以后才能驾驶上路。一些肝功能不正常者(肝炎、肝硬化)、身体虚弱者和不善饮酒者,这一过程还要延长。28.35克的酒精相当于60%的白酒47克、或38%的白酒75克，或15%的葡萄酒190克、或啤酒500克左右。

驾驶员饮酒后，其反应能力、判断能力、操作能力均会不同程度地受到影响。一般驾驶员都知道酒后驾车是违章的，但有的则认为少量饮酒或饮啤酒关系不大，从而产生麻痹思想。驾驶员朋友，开车千万不要喝酒，以确保"行车万里，安全第一"。

34. 驾驶员引发事故有几种不良心态？

答 驾驶员肇事的心理因素，常见有下列六种：

（1）过于自信的心理 是驾驶员发生事故的普遍心理特征，技术不高却自信过度。这在青年驾驶员身上表现为一知半解，盲目骄傲；在老驾驶员身上表现以经验丰富为骄傲资本，不能正确估价自己。他们把行车规章视为儿戏，缺乏科学态度，因此难免发生交通事故。

（2）自我显示心理 青年驾驶员爱显示自己的勇气，老驾驶员爱显示自己的技术，他们共同的特点是争强好胜。他们行车时，如果遇到同类车型或性能、速度低于自己的车从身边超过去，就觉得是对自己人格和技术的挑战，于是情绪冲动，拼命冲上去，超过对方；有的在行车中，对违章超过自己的车不服气，为了争气不惜违章，结果造成事故。

（3）报复心理 报复心理在某些驾驶员身上表现比较强烈，这往往使驾驶员丧失自控能力。如在行车中，遇到行人或非机动车占用机动车道，经鸣喇叭对方仍不理，即起报复心理，逼近对方，制造假象，这样对方在惊慌中很容易撞在车上或其他障碍物上。

（4）麻痹心理 驾驶员凭经验办事，认为老路线，熟道路，不会出事。在这种心理支配下，注意力不集中，也不考虑突发情况处理方法，驾驶时心不在焉，一旦出现特殊情况，就手忙脚乱而发生事故。

（5）情绪波动 表现为两个方面：一是驾驶员特别兴奋，如带朋友开游戏车,或遇到使自己高兴的人或事,长时回味,思想开小差,因此注意力不集中;二是驾驶员情绪低落,如受到领导不公正批评,或行车过程中遇到不愉快的事情,郁闷在心,越想越气,无法集中注意力。故而,情绪波动是造成事故的前兆。

(6)侥幸心理　驾驶员作风懒散,对机车缺乏勤检查、勤调整、勤保养,使机车长期带病作业,满足于一段时间没发生事故的侥幸心理。然而小故障会导致大事故,一旦发生方向失控、制动不灵、发动机飞车等故障,必然会造成无法挽回的局面。

35. 为何说驾车"十次肇事九次快"?

答　农村从事交通运输业的车辆,不能盲目地开快车,历年来的交通事故证明"十次肇事九次快",开快车造成事故主要原因是:

(1)人的素质因素影响　人的素质包括驾驶员和行人的素质。目前有部分行人安全观念不强,有的行人要车让行人横穿公路,有的骑自行车任意横行拐弯;有的驾驶员未经培训无证开车,有的虽经培训领取驾驶证,但缺乏安全知识、强行超车等。这些人开快车,遇到特殊情况,就手忙脚乱,最容易发生交通事故。

(2)车辆技术状况影响　随着交通运输业的发展,机动车数量增长快,拖拉机、农用车、摩托车、大车小车技术状况参差不齐,有些车辆技术状况良好,有的则是"病车"在行驶。这些技术状况差的车辆,若多装快跑,难免不出事故。

(3)公路技术等级影响　农村不少公路路面窄、坡道多、弯道急、视线差、公路标志少,机动车、非机动车与人混行。在这样的路段开快车,最容易发生翻车或撞车事故。

36. 你知道开车"四戒"、超车"四忌"吗?

答　一戒贪杯,酒后开车事故多;
　　　二戒贪欢,休息不足精神差;
　　　三戒超载,车易损坏肇事多;

四戒贪财,为多赚钱忘法规。

一忌转弯视线不清时超车;

二忌来车有会车可能时超车;

三忌被超车不让时强行超车;

四忌穿村过集时冒险超车。

37. 你知道安全行车"九不"吗?

答 道路宽阔,视线良好,不开英雄车;

行人车辆,违规挡道,不开赌气车;

经验丰富,技术熟练,不开骄气车;

视线受阻,情况不明,不开抢道车;

城镇工矿,人车稠密,不开麻痹车;

精神疲倦,神态恍惚,不开疲劳车;

机件不全,发生故障,不开带病车;

任务繁重,时间紧迫,不开急躁车;

受到表扬,评上先进,不开松劲车。

38. 你知道驾驶员"十忌"吗?

答 一忌粗心大意,开车麻痹;

二忌称王霸道,争先抢行;

三忌不服指挥,乱闯红灯;

四忌强行超车,只顾自己;

五忌夜间会车,不闭大灯;

六忌车况不好,害己害人;

七忌乱停乱放,阻碍交通;

八忌溅泥扬尘,侵害行人;

九忌超装滥载,拼耗车力;

十忌遇障不停,侥幸绕行。

39. 你知道车祸"八害"吗？

答 一害:造成乘客、行人和驾驶员的伤亡;

二害:造成公私财物的损失;

三害:造成家庭的悲剧;

四害:打乱正常生产和生活秩序;

五害:引起交通阻塞;

六害:给人带来不易消除的精神创伤和痛苦;

七害:会牵制大量人力去做事故善后工作;

八害:造成社会不安定和不良政治影响。

40. 你知道安全行车"十二想"吗？

答 出车之前想一想,检查车辆要周详;

起步之前想一想,观察清楚再前往;

行车路上想一想,中速行驶莫性急;

遇到障碍想一想,提前处理心不慌;

转弯之前想一想,减速鸣号靠右行;

会车之前想一想,礼让三先风格高;

超车之前想一想,没有把握不勉强;

夜间行车想一想,注意仪表和灯光;

通过城镇想一想,注意行人和车辆;

雨雪道路想一想,路滑要把车速降;

长途行车想一想,劳逸结合要适当;

停车之前想一想,选择地点要妥当。

41. 你知道安全行车"十慢"吗？

答 情况不明慢,遇有牲畜慢,

视线不清慢,狭窄道路慢,

转弯地段慢,山坡险路慢,

通过便桥慢,过丘过埂慢,

进城过街慢,进出车库慢。

第四节 拖拉机田间作业安全驾驶

42. 拖拉机田间作业对操作人员有何要求?

答 拖拉机在田间作业对操作人员的要求如下:

(1)要经常注意观察拖拉机的仪表,指示针应在规定的范围内。如采用蒸发水冷散热形式的手扶拖拉机,正常水温为 60~100℃,柴油压力为(0.49~0.98)×10⁴ 千帕,若水位指示器红标志下降到加水漏斗上口相平时,应补充加水。

(2)发现拖拉机及农机具有不正常响声时,应立即停机检查、排除故障后才能继续作业。

(3)驾驶员必须保证有足够的睡眠时间,工作时不准饮酒和吸烟,以保证作业安全。

(4)作业或运输时,不准从机具上跳上跳下,不准不摘档而踩着离合器做临时停车和别人讲话和干别的事。

(5)在进行固定作业时,驾驶员不许离开机具,应在机旁随时注意机具运转情况。

(6)手扶拖拉机不准采用加大皮带轮,更换变速齿轮等措施,来提高机车行驶速度。

(7)不准用小功率机车拖大功率机具作业。

(8)在坡地横向作业,坡度不得大于 7 度。

43. 拖拉机在挂接农具时应注意哪些事项?

答 (1)连接农具时应用低档小油门倒车,并随时做好停车制动准备。被挂农具应停放在平坦处,防止倒车时溜坡,农具手应尽量避开拖拉机和农具之间易碰撞和挤伤的部位。

（2）挂接农具时，上拉杆及左、右下拉杆的连接处，必须锁好，牵引农具或挂车时，须按规定将下拉杆固定好，防止左右摇摆。

（3）拖带农具时，不准高速行驶和急转弯。

（4）使用动力输出轴时，动力输出轴和农具的联轴节应用销紧固在轴上，并须安装防护罩，以免传动轴甩出造成事故。使用皮带轮时，主、被动皮带轮必须位于同一平面，并使传动皮带保持一定紧度。要经常检查皮带接头部位卡子或螺钉的连接情况，以防折断皮带伤人。接合传动时，先要低速运转，待一切正常后，方可提高转速。

（5）机车未停时，不准清理杂草等。悬挂装置未锁定时，不准在农具上面进行工作。

（6）当悬挂或牵引的农具宽度、长度较大时，行走和转向时都要特别注意安全。

（7）拖拉机装水田轮后，越高埂、爬坡时要倒车行驶。

44. 拖拉机进行整地时应注意哪些事项？

答 （1）牵引犁直拉杆上的安全销剪断后，应用低碳钢材料的销子，不准用其他材料代替，以免损坏农具。

（2）不允许转圈犁耕，转弯时应先将犁升起。

（3）悬挂犁在作业中，犁上不得坐人，如犁入土性能不好，应通过调整或增加配重来解决。

（4）分置式液压装置在工作时，操纵手柄一定要放在"浮动"位置（某些特定作业如水耕等，可放在"中立"位置），严禁放在"压降"位置强制入土。

（5）作业中需转移地块、过田埂时应慢行。长途运输，升降手柄必须固定好，下拉杆限位链应拉紧，以减少悬挂机构的摆动；缩短上拉杆，使第一犁铧尖距地面 25 厘米以上。牵引犁做公路运输时，还应拆除地轮的抓地板。

（6）夜间作业，照明必须完善，不准在作业区或机具上睡觉。

（7）禁止作业时将旋耕机猛放入土，以免刀轴和传动系统等部件损坏。

（8）田间转移或过埂、过沟时，应将悬挂部件提升到最高位置；远距离运输时，须用锁紧装置将悬挂机具固定，不准在悬挂机具上放置重物或坐人。

（9）停车后应使悬挂机具着地，不允许经常处于悬挂状态停放。

（10）耙地作业时，人不得站在耙上当配重。

（11）小型拖拉机在旋耕作业时，要经常检查并紧固旋耕刀固定螺母，防止松脱，引起旋耕刀损坏。

45. 拖拉机进行播种插秧时应注意哪些事项？

答 （1）开沟器在工作状态时，拖拉机不准倒车。地头转弯时要升起开沟器。不允许转圈播。

（2）遇到排种轮、开沟器等发生故障，应停车排除。工作中如发现堵塞现象，可用木棒去清除，不准用手直接清理。

（3）作业时禁止人员坐在种子箱或机架上，以免发生人身事故。

（4）非农具手或未经培训的人不准上播种机。

（5）插秧时，手不准伸入分插轮之间。往秧箱喂秧时要防止秧爪和送秧器伤手。操作手挂好插秧档、拉张紧轮时，一定要通知喂秧及周围人员注意，以免机器突然运转伤人。

（6）安装防滑轮在田间工作时，禁止任何人迎着正面牵行，防止防滑轮前进时伤人。秧船上应无烂泥，以防操作人员在船上滑倒。

46. 拖拉机进行植保施肥时应注意哪些事项？

答 （1）农药、除草剂、化肥等多数都有毒性。施撒时，参加作业人员都需要有防护设备。要逆风作业。

（2）作业中，人体裸露的部分尽量避免与药剂、肥料直接接触，不准在作业现场饮食、吸烟。夜间检查药箱中药量时，不许用马灯等明火照明，以免引起爆炸伤人。

（3）作业后，手、脸、鼻、口、脚都要洗嗽干净，衣服、口罩、帽子、裤子、鞋袜、手套等都要消毒清洗。未清洗消毒的衣物不许带入住宅、食堂。饮食前必须用肥皂水洗手、洗脸，用清水嗽口，换去工作服。

（4）作业结束，拌药、施肥农具都要清洗干净，以防腐蚀损坏机具和引起中毒事故。

（5）毒性农药在存放时，应有专人负责，单独保管。

47. 拖拉机进行收割作业时应注意哪些事项？

答　（1）作业前，对动、定刀片之间，脱粒滚筒部分进行检查、清理、加注润滑油，检查紧固件是否松动，并带上工具。

（2）起动前，检查机具周围，确认无障碍后方可起动、起步作业。

（3）作业时，应选择适当的前进速度，发动机应始终保持在额定转速下工作。若发动机转速下降，应迅速拉下行走离合器待发动机转速回升后再作业。

（4）在机具作业过程中，不得给皮带打蜡、保养、调整或排除故障。

（5）对机具不了解的人，不许操作。实习人员一定要有人指导。

（6）收割机运转时，绝对禁止用手、脚或硬物去清理割台。

（7）运输作业时，不得在起伏不平道路上或人多的地方高速行驶。

（8）严禁高速急转弯和下坡。

（9）收割机作业区内，不准吸烟，禁止带入其他火种，排气管必须装上火星收集器。

48. 拖拉机进行排灌作业时应注意哪些事项?

答 (1)拖拉机进行排灌作业时,必须制动,固定牢靠。

(2)传动皮带连接部分要牢固,周围不准站立闲人,不准跨越传动带。

(3)运转过程主机或水泵有异常声音和振动时,应立即停车检查。

(4)水泵进水管下口必须安装滤网。机组在工作时,禁止在进水池进水管水源附近和出水池游泳。

(5)工作时,驾驶员不得随便离开工作岗位。

49. 拖拉机驾驶员作业有哪些不良行为?

答 有些拖拉机驾驶员在作业中表现出一些不良行为、埋下了许多事故隐患。不良行为有:

(1)驾驶拖拉机吸烟 吸烟时,烟雾会进入眼内刺激眼睛,影响视力;吸烟点火,分散驾驶注意力,稍不小心就会酿成事故。

(2)用酒驱困 春耕、夏收和秋收时间劳动作业量大,驾驶员易疲劳而打瞌睡,有些驾驶员为防止打瞌睡,爱喝酒驱困。殊不知,喝酒不利安全行车,极易造成事故。

(3)短暂停车时脚踩离合器不摘档 路遇熟人,停车交谈,有些驾驶员习惯用脚踩离合器不摘档位。这样做会加速离合器片的磨损,缩短其使用寿命,还有潜在事故发生的危险。

(4)拖拉机起步、转弯、停车时不回头看 有些驾驶员坐上驾驶室两眼只盯前方开车。起步、转弯、停车时,不回头看货物是否装牢,路旁是否有人,尾后是否紧跟有车等不安全情况。

(5)刹车时一脚踩死制动 行驶中,前面遇障碍物时,有的驾驶员不是提前减速摘档,采用连续点刹,而是为图省事,车到障碍物跟前时,一脚踩死制动。这样做会使轮胎磨损加剧,造成许多零件受力过猛而损坏,如果刹车不灵或出故障,还会造成事故。

（6）排除故障不熄火　作业中,拖拉机和配套农机具有了故障,有些驾驶员在发动机不熄火,甚至不切断配套农机具动力,就去排除故障,这样做往往会造成人身伤害事故。

（7）田间转移不切断农机具动力　拖拉机悬挂旋耕机、开沟机、割晒机等机具进行田间作业转移时,有些驾驶员图省事,提升农机具后不切断动力。这样做机组通过田埂、沟渠或障碍物时,会使机件损坏,甚至碰伤人。

以上作业不良行为,驾驶员须注意克服。

50. 拖拉机田间作业该如何倒车和转向?

答　拖拉机组在田间作业时,转弯和倒车操作频繁,不仅影响机组作业效率,而且增加转向系统、行走系统、操纵系统的机件磨损。为此,驾驶员应注意以下几点:

（1）要根据田块的形状、大小以及农作物种类的不同,选择合理的行走路线(如套耕法),尽量减少倒车,以提高作业效率。

（2）拖拉机组转弯和倒车前,必须先提升农具,并且使入地的农具工作部件停止旋转。如果农具尚在入土的情况下进行转弯和倒车,将增大转弯半径,增加发动机的负荷,容易损坏机件。

（3）禁止"转死弯"。因为转弯角度过小时,容易造成土壤的壅堆现象,引起田面不平。

（4）对狭小长方形地块,最好不要转弯和调头,宜采用倒车的方法完成耕地、整地或收割。

（5）轮式拖拉机组跨高田埂时,由于拖拉机后轮比前轮直径大,所以应提升农具倒车通过。

（6）履带式拖拉机在田间作业不应总按同一方向转向,以免转向离合器发生严重单边磨损。

51. 拖拉机在作业时应怎样控制油门?

答　（1）拖拉机在作业过程中,油门一般应置于油门全程位置的三分之二处,即中大油门可降低油耗,遇满载货物上坡或陷车时应加大油门。

(2)机车作业时,应根据作业的需要,缓慢地加大或减小油门,不许突变油门。否则,突然加大或减小油门,使燃油燃烧不完全,排气冒黑烟,耗油增加,产生积炭,不仅加速活塞连杆组的磨损,而且由于积炭,易产生活塞和喷油嘴卡死,活塞环结胶及起动副喷孔堵塞等故障;同时,由于转速突变,曲柄连杆机构突然受力增加,易使连杆变形、曲轴折断。

(3)拖拉机在行驶中,由高档变低档时,应及时减油门。否则,虽然离合器分离,但挂档仍然困难,易打齿。因此,必须把油门降到怠速位置,然后分离离合器换档,尽量采用高档小油门作业,以达到降低油耗之目的。

(4)进行田间作业时,如中耕、播种、插秧、施肥、喷药、收获等作业时,拖拉机组行驶速度不宜太快,应根据农艺要求进行。但由于田间行走阻力大、负荷大、要发挥拖拉机最大功率,均应加大油门作业;在地头转弯、提升农具时,应及时减小油门,以利节油。

52. 拖拉机在作业中为何不宜常换冷却水?

答 在日常作业中,有些驾驶员经常给水箱更换冷却水,以降低机温,这种做法是不适宜的。

保持足量的冷却水是为了维持发动机正常的工作温度,使发动机各部的温度不宜过高,也不宜过低。手扶拖拉机 S195 型柴油机的冷却是由冷却水的汽化带走热量,有些型号的发动机是通过冷却水的循环实现冷却的。因此,只要及时添加冷却水,以补偿损失即可。

如果拖拉机在工作中经常换水,会使发动机冷却过度,增加机件的磨损和油耗,功率下降,此外,还会增加发动机冷却水道内的水垢,降低散热效果。

53. 拖拉机田间作业应怎样选择档位？

答 拖拉机在播种、中耕、收割时，机组行驶速度不宜过高，宜采用低档中油门；在地头转弯时，宜采用低档中油门；悬挂农具在公路上行驶，应低速行驶，禁用高档大油门。

54. 拖拉机如何选配耕整农机具？

答 合理地选用和配置耕整农机具，可节能降耗、提高机耕作业效率。

(1)犁、耙的选配 铧式犁是使用最广的翻耕作业机具，其翻上覆盖性能为其他任何机具所不及，在南方田块较大、作业连片的滨湖平原地区，以选用四轮拖拉机配套悬挂犁、耙为宜，一般以一台拖拉机配犁、两台拖拉机配耙，组织轮番作业，能获得较高的生产率。中小型拖拉机配悬挂犁一般3～5铧，为保证良好的入土及耕深、耕宽作业，驾驶员应根据拖拉机功率大小按规定配置犁、耙数，不宜随意乱配。如遇土质坚硬时，可酌情拆减一铧，减少耕宽作业。在田块较小的地区，一般选用手扶拖拉机配套1～2铧犁及耙进行耕、耙作业。圆盘犁靠机具自重入土、滚动前进，与土壤摩擦阻力小，不易缠草堵塞，适用于绿肥、稻草、秸秆还田的厚植被、干硬粘重多石土壤的作业。

(2)旋耕机的选配 旋耕机是水旱通用、耕耙合一、碎土性能好的高效驱动型耕整机具。四轮拖拉机配套旋耕机有侧边传动与中间传动两种，一般前者为小型、后者为大中型拖拉机配套，中间传动者刀轴受力均匀，中间箱体下方设有犁铲，消除漏耕。旋耕机造价高于犁耙，但其耕耙合一，适应性能好，水旱通用，故应用十分广泛。国产众多的旋耕机品牌，可供不同型号的拖拉机配套选用。如 IG-60 型旋耕机配东风-12 型和工农-12 型手扶拖拉机；IG-100型旋耕机配东方红-150 型拖拉机；IG-125 型旋耕机配丰收-180 型拖拉机；IG-150 型旋耕机配神牛-25 型、泰山-25 型拖拉机；IGQN-

180 型旋耕机配上海-50 型拖拉机；IGQN-200 型旋耕机配铁牛-55 型拖拉机；IGQN-250 型旋耕机配东方红-75 型拖拉机等。

水田耕整机由于动力小，耕、耙作业只配一犁或一耙，也可参照说明书配置犁耙。

55. 怎样使用圆盘犁耕作？

答 圆盘犁具有入土、碎土和翻土复盖质量好等特点，是拖拉机常用的配套耕作机具。其使用方法：

(1)将犁架垫平，检查圆盘之间的高度差，一般要求高度差不超过±5 毫米。当圆盘犁磨损或犁柱变形后，高度差也不能超过±15 毫米。

(2)检查圆盘犁的偏角和倾角要符合规定，圆盘刃口应锋利，刃口厚度应小于 1.5 毫米，刃口如有残缺，长度超过 15 毫米，深度超过 1.5 毫米时应修理。

(3)悬挂轴调节机构应灵活，各部分螺栓应拧紧，尾轮的安装位置要正确，并能灵活运转、圆盘轴承及尾轮轴承，应加注润滑脂。

(4)耕作中为避免圆盘间发生堵塞，又要保证作业质量，圆盘间距应不小于最大耕深的 1.5～2 倍，沟底的不平度，不能大于耕深的 1/3。

(5)要使犁架处于水平状态，犁架的左右水平，可用拖拉机上的右提升杆调节；犁架的前后水平，可用上拉杆调节。

(6)翻土板的位置应安置正确。翻土板刃部与圆盘间应有 2～5 毫米的间隙，刃部应位于圆盘中心处，各圆盘犁翻土板的高度须调整一致。

(7)圆盘犁作业时出现偏牵引，为使耕幅不增大或减小，可转动悬挂轴和调节尾轮的偏角，这样可使犁稳定地工作。

56. 怎样排除圆盘犁的使用故障？

答 (1)犁不入土 若因圆盘刃口磨钝，应重新磨刃；若因犁太轻,应在犁架上加配重;若因犁圆盘倾角过大,应减小倾角。

(2)圆盘粘土或挂草　其原因主要是翻土板调节不当,应重新调节翻土板。

(3)拖拉机操向困难　主要是因偏牵引引起,应调节悬挂轴。

(4)牵引负荷过重　若因圆盘犁耕幅过大,应调节圆盘犁间距;若圆盘轴承磨损,应更换轴承;若因圆盘犁体数过多,应减小犁体;若耕深过大,应减小耕深;若因圆盘调整不灵,应重新调节圆盘间距;若因圆盘刃口磨钝,应重新磨刃。

57. 怎样安装旋耕机?

答　旋耕是配套拖拉机的耕作机具。安装三点悬挂式旋耕机时,应先切断输出轴动力,取下输出轴罩盖,待悬挂好整机以后,再安装万向节。安装万向节时,先将带有方轴的万向节装入旋耕机传动轴上,再将旋耕机提起,用手转动刀轴看其运转是否灵活,然后把带有方套的万向节套入方轴内,并缩至最小尺寸,以手托住万向节套入拖拉机动力输出轴固定。安装时应注意使方轴和套的夹叉位于同一平台内。如方向装错,万向节处会发出响声,使旋耕机振动大,并容易引起机件损坏。万向节装好后,应将插销对准花键轴上的凹槽插入,并用开口销锁牢。

58. 怎样试耕与调整旋耕机?

答　试耕的目的是为了进一步检查安装后的技术状态,同时使旋耕机的耕深和碎土性符合农艺技术要求。

试耕前,先将旋耕机稍微升离地面,接合动力输出轴,让旋耕机低速旋转,待一切正常方可试耕。

试耕时,应根据水田耕作条件,选择恰当的拖拉机档位及旋耕速度。耕作时,应先接合动力输出轴使拖拉机工作,然后一面落下旋耕机,一面接合行走离合器,使拖拉机前进。绝对禁止先把旋耕机落到地面,突然接合动力。

旋耕机的调整有以下四个方面：

（1）耕深调整　旋耕的耕深可用拖拉机液压系统或旋耕机上的限位滑板控制（直接连接式的旋耕机，是用改变提升链条或拉杆的长度来控制）。旋耕机的最大耕深，受刀盘直径的限制，刀盘直径大，耕深也深，反之则浅。

（2）碎土性能调整　碎土性能与拖拉机前进速度与刀轴转速有关。刀轴转速一定，增大拖拉机前进速度，土块增大，反之则减小。改变平土拖板的高低位置，也能影响碎土效果。使用时，可根据需要，将平土拖板固定在某一位置上。

（3）水平调整　进行水平调整，以保证耕深一致。旋耕机的左右水平是用悬挂机构右提升杆调节，前后水平是用上拉杆调节。

（4）提升高度调整　用万向节传动的旋耕机，由于受万向节传动时倾斜角的限制，不能提升过高。万向节在传动中的倾斜角如超过 30°，会引起万向节损坏。在传动中，提升旋耕机，必须限制提升高度，一般只要使刀片离地面 15～20 厘米就行了。所以在开始耕作前，应将液压操纵手柄限制在允许的提升高度内，这样既可提高工效，又能保证安全。图 2-1 和图 2-2 分别为 IG-60 型旋耕机和 IG-100 型旋耕机，分别与东风-12 型手扶拖拉机和东方红-150 型拖拉机配套。图 2-3 为东风-12 型手扶拖拉机旋耕机齿轮箱结构图。

59. 使用旋耕机应注意些什么？

答　旋耕机可替代传统的铧式犁作业，是一种配套拖拉机为动力比较先进的耕整农机具，深受农民欢迎。机手在使用旋耕机过程中应注意以下几方面问题：

（1）凡是需要利用旋耕机作业的地块，要求土地平整，尽量条田化。

（2）要清除水田中的碎石、碎塑料、草绳等杂物，以免缠住或折断旋耕机刀片。

图 2-1　东风-12 型手扶拖
拉机配套的旋耕机

图 2-2　东方红-150 型拖
拉机配套的旋耕机

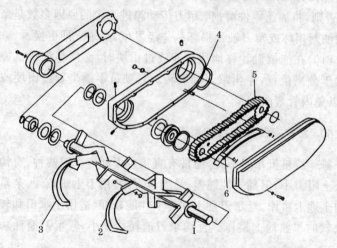

图 2-3　东风-12 型手扶拖拉机旋耕机齿轮箱结构图

1. 弯刀轴　2. 左弯刀　3. 右弯刀　4. 偏心销　5. 链条　6. 弹簧片

（3）旋耕机在作业中,严禁使用高速档作业,一般用Ⅰ速 3000
米/小时左右为合适。否则,达不到土地平整、细碎的效果。

（4）水田水分要适中。否则,滚轴被湿泥土塞满,影响轴转动,
增加机车阻力。

（5）起步作业时不要过猛抬主离合器踏板和过猛加大油门,以

免造成对动力输出轴的冲击力。

（6）作业到田头时，先将机车停稳，然后再提升旋耕机。提得不宜过高，然后转弯，避免万向节折断或者旋耕机撞到田埂处损坏机件。

（7）作业中，禁止使用制动器脚踏板进行急速调整机车前进方向，以免出现漏耕现象。

（8）每班作业后，要及时检查犁刀螺栓的紧固情况，如发现有松动或折断就应及时紧固或更换，以免引起犁刀夹板的损坏。

（9）经常检查犁刀传动箱内齿轮油油面，不足时应及时添加至检油螺孔有油流出为止，若发现有泥土进入犁刀传动箱，应清洗换油。否则，将加速零件磨损。犁刀传动箱进泥水的原因多数是犁刀轴端油封损坏或犁刀轴颈损坏。一经发生，必须立即更换。

（10）在拖拉机转移地块作业或过田块时，必须将旋耕机操纵杆置于分离位置，停止犁刀轴旋转。驾驶员不能坐着过田埂或过沟，以免内管弯曲。

60. 怎样安装旋耕机的犁刀？

答 旋耕机犁刀型式，通常有直钩犁刀和弯犁刀两种。直钩犁刀入土阻力小，但翻土性能差，易缠草，故宜用于土质较硬、杂草较少的土地上耕作。弯犁刀翻土和碎土性能较好，适用于水田和较潮湿松软的旱熟地上耕作。直钩犁刀消耗功率小，弯犁刀消耗功率大。

直钩犁刀的安装没有特殊要求，依次安装在刀轴上即可，安装须紧固。

弯犁刀分左弯、右弯两种。其安装方法对耕后地表的平整影响较大。安装时，需根据不同的耕作要求选择安装方法：

（1）交错装法　左、右弯刀在刀轴上交错对称安装，刀轴左、右最外端的一把刀向里弯。这种安装，耕后地表面平整，适于平作。

（2）内装法　左、右弯刀片都朝向刀轴中间弯。这种安装，耕后地面中间微呈凸起,适于作畦前的耕作。

(3)外装法　左、右弯刀片都向刀轴两端弯,刀轴中间安装一左、一右的刀片,刀轴左、右最外端的一把刀向里弯。这种安装,耕后地表在耕幅中间有　条浅沟。

安装刀片时应按顺序进行,并注意刀轴旋转方向,防止装错和装反,切忌使刀背入土,以免引起机件损坏。安装后还应全面检查一遍,方可投入作业。犁刀的安装方法如图2-4所示。

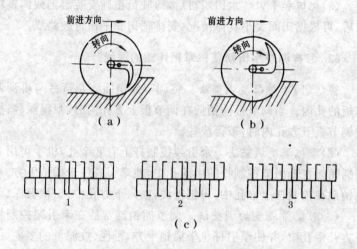

图2-4　犁刀的安装方法

(a)直钩犁刀　(b)弯犁刀　(c)弯犁刀的安装方法

1.交错装法　2.内装法　3.外装法

61. 怎样驾驶水田耕整机犁田耙田?

答　水田耕整机被南方农民誉为"不吃草的小铁牛",它具有"一头牛价、抵三头牛用"的功效,深受农民青睐。有些新机手,因操作不当,耕作时出现深耕、浅耕、漏耕现象。现介绍水田耕整机使用方法:

驾驶员起动柴油机后,逐步加大油门,慢慢扳起离合手柄,使水田耕整机平稳起步后作业。

（1）犁田边法　将机器放在田埂边，使田埂位于机器前进方向的左边，平衡船须加入 15 公斤左右的配重泥土于右边，调整乘座位置后，驾驶员即可开机把田边犁完。

（2）正常犁田法　犁完田边后，将机器调头，并改变平衡船和座凳的位置，开动机器沿犁沟前进，机器就会犁翻出漂亮的泥土坡来。

（3）耙田和平田　水田犁耕后，驾驶员正确安装滚耙或调整秒耙后，可根据田间大小具体情况，安排耙田和平田行驶路线。

62. 怎样调整水田耕整机犁耙作业的深浅？

答　（1）犁耕深度调整法　将调节插销插入犁弯弓与耕深调节板的孔内。当调节板插销插在调节板上方孔内时，犁得深些；插在调节板下方孔内时，犁得浅些。

（2）滚耙深度调整法　牵引架控制杆上有 8 个孔，机手可用一根插销插在牵引架控制杆的中间孔中，使牵引杆位于插销下方。当插销插在控制杆上方孔中，田耙得浅，插入下方孔中，田耙得深。

（3）秒耙带泥量的调整法　调节插销通常插在牵引架控制杆下方几个孔中，并使牵引杆位于插销上方，带泥、放泥量的多少，由机手用脚踩升降杆视田块平整具体情况控制。

（4）平衡船和平衡轮高度调整法　当平衡船和平衡轮行驶在未耕地面上时，连接套、插接板装在连接杆上方孔，平衡轮、弯弓套管装在调节插管上方孔中。当平衡船或平衡轮行驶在已耕地面上时，连接套、插接板装在连接杆下方孔，平衡轮、弯弓套管装在调节插管下方孔中，以保证耕整机前进时，重心分布合理、工作平稳。

63. 驾驶水田耕整机作业应注意些什么？

答　驾驶水田耕整机作业应注意：

（1）耕整机工作时，应使机手和机器的整体重心始终偏向平衡船一侧,保证机器平衡行驶。

(2)在水田耕作前,应在田中放入 40 毫米左右高出泥面的水为宜,以防驱动轮粘泥而陷车。

(3)当机器发生异常响声时,应立即停机检查和调整,待排除故障后才能继续耕作。

(4)过田埂时,人应离座,扶机缓慢过埂,严禁高速冲过田埂,以免翻车。

(5)机器陷车时,应立即将犁升起,左右摆动机头。如仍不行,人应下机推行,一出泥坑应立即将离合器放到离的位置。陷车时,禁止人员站在机器前面拖、抬机头,以免伤人。

(6)转场耕作时,不允许在砂石、水泥硬性路面行驶,以免严重磨损平衡船拖板和打弯行走驱动轮叶片。

图 2-5、图 2-6 为神牛牌水田耕整机犁水田和旱田状态示意图。

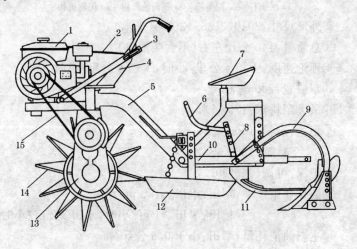

图 2-5 犁水田状态

水田耕整机主要技术规格如下:

①配套动力:2.94～4.41 千瓦(4～6 马力)柴油机

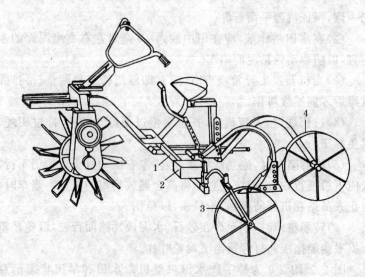

图 2-6 犁旱田状态

1. 平衡杆 2. 配重箱 3. 平衡轮机构 4. 尾轮机构

②外形尺寸:2040×1865×1305(毫米)

③总质量:140 公斤左右(不含柴油机)

④理论速度:Ⅰ档 4 公里/小时,Ⅱ档 6 公里/小时

⑤犁耕宽:200 毫米

⑥最大犁耕深:170 毫米

⑦耙宽:滚耕:1000 毫米

　　　　耖耙:1200 毫米

⑧耙深:可调(深、浅)

⑨纯作业生产率:犁田:水田≥1.5 亩/小时

　　　　　　　　耙田:旱田≥1 亩/小时,水田≥2 亩/小时

⑩主燃油消耗量:犁田:小于 0.6 公斤/亩

　　　　　　　　耙田:小于 0.4 公斤/亩

64. 驾驶水田耕整机出现"飞车"怎么办？

答　水田耕整机在耕作时,发动机转速越来越高并伴随有尖叫声,亦称为"飞车"。此时如不采取紧急措施停车,会导致发动机零部件损坏,甚至引起爆炸事故。应急处理方法有:把减压手柄拉向减压位置;取下空气滤清器,堵塞进气管;接合离合器;松开高压油管。出现"飞车"机手要沉着、果断,处理方法要迅速、准确。停机后,应查明"飞车"原因,排除故障后,方能重新起动作业。

65. 驾驶水田耕整机出现翻车怎么办？

答　独轮水田耕整机作业时,由于机手技术生疏,安装调整不当或行驶中碰撞障碍物时,易出现翻车事故。一旦出现翻车,应首先将发动机熄火,然后扶正耕整机,擦净泥土,再仔细检查各零件是否有损坏,发动机是否进水等现象。确认各部件完好后,即可正常作业。作业时操作者应坐在平衡滑板一侧,以增加机器的稳定性,避免翻车事故。

66. 驾驶水田耕整机出现陷车怎么办？

答　田间作业时,遇到驱动轮陷入泥潭滑转现象,此时操作者应立即下车,将犁提起并把支承滑板抬起离开犁沟,再轻轻放下重新起动发动机,操纵离合器使其一离一合,并左右转动机头,使驱动轮缓慢离开泥潭。此时可以用木板从驱动轮前方垫入轮下,增加驱动轮爬地能力,使其离开泥潭。注意在驱动轮打滑的情况下不能硬冲,否则会使驱动轮越陷越深;也不能在发动机前面站人抬机头,以免机器伤人。

67. 怎样预防水田耕整机作业时翻车？

答　独轮水田耕整机在田间作业,是三点支撑,所以稳定性较差,特别是转弯时容易翻车。

为了杜绝事故发生，这里介绍一种简易安全操作办法：准备一根长 3 米、直径 10 厘米的木杆，一根结实的麻绳，再将木杆的中部用麻绳牢固地系在耕整机的发动机前面底座上。这样，遇到险情无论耕整机往哪边倒，都有木杆支承着，所以就不会发生人身伤亡事故。实践证明，采用这种办法，很适合新机手下田作业。

68. 怎样排除水田耕整机行走传动机构故障？

答 （1）驱动轮打滑　主要原因：田里水过浅，驱动轮夹泥或缠草，泥脚过深，耕深超过规定，绿肥或杂草太多。排除方法：田里适度灌水，使驱动轮走前一犁的犁沟里；调整犁的深度在规定的范围内，事先割掉绿肥草或排除杂草。

（2）牵引力不足　主要原因：传动皮带过松或发动机功率不足。排除方法：张紧传动皮带，检查并排除发动机故障。

（3）驱动轮行走不正　主要原因：牵引架变形、驱动轮紧固螺栓松动或轮子变形。排除方法：应校正牵引架；拧紧驱动轮螺母。

（4）转向操作过重　主要原因：后支承滑板升降高度不合适；牵引轴套筒内无润滑油；转向机构缠有杂草。排除方法：调整支承滑板高度，使活动横梁在田间接近水平；在转向机构加油孔内加注润滑油；清除缠挂的杂草。

（5）齿轮箱噪声过大　主要原因：齿轮过度磨损，造成齿侧间隙过大；轴承严重磨损；润滑油不够或不符合要求。排除方法：拆开齿轮箱，更换齿轮或轴承；添加符合要求的润滑油。

（6）操作转向困难　主要原因：箱体上部牵引框变形；驱动轮叶片变形。排除方法：校正牵引框，更换驱动轮叶片。

（7）偏离牵引　主要原因：后支承滑板导向销磨损；牵引销磨损。排除方法：应更换损坏件。

69. 怎样排除水田耕整机耕作机具的故障？

答 （1）犁不入土　主要原因：耕深调节不当，入土角度太大；犁头挂草太多；调整销调节不当；土质过硬；犁刀刃口过度磨损。排除方法：清除杂草；把调整销逐孔向上移动，调到所需要的耕深对应的孔位；更换磨损的犁刀。

（2）犁底不平，耕深不一，重耕或漏耕　主要原因：牵引轴销、牵引架、牵引杆、犁架和驱动轮变形；后支承滑板紧固螺栓松动。排除方法：应修理或换件；拧紧紧固螺栓或更换后支承滑板。

70. 手扶拖拉机耙田有何技巧？

答　使用手扶拖拉机耙田方法正确与否，对水稻的生长和手扶拖拉机的效益关系极大，手扶拖拉机耙田的技巧是：

（1）田块放进适量的水　一般稻田水深宜6～8厘米。如果是犁过的田，水浸在泥面上为宜。水太深田不易起浆，达不到质量要求；水太浅田不容易耙平，还会增加手扶拖拉机和农具在土壤中的摩擦阻力。

（2）根据土壤表面状况决定旋耕机犁刀弯头的安装方向　平垄作业，犁刀弯头向外安装；填沟作业，犁刀弯头向内安装；一般耕耘，犁刀弯头混合安装。

（3）手扶拖拉机前进速度和犁刀轴转速的选择　对未犁过的水田，第一遍作业时，手扶拖拉机可选用慢Ⅱ档前进速度，犁刀轴可采用低档转速为宜；旋耕第二、三遍和在犁过的水田作业时，手扶拖拉机可选用慢Ⅲ档前进速度，犁刀轴可采用高档转速。

（4）选择手扶拖拉机行走方向　现在多数机手使套耙法，用这种方法在田边易形成一个重耙圈，耗费时间和油料。建议使用斜耙法，即机车沿田块的对角线偏左或偏右一个耙幅开始耙耕，向外逐步扩展，最后绕田边耙一圈即完成。据有经验机手介绍，使用这种方法工高效、油耗少、质量好。

(5)根据水稻栽插农艺要求决定耙田遍数　抛秧水稻田,一般耙两到三遍为好。耙田遍数太多,会破坏土壤团粒结构,易造成土壤结板,同时会加速拖拉机和农具的磨损及浪费油料;耙田遍数太少,则达不到农艺要求。

71. 驾驶手扶拖拉机有哪四个小孔不能堵塞?

答　(1)起动喷孔　发动机涡流室镶块上有个起动喷孔,若被积炭堵塞,就会造成起动困难或不能起动。发现起动喷孔堵塞应卸下油嘴总成或气缸盖,清除积炭,疏通小孔。

(2)回油孔　喷油器上有个回油孔,随着喷油器针阀与针阀体的磨损,会有少量回油从此孔经回油管送回油箱,这是正常的。如果此孔堵塞,会使喷油泵来的高压油不能将针阀顶起而停止喷油,造成发动机熄火。因此,应保持回油孔及回油管的畅通。

(3)油箱盖通气孔　油箱通气孔与外界大气相通,防止因油面降低引起真空,影响连续供油,造成机车马力不足等故障,此孔堵塞须疏通。

(4)曲轴箱通气孔　曲轴箱既要密封,又要通气。密封是为了防止机油漏出和尘土进入;通气是为了使曲轴箱的内腔与外界相通。如果此孔堵塞,会使机油从曲轴箱密封处外漏,同时,进入曲轴箱的高温废气和燃气混入机油,会使机油变质,黏度下降,故此孔不能堵塞。

72. 手扶拖拉机使用铁轮应注意些什么?

答　手扶拖拉机安装铁轮后不得高速行驶,也不得在硬路上较长距离行驶;作业中应尽量避免倒退,特别是在陷车时,更不能倒退,否则越陷越深;作业尽量不拐小弯、死弯,以免在拐弯处留下大坑;越沟过埂时,应将旋耕机操纵杆放在离开位置,以免机车后部翘起,防止犁刀伤人。

第三章 农用车的驾驶

第一节 机动车驾驶证的申办与变更

1. 申请机动车驾驶证应具备什么条件?

答 (1)年龄条件:

A. 申请大型客车、无轨电车学习驾驶证为 21~45 周岁。

B. 申请大型货车学习驾驶证为 18~50 周岁。

C. 申请其他车型学习驾驶证为 18~60 周岁。

(2)身体条件:

A. 身高:申请大型客车、大型货车、无轨电车驾驶证的,身高不低于 155 厘米;申请其他车型驾驶证的,身高不低于 150 厘米。

B. 视力:两眼矫正后的视力不低于标准视力表 0.7 或对数视力表 4.9。

C. 辨色力:无赤绿色盲。

D. 听力:两耳分别距音叉 50 厘米,能辨别声源方向。

E. 身体运动能力:四肢、躯干、颈部运动能力正常。

2. 申请学习驾驶证需哪些手续?

答 申请机动车驾驶证应当向长期居住地车辆管理所,在暂住地居住一年以上的可向暂住地车辆管理所领取一份《机动车驾驶证申请表》。认真、如实、工整地用钢笔按表中要求填写好后,到县以上人民医院进行体格检查。然后将"申请表"、"身份证"等证件一并交车辆管理所审核。符合条件者,车辆管理所将组织申请人学习"交通法规与相关知识",并进行考试。考试合格者,核发《中华人民共和国学习驾驶证》。

公共交通部门需要在市区固定线路上驾驶的人员,经省级公安交通管理部门按有关规定批准,可直接申请大型客车和无轨电车的学习驾驶证,其他人员不能直接申请大型客车和无轨电车的学习驾驶证。

3. 约考驾驶证有何规定？

答 持有学习驾驶证者,按以下规定约考:

(1)持有大型客车学习驾驶证的,自发证之日 60 天后,到发证的车辆管理所约考,并在 20 天内考完。经车辆管理所考试合格后,核发驾驶证。

(2)持有大型货车学习驾驶证的,自发证之日起 40 天后,到发证的车辆管理所约考,并在 20 天内考完。经车辆管理所考试合格后,核发驾驶证。

(3)持有小型汽车学习驾驶证的,自发证之日起 30 天后,到发证的车辆管理所约考,并在 20 天内考完。经车辆管理所考试合格后,核发驾驶证。

(4)持有其他机动车学习驾驶证的,自发证之日起 20 天后,到发证的车辆管理所约考,并在 20 天内考完。经考试合格后,核发驾驶证。

4. 军队、武警部队驾驶证换证需要哪些手续？

答 持有军队、武警部队驾驶证换证者需具备以下手续:

(1)填写《机动车驾驶证申请表》,并进行体格检查。

(2)交验身份证及复员、转业、退役证明。

(3)现役军人须交验军人身份证和省军区以上证明。

(4)交验军队、武装警察部队机动车驾驶证。经考试合格后,核发驾驶证。

5. 外国或港、澳、台地区驾驶证换证需要哪些手续？

答 (1)填写《机动车驾驶证申请表》,并进行体格检查。

(2)交验护照等入境身份证件。

(3)交验居留证件(居留期为一年以上)。

(4)交验外国或香港、澳门、台湾地区驾驶证或国际驾驶证。

经考试合格后,核发驾驶证。

6. 增加准驾车型需要哪些手续？

答 持有驾驶证需要增加准驾车型的,应当申请学习驾驶证。申请时应当履行下列手续:

(1)填写《增驾申请表》。

(2)交验驾驶证。

(3)申请增驾大型客车、无轨电车的,须具有三年以上安全驾驶大型货车的经历。

车辆管理所对符合规定的,增发学习驾驶证。对持增驾学习驾驶证并掌握驾驶技能的,经考试合格后,换发驾驶证。

7. 机动车驾驶考试科目如何分？

答 机动车驾驶考试科目分为:

(1)交通法规与相关知识(科目一)。

(2)场地驾驶(科目二)。

(3)道路驾驶(科目三)。

汽车、摩托车道路考试项目和扣分标准见表3-1。

表 3-1　汽车、摩托车道路考试项目和扣分标准

	项　　目	扣　分
准备	1.1　未调整好后视镜(左、中、右)	5
	1.2　未调整好座位	10
	1.3　不系好安全带(小型汽车)	×
发动起步	2.1　未检查档位或手制动器	5
	2.2　发动机起动后仍未放开起动开关	5
	2.3　未检查仪表	10
	2.4　气压不足起步	×
	2.5　不关车门起步	×
	2.6　车辆有异常情况起步	20
	2.7　未查看交通情况	20
	2.8　挂错档	20
	2.9　起步不顺(车辆有闯动及行驶无力的情形)	10
	2.10　不放松手制动器起步,但及时纠正	5
	2.11　不放松手制动器起步,未能及时纠正	20
	2.12　起步时车辆溜动小于30厘米	20
	2.13　起步时车辆溜动大于30厘米	×
	2.14　油门过大,致使发动机转速过高	5
	2.15　发动机熄火一次	20
	2.16　驾驶姿势不正确	10
方向与制动	3.1　掌握转向盘手法不合理	10
	3.2　车辆行驶方向把握不稳	×
	3.3　有双手同时离开转向盘现象	×
	3.4　制动不平顺、出现车辆闯动	10
	3.5　摩托车制动时不同时使用前制动器	10

	项 目	扣 分
换档	4.1 档位使用不当或车速控制不稳	10
	4.2 掌握变速杆手法不对	10
	4.3 不会用两脚离合器换档方法	20
	4.4 换档时有齿轮撞击声	20
	4.5 换档时机掌握太差	10
	4.6 换档时机掌握稍差	5
	4.7 换档时手脚配合不熟练	10
	4.8 错档但能及时纠正	10
	4.9 换档时,低头看档或两次换档不进	×
	4.10 行驶中使用空档滑行	×
路口	5.1 不按交通信号或民警指挥信号行驶	×
	5.2 转弯角过大、小或打、回轮过早、晚	20
	5.3 转弯角度稍大、小或打、回轮稍早、晚	10
	5.4 争道抢行	×
	5.5 违反路口行驶规定	×
	5.6 违反铁路道口规定	×
交通标志、标线	6.1 未留意,亦未遵照交通标志行为	×
	6.2 违反分道行驶规定	×
	6.3 不按规定出入非机动车道	10
	6.4 越中心实线逆向行驶	×
	6.5 行驶中压中心实线	×
	6.6 变换车道之前,未查看交通情况	10
	6.7 进入导向车道后不按规定方向行驶	×
	6.8 不按导流线方向行驶	×
	6.9 将车辆停在人行横道线上	20
	6.10 不按规定避让人行横道中的行人	×

	项　　　目	扣　分
会、超车	7.1　窄路会车时不减速靠右边行驶	×
	7.2　会车困难时应让行而不让	×
	7.3　不具备超车条件时,强行超车	×
	7.4　超车时不使用转向灯或不提前查看交通情况	20
	7.5　超车后突然切入他车道,引起后车紧急制动	×
	7.6　故意不让后车超越者	×
调头	8.1　调头方式选择不当	20
	8.2　不注重观察交通情况	20
控制能力	9.1　控制车速不稳	20
	9.2　车速超过限定标准	×
	9.3　车速过低或未能调整车速以适应路上情形	20
	9.4　不会合理使用半联动控制车速	10
	9.5　两轮摩托车在行驶中左右摇摆或以脚拖地	×
判断	10.1　反应迟钝造成危险情况	×
	10.2　判断能力差,不敢走车或钻危险档子	×
	10.3　对车身前后、左右位置感觉差	×
其他	11.1　行驶中未能观察亦未按其他车辆发出信号行车	×
	11.2　行驶中不能正确使用各种灯光	20
	11.3　驾驶姿势不正确	10
	11.4　未能及时发现车辆的各种故障带故障行车	10
	11.5　不按主考人员指令行车	×

	项　　目	扣　分
停车	12.1　未查看交通情形，亦未及时发出或关闭信号	10
	12.2　制动停车过程不平顺	10
	12.3　以指定停车标志作标准，未能停在正确位置（纵或横大于1米）	×
	12.4　以指定停车标志作标准，未能停在正确位置（纵或横小于1米，大于50厘米）	20
	12.5　未拉手制动之前，车辆后溜，或停车后未拉手制动	20
	12.6　未拉手制动，检查档位，抬离合器前先抬脚制动	5
	12.7　开车门前不查看侧后交通情况	10
	12.8　下车不关车门	10
	12.9　在禁止停车的地方停车	×

注："×"表示扣分至不合格。

8. 初考和增驾的考试科目有何规定？

答　持学习驾驶证、申请驾驶证和持有驾驶证申请增加准驾车型的考试科目，按照考试科目表规定的科目进行考试。

9. 外国和港、澳、台地区驾驶证或国际驾驶证换证需考试哪些科目？

答　持外国和香港、澳门、台湾地区驾驶证或国际驾驶证的考试科目为交通法规与相关知识、道路驾驶。驾驶经历三年以上的，免道路驾驶考试。

10. 军队、武警部队驾驶证换证需考哪些科目？

答　持军队、武警部队驾驶证的考试科目为道路驾驶。持有小型乘座车和摩托车驾驶证三年以上的，免道路驾驶考试。

11. 各科目考试范围有哪些？

答 各科目考试范围（各省、市要求不完全相同）为：

（1）科目一的范围是：《中华人民共和国道路交通管理条例》、《机动车管理办法》、《道路交通事故处理办法》、《高速公路交通管理办法》、机械常识、安全驾驶常识、伤员急救常识和危险品运输常识。

（2）科目二的范围是：在设有障碍的场地上驾驶车辆的能力。

（3）科目三的范围是：在实际道路上正确操纵驾驶机动车的能力；遵守交通法规行驶的程度；驾驶姿势和观察、判断、预见能力以及综合控制车辆的能力。

12. 各科考试的顺序和方法如何？

答 考试顺序按科目一至科目三依次进行。前一科目合格后，再考下一科目。

科目一的考试，采用笔试方法，时间为45分钟。

科目二的考试，采用被考人单独驾驶的方法。

科目三的考试，采用考试人员与被考人同乘考试车（两轮车及无法同乘的车辆除外），按照道路考试必考行为用减分法进行评判得分，被考人在道路考试时应持有相应的驾驶证件。

13. 考试要求与合格标准有哪些规定？

答 科目一的题目为《中华人民共和国机动车驾驶员交通法规与相关知识考试题库》以及各省、市制定的地方法规。考试合格标准为90分。

科目二按所考车型选定考试场地图形。要求与合格标准如下：

（1）汽车、转向盘式农用车

A．图例：（1）

。桩位

— 边线

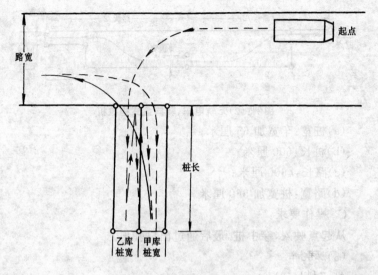

图例:(1)汽车、转向盘式农用车

→ 前进线

—→ 倒车线

B. 尺寸:

(a)桩长:二倍车长。前驱动车加50厘米。

(b)桩宽:大型车为车宽加70厘米,小型车为车宽加60厘米。

(c)路宽为车长的一点五倍。

C. 操作要求:

从起点倒入乙库停正,再二进二退移位到甲库停正。

前进穿过乙库至路上。倒车通过甲库出库。

(2)无轨电车、转向盘式拖拉机

A. 图例:(2)

。桩位

— 边线

→ 前进线

B. 尺寸:

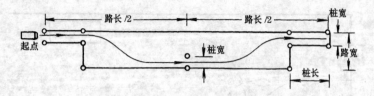

图例：(2)无轨电车、转向盘式拖拉机

(a)桩宽：车宽加 65 厘米；

(b)桩长：600 厘米；

(c)路长：4600 厘米；

(d)路宽：桩宽加 560 厘米。

C. 操作要求：

从起点驶入，穿中桩，最后通过出口驶出。

(3)摩托车

A. 图例：(3)

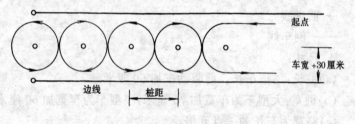

图例：(3)摩托车

。桩位

— 边线

→ 前进线

B. 尺寸：

(a)桩距：

二轮摩托车：车长加 50 厘米。

正三轮摩托车：车长加 40 厘米。

侧三轮摩托车：车长加 80 厘米。

(b)桩与边线之距每边各为：车宽加 30 厘米。

C. 操作要求：

从一端按箭头驶入绕桩后返回。

（4）手扶拖拉机、手把式农用车

A. 图例：（4）

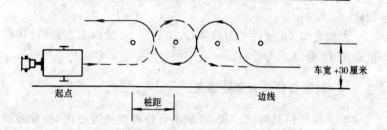

图例：（4）手扶拖拉机、手把式农用车

。桩位

— 边线

→ 前进线

⟶ 倒车线

B. 尺寸：

（a）桩距：车长加 40 厘米；

（b）桩与边线之距每边各为：车宽加 30 厘米。

C. 操作要求：

从起点按虚线倒车绕桩驶出，再前进按实线绕桩驶出。

（5）科目二考试出现下列情况之一的为不合格：

A. 不按规定路线、顺序行驶。

B. 碰擦桩杆。

C. 车身出线。

D. 移库不入。

E. 中途停车两次。

F. 熄火。

G. 脚触地(两轮车)。

科目三的考试路段要求与合格标准:

考试路段应有弯道、坡道、交叉路口及信号灯、标志、标线等交通设施。考试大型客车、大型货车的距离不少于5000米,其他车辆的距离不少于3000米。考试两轮摩托车的,可以在考试场道路上进行。

大型客车90分以上为合格;大型货车80分以上为合格;其他机动车70分以上为合格。

14. 驾驶员补考有哪些规定?

答 每个科目考试一次,考试不合格可以补考一次,补考必须在本次考试内完成。补考仍不合格的,即为本次考试终止,本次考试成绩不予保留。在学习驾驶证有效期内,可以在30天以后重新申请考试。

15. 驾驶员的准驾有何规定?

答 准驾车型代号表示的车辆及准予驾驶的其他车辆为:

准驾车型代号	表示的车辆	准予驾驶的其他车型的代号
A	大型客车	B、C、G、H、J、M、Q
B	大型货车	C、G、H、J、M、Q
C	小型汽车	G、H、J、Q
D	三轮摩托车	E、F、L
E	二轮摩托车	F
F	轻便摩托车	
G	大型拖拉机	H
H	小型拖拉机	
K	手扶拖拉机	

准驾车型代号	表示的车辆	准予驾驶的其他车型的代号
L	三轮农用运输车	
J	四轮农用运输车	G、H
M	轮式自行专用机械车	
N	无轨电车	
P	有轨电车	
Q	电瓶车	

16. 对驾驶证的定期审验有何规定？

答 驾驶证定期审验主要规定有：

(1)对持有准驾车型 A、B、N、P 驾驶证的,持有准驾车型 C 驾驶证从事营业性运输的(驾驶证副证记录栏加盖有"客运"章)和年龄超过 60 周岁的,每年审验一次。并进行身体检查,审核违章、事故是否处理结束。

1996 年 9 月 1 日以后达到退休年龄的男女驾驶员,可继续参加审验,但要注销准驾车型 A、B、N、P。

(2)对持有其他准驾车型驾驶证的,两年审验一次,免身体检查。

17. 补发驾驶证有何规定？

答 驾驶证遗失、损毁,持证人应向原发证机关书面申报原因并登报声明,30 天后,由车辆管理所审核补发新驾驶证。同时,按规定交纳补证费和登报费。

18. 更换驾驶证有何规定？

答 驾驶证的有效期为 6 年。初次领取的驾驶证第一年为实习期。学习驾驶证的有效期为 2 年。临时驾驶证的有效期不超过 1 年。

驾驶证有效期满前 3 个月内,持证人应到车辆管理所换证。车辆管理所对持证人进行身体检查,审核违章、事故是否处理结束。审核合格的,换发驾驶证。

因特殊情况不能按期换证的,应事先申请提前或延期换证。事先未申请并超过有效期换证的,依法处罚后予以换证。

持证人在换证期间,有义务接受交通法规教育。

持证人在暂住地居住一年以上的,自愿决定是否在暂住地申请换发驾驶证。暂住地车辆管理所对申请人的驾驶证、驾驶证登记资料和暂住证审核后,换发驾驶证。

19. 变更驾驶证有何规定?

答 驾驶员的住址或服务单位如有变动,应及时到车辆管理所申请办理转籍或变更手续。

20. 注销驾驶证有何规定?

答 有下列情况之一的,车辆管理所注销其驾驶证。

(1)持证人死亡的。

(2)身体条件发生变化,不适合驾驶机动车的。

(3)超过换证时限 1 年以上的。

(4)涂改、冒领机动车驾驶证的。

(5)无正当理由,超过 3 个月不接受违章或事故处理的。

(6)持有两个以上驾驶证的。

(7)年龄超过 70 周岁的。

(8)本人或监护人提出注销申请的。

21. 机动车号牌分几类?各类号牌的规格、颜色、适用范围如何?

答 机动车号牌分大型汽车、小型汽车等 22 类,各类号牌的规定、颜色、适用范围,见表 3-2。

表 3-2 机动车各类号牌的规格、颜色、适用范围

序号	分 类	外廓尺寸 (mm)	颜 色	每副号牌面数	适用范围
1	大型汽车	前:440×140 后:440×220	黄底黑字黑框线	2	总质量4.5(含)吨、乘坐人数20人(含)和车长6m(含)以上的汽车、无轨电车及有轨电车
2	小型汽车		黄底白字白框线		除大型汽车以外的各种汽车
3	使馆汽车		蓝底白字红"使"、"领"字白框线		驻华使馆的汽车
4	领馆汽车				驻华领事馆的汽车
5	境外汽车	440×140	黑底白字白框线		入出境的境外汽车
			黑底红字红框线		入出境限制行驶区域的境外汽车
6	外籍汽车		黑底白字白框线		除使、领馆外,其他驻华机构、商社、外资企业及外籍人员的汽车
7	两、三轮摩托车		黄底黑字黑框线		两轮摩托车和三轮摩托车
8	轻便摩托车		蓝底白字白框线		轻便摩托车
9	使馆摩托车	前:220×95 后:220×140	黑底白字、红"使"、"领"字白框线		驻华使馆的摩托车和轻便摩托车
10	领馆摩托车				驻华领馆的摩托车和轻便摩托车
11	境外摩托车		黑底白字白框线		入出境的摩托车和轻便摩托车
12	外籍摩托车				除使、领馆外,其他驻华机构、商社、外资企业及外籍人员的摩托车和轻便摩托车
13	农用运输车	300×165	黄底黑字黑框线		三、四轮农用运输车、轮式自行专用机械和电瓶车等
14	拖拉机		黄底黑字		各种在道路行驶的拖拉机

序号	分 类	外廓尺寸（毫米）	颜 色	每副号牌面数	适用范围
15	挂车	同大型汽车后号牌	黄底黑字黑框线	1	全挂车和不与牵引车固定使用的半挂车
16	教练汽车	440×140			教练用的汽车及其他机动车,不含摩托车和轻便摩托车
17	教练摩托车	同摩托车号牌			教练用的摩托车和轻便摩托车
18	试验汽车	300×165		2	试验用的汽车及其他机动车,不含摩托车和轻便摩托车
19	试验摩托车	220×120			试验用的摩托车和轻便摩托车
20	临时入境汽车		白底红字黑"临时入境"字红框线（字有金色廓线）		临时入境参加旅游、比赛等活动的汽车
21	临时入境摩托车	220×140		1	临时入境参加旅游、比赛等活动的摩托车
22	临时行驶车		白底（有蓝色暗纹）黑字黑框线		无牌证需要临时行驶的机动车

22. 机动车行驶证是何式样？

答 机动车行驶证式样如下：

中华人民共和国机动车行驶证　标记

号牌号码 ....　车辆类型 ....

车　　主 ....

住　　址 ....

发动机号 ....　车架号 ....

　　　　　厂牌型号 ....

发证机关章　总 质 量 .... 千克　核定载质量 .... 千克

　　　　　核定载客 .... 人　驾驶室前排共乘 .... 人

　　　　　登记日期 ...... 年 ...... 月 ...... 日　发证日期 ...... 年 ...... 月 ...... 日

（正证正面）

中华人民共和国机动车行驶证副证

号牌号码 ....　车辆类型 ....

车　　主 ....

检　　验 ....

....

....

....

（副证正面）

23. 填写行驶证有哪些要求?

答 填写行驶证的要求主要有:

(1)必须用计算机打字。

(2)"发证机关章"必须用车辆管理所业务方章。

(3)"登记日期"填写初次注册登记时间。

(4)"发证日期"填写核发该行驶证时间。

(5)"核定载客"填写包括驾驶员在内的所有乘人数。

(6)"驾驶室前排共乘"填写包括驾驶员在内的前排乘人数。

(7)"检验"栏盖检验专用章,填写初次检验或定期检验时间。

(8)"记录"栏记载车辆在发证机关办理变更、改型及其他经核准的内容。

24. 机动车如何分类?

答 机动车按车辆管理业务,分为六大类:

(1)汽车

凡具备下列条件之一的汽车为大型汽车:

A. 总质量不小于 4500 千克的。

B. 座位数(驾驶员座位除外)不少于 20 座的。

C. 车辆长度不小于 6 米的。

除上述条件外的其他汽车为小型汽车。

(2)摩托车

A. 轻便摩托车:最高设计车速不大于 50 千米/小时,或发动机气缸总排量不大于 50 厘米^3 的两个或三个车轮的机动车。

B. 二轮摩托车:最高设计车速大于 50 千米/小时,或发动机气缸总排量大于 50 厘米^3 的两个车轮的机动车。

C. 三轮摩托车:最高设计车速大于 50 千米/小时,或发动机气缸总排量大于 50 厘米^3,空车质量不大于 400 千克的三个车轮的机动车。

（3）拖拉机

A．大型拖拉机：发动机功率不小于 14.7 千瓦的。

B．小型拖拉机：发动机功率小于 14.7 千瓦的。

C．手扶拖拉机：转向操纵机构为手扶把式的轮式拖拉机。

（4）电车

A．无轨电车：以电能为动力，由专用输电电缆线供电的轮式公共车辆。

B．有轨电车：以电能为动力，在轨道上行驶的公共车辆。

C．电瓶车：以蓄电池电能为动力的轮式车辆。

D．轮式自行专用机械：有特殊结构和专门功能，设计车速不大于 50 千米/小时的轮式工程机械。

（5）挂车

A．全挂车：无行驶动力设备，独立承载，由牵引车辆牵引行驶的车辆。

B．半挂车：无行驶动力设备，与牵引车共同承载，由牵引车牵引行驶的车辆。

（6）农用运输车

A．三轮农用运输车：发动机为柴油机，功率不大于 7.4 千瓦，载质量不大于 500 千克，最高车速不大于 40 千米/小时的三个车轮的机动车。

B．四轮农用运输车：发动机为柴油机，功率不大于 28 千瓦，载质量不大于 1500 千克，最高车速不大于 50 千米/小时的四个车轮的机动车。

25. 机动车检验有哪些规定？

答 机动车检验的主要规定有：

（1）为了加强机动车的维修、保养，使车辆经常处于完好技术状况，确保安全行车，已经领取正式牌证的机动车辆，每年必须由公安机关交通管理部门进行一次定期检验。对客车、油罐车、液化气槽车,在必要时可以随时抽验。

(2)机动车实行定期检验,按机动车号牌号码末位数所指的月份送检(遇 0、1、2 时,再加 10)。送检地点,由当地车辆管理所指定.检验方法主要是在机动车安全技术检测站进行检测,也可以人工进行检验。不按规定检验或检验不合格的车辆,不准继续行驶。

(3)机动车的技术检验标准,必须符合国家标准《机动车运行安全技术条件》(GB7258—87)。基本要求是:车容整洁、装备齐全、机件完好、安全可靠。检验重点是:车容、转向、制动和灯光。

(4)对达到报废条件,以及三年或三年以上未送检的车辆,要收回牌证,注销档案,予以报废。

(5)对经检验合格的车辆,公安机关车管部门在行驶证副证"检验"栏盖检验专用章,签注有效期限.同时填发安全检验合格标志。

(6)申领临时号牌的车辆、办理异动登记的车辆,须由公安车辆管理部门进行临时检验。

26. 车辆异动登记有哪些规定?

答 车辆异动登记,是指领有正式牌证的车辆,在转籍、过户或与初次检验记录项目内容有变更时需要办理的手续。主要规定有:

(1)机动车辆有下列情形之一的,车主必须及时向所在地车辆管理部门申请办理异动登记:车辆由甲省迁移至乙省或由本省甲地迁移至乙地,须将档案转籍到外省或外地(市);车辆在本辖区过户变更车主;车主单位名称或住址改变;车辆改型、改造或改变车身颜色、外形尺寸。

(2)机动车辆改型、改造,必须先经车辆管理部门批准。机动车辆改变车型,比如客车改货车、货车改专用车、机动车改变厂牌,以及发动机改变燃料种类,必须先经当地车辆管理所审查同意,并经省公安厅交通管理部门批准。

（3）申请办理异动登记的车辆,必须是按规定进行定期检验合格的车辆。

27. 机动车报废有哪些规定?

答 机动车达到国家规定的报废标准的,车主须到当地车辆管理部门申请办理报废手续。

（1）机动车的使用年限最多不得超过 15 年。

（2）机动车报废。车主应领填"报废审批申请表",申请报废的车辆须由当地车辆管理部门进行技术鉴定。

（3）符合报废条件的车辆,须交回牌证,并向当地物资再生利用公司（金属回收公司）交车,车辆解体后,由回收单位出具报废汽车回收证明。车辆管理部门凭回收证明办理报废手续。

（4）已经报废的车辆不准重新申领牌证,恢复使用。

28. 补发或换发机动车牌证有哪些规定?

答 机动车号牌、行驶证丢失、损坏,或记录栏填满以及号牌号码和行驶证记载内容辨认不清时,车主须及时到原发证机关申请补发或换发号牌、行驶证。

丢失行驶证的车辆,在等待补以新证期间,如需上道路行驶,须到原发证机关申请"待办凭证"代替行驶证。

丢失号牌或行驶证的车辆,等待补发牌证的时间超过 15 天,需上道路行驶时,车主应将未丢失的行驶证或号牌交回原发证机关,核发临时行驶车号牌。

29. 申领机动车牌证应具备哪些条件?

答 车主购买机动车以后,应及时到公安机关车辆管理所申领号牌、行驶证和安全检验合格标志以后,方可上道路行驶。申领号牌、行驶证的条件:

（1）填写"机动车登记表"。

（2）车主单位或住地证明。单位的车辆,持单位正式介绍信;私有车辆持个人身份证明和住地(乡镇、街道)政府证明。

（3）机动车来历凭证。国产车提交出厂合格证和购车发票;进口车提交海关货物进口证明书和商检证明;购买没收处理的走私车辆,提交国家统一规定的没收证明书和销售发票。

（4）车辆第三者责任保险凭证。

（5）车辆附加购置费证。

第二节　驾驶基本动作训练

30.农用车操纵机构的类型与功用如何?

答　农用车的操纵机构均设在驾驶室内,其设置部位因车型不同而有所不同,但基本作用是相同的。图3-1为农用车的操纵机

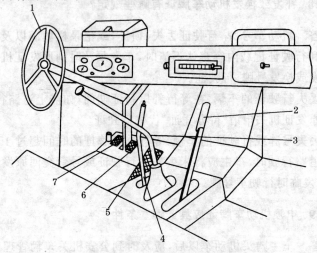

图3-1　农用车的操纵机构

1.转向盘　2.车厢举升操纵杆　3.变速器操纵杆　4.手制动杆

5.加速踏板　6.制动踏板　7.离合器踏板

构布置。各操纵机构的功能见表 3-3。

表 3-3　农用车操纵机构的功能

操纵机构	功　能
转向盘	转向盘安装在驾驶室的左边,是操纵农用车行驶方向的装置。向左转动转向盘,车行向左;向右转动转向盘,车行向右
加速踏板(或油门踏板、脚油门)	加速踏板用于控制喷油泵柱塞有效行程的大小,从而调节供油量,使发动机转速按需要升高或降低。踩下加速踏板时,供油量增加,发动机转速升高;放松加速踏板时,供油量减少,发动机转速降低
离合器踏板	离合器踏板是离合器的操纵装置,用以分离或接合发动机与变速器之间的动力传递。踩下离合器踏板,切断发动机的动力;松开离合器踏板,传递发动机的动力
制动踏板(或刹车踏板、脚刹车)	制动踏板是车轮制动器的操纵装置,用以减速、停车或实现紧急制动。踩下制动踏板即产生制动作用,同时,接通制动灯电路,使车尾制动灯发亮,以警示后边尾行机动车
变速操纵杆(或变速杆、排档杆)	变速操纵杆是变速器的操纵装置。其作用是接合或分离变速器内各档齿轮,来改变传动转矩、行驶速度和前进或后退方向
手制动操纵杆(或手刹杆)	手制动操纵杆是手制动器的操纵装置。其主要作用是防止农用车停驶时自行溜动。另外在紧急刹车时,辅助车轮制动器以增强整车的制动效能。也可在车轮制动器失灵时,作为应急措施,替代车轮制动器
车厢举升操纵杆	车厢举升操纵杆的作用是控制车厢的举升或下降

31. 农用车仪表的类型与功用如何?

答　农用车一般设有 3~5 个仪表。其安装方式有整体式和独立式两种。整体式是指各种仪表均装在仪表板上(图 3-2);独立式指各个仪表分别安装在驾驶室不同的位置。每个仪表都具有独立作用条件,各仪表的功能见表 3-4。

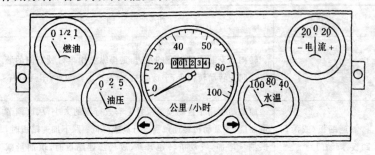

图 3-2 农用车的仪表布置(整体式)

表 3-4 农用车各仪表的功能

仪表名称	功 能
车速里程表	车速里程表是一种复合仪表。表盘上指针读数表示农用车的行驶速度,单位为公里/小时。表盘下部方框内的数字是累计行驶的总里程,单位是公里。同时提醒驾驶员进行定期保养和润滑。当总里程达到 99 999 公里时,将从 0 重新开始计数,末尾的红色数字表示 1/10 公里的行程
燃油表	燃油表用以指示燃油箱的存储量。点火开关一转到起动的位置,指针就指示油箱的油量。表盘上的数字为 0、1/2、1,分别表示油箱内储油量为:空、一半、满
机油压力表	机油压力表用以指示发动机润滑系统机油压力大小。农用车正常行驶时,机油压力表指针应指在 $350 \sim 450 kPa$ 之间
水温表	水温表用以指示发动机工作时冷却水的温度。表盘数字为:40、80、100,单位为℃。农用车正常行驶时,水温表指针应在 $80 \sim 90℃$ 之间
电流表	电流表用以指示蓄电池充电和放电情况。表盘数字为:-20、0、+20。蓄电池充电时,指针偏向"+"号一边;蓄电池放电时,指针偏向"-"号一边;数字表示电流的大小,其单位为安培

32. 农用车常用开关的类型与功用如何？

答 农用车常用开关有:电源开关、起动开关、刮水器开关、转向灯开关、灯光总开关、变光开关、熄火拉钮等,各开关的功能见表3-5。

表 3-5 农用车常用开关的功能

开关名称	功　能
电源开关	电源开关用以接通或切断电源(即蓄电池)电路。这种开关用拉闸方式控制,拉起则电源接通,压下则电源切断
起动开关(或点火开关)	起动开关用以接通或切断起动机电路或电热塞电路,这种开关用旋钮操纵,有三个档位。旋至第一档位为接通电热塞电路,旋至第二档位为切断电路,旋至第三档位为接通起动机电路
刮水器开关	刮水器开关用以接通或切断刮水器电路。将开关拨到"开"的位置时,刮水器电路接通,刮水器来回摆动,以清除挡风玻璃上的雨、雪和灰尘,使行车视线清晰。将开关拨到"关"的位置时,刮水器的电路切断,刮水器的雨刮片不动
转向灯开关	转向灯开关用以接通或切断转向灯电路。将开关向左拨动时,农用车左侧前、后转向灯闪烁,仪表盘上的左侧转向指示灯发亮;将开关向右拨动时,农用车右侧前、后转向灯闪烁,仪表盘上的右侧转向指示灯发亮闪烁;将开关拨到中间位置时,转向灯光熄灭
灯光总开关	灯光总开关用以接通和切断前大灯、前小灯、后灯的电路,是一种拉钮式开关。有三个位置:拉钮推到底,关闭灯光;拉出一半,前小灯和后灯亮;全部拉出,则前大灯和后灯亮
变光开关	变光灯开关用以变换前大灯的近光和远光。用脚操纵,每踩一次,前大灯的灯光变换一次

开关名称	功　　能
熄火拉钮	熄火开关用以控制喷油泵的供油状况,是一拉钮式开关。拉出拉钮,喷油泵停止供油,发动机熄火;推入拉钮,喷油泵恢复供油
刹车灯开关	刹车灯开关用以接通和切断刹车灯电路,用制动踏板来控制。踩下制动踏板,刹车灯电路被接通,刹车灯发亮;松开制动踏板,刹车灯电路被切断,刹车灯熄灭
喇叭按钮(或喇叭开关)	喇叭按钮用以接通和切断喇叭电路。按下喇叭开关,喇叭电路接通,喇叭发响;松开喇叭开关,喇叭不响
紧急开关(或双跳开关)	紧急开关用以接通和切断紧急开关电路。按下紧急开关,则紧急开关电路接通,农用车前部和后部的左右侧转向信号灯同时发亮并闪烁,以表示农用车发生故障停车。同时仪表盘左、右转向指示灯亦发亮闪烁。再次按下紧急开关,则电路被切断,左右转向信号灯熄灭

33. 驾驶农用车姿势的基本要求是什么?

答　正确的驾驶姿势能够减轻驾驶员的劳动强度,便于使用各操纵装置,观察各种仪表和观望车前、周围情况,从而保持充沛的精力进行驾驶操作。正确的驾驶姿势应该是:

(1)驾驶前,根据自己的身材,将驾驶座位的高低及靠背的角度调整合适。

(2)驾驶时,身体对正转向盘坐稳、坐正,背靠椅背,胸部挺起,两手分别握持转向盘边缘左右两侧位置(按钟表面 12 小时的位置),左手在 9、10 时之间,右手在 3、4 时之间,两眼注视前方,看远顾近,注意两旁,左脚放在离合器踏板旁,右脚放在油门踏板上,思想集中地进行驾驶操作。

34. 起动农用车前应做哪些检查和准备？

答 起动前,应检查柴油机的技术状况,并做好各项准备。其内容包括:

(1)检查柴油机各部润滑油是否足量,燃油箱油量是否足够,水箱的水是否注满,不足应按规定添加。

(2)做好班保养工作,并检查各部有无漏水、漏油、漏气现象。

(3)把变速杆置于空档位置。

(4)检查各管路接头有无松动,蓄电池电量是否充足,电路是否接通。

(5)将手制动器操纵杆置于制动位置。

35. 怎样操作农用车转向盘？

答 正确地操作转向盘,是确保车辆沿着正确路线安全行驶的关键,同时也能减少转向机件及前轮胎的非正常磨损。操作转向盘要领是:

(1)正确握转向盘。两手分别握住转向盘边缘的左右两侧位置,左手在 9、10 时之间,右手在 3、4 时之间为宜(图 3-3)。

(2)在平路上行驶,操作转向盘时两手动作应平衡,相互配合,尽量避免不必要的晃动。

(3)转弯时,根据车速和应转的方向,一手拉动转向盘,另一手辅助推送,双手相配合,快慢适当;急转弯时,拉动与推送转向盘应两手交替轮换操作,以加快转弯动作,同时还应注意急转弯时必须提前降低车速。在视线清楚不妨碍

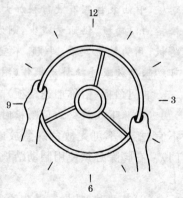

图 3-3 两手放在转向盘的正确位置

对方来车行驶情况下,应尽可能加大转弯半径进行转弯。

(4)车辆在高低不平道路上行驶时,应紧握转向盘,以防转向盘因车辆激烈颠动回转、振动,以致改变行驶方向和损伤手指或手腕。

(5)转动转向盘,用力要均匀平顺,不能用力过猛。车辆停止后不得原地转向,以免损坏转向机件。

(6)在行驶中除一手要操作其他装置外,不得用单手操作转向盘或两手集中于一点进行操作。

(7)不准身体靠在转向盘上,以免发生危险。

36. 怎样操作农用车油门踏板?

答 油门踏板的作用是供驾驶员根据车辆运行情况,控制喷油泵柱塞有效行程的大小,从而调节喷入燃烧室的油量,改变发动机的转速和输出功率,以适应运行条件的需要。

油门踏板的操作:应以右脚跟放在驾驶室底板上作为支点,脚掌轻踩在油门踏板上,用脚关节的伸屈动作踩下或放松。踩下油门踏板,喷油泵柱塞有效行程加大,供油量增加,则发动机转速加快;松抬油门踏板,供油量减少,则发动机转速减慢。踩下或放松油门踏板,用力均应柔和、平顺,不宜过猛,必须做到"轻踩—缓抬",不可忽踩忽放或连续抖动操作(图3-4)。

油门踏板(俗称加速踏板)的正确使用要点:

(1)踩下或放松油门踏板时,用力要柔和,做到"轻踩上缓抬"。不宜过急,不可无故急踩急放或连续踩放油门踏板(俗称乱轰油门)。右脚除必须使用制动踏板外,其余时间都应轻放在油门踏板上。

(2)起动时,根据气温加油门。许多驾驶员在起动柴油机时,往往将油门置于最大供油位置,强行起动,如一次起动不着,就连续起动多次,仍起动不着,便误以为发动机出了毛病。其实不然,数次起动未成功,是因为气缸内喷入的燃油过多,才导致起动不成功。

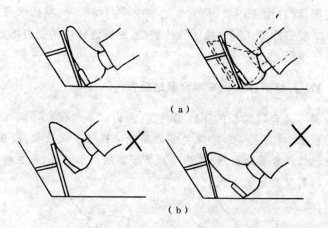

图 3-4　油门踏板的正确使用

(a)正确　(b)错误

一般来说,当气温在 15℃以上,起动时,油门控制在略高于怠速油门为好;气温在 15℃以下,冷车起动时,开始不要加油门,空转曲轴数圈,感到轻松后,再加小油门起动。

(3)起动后,应在中小油门位置运转一段时间,待冷却水温度升至 40℃时起步,60℃时才可正式投入运输作业。因为刚起动时,由于机温较低,特别是冬季,若此时马上加大油门,因燃烧不完全,使气缸易产生积炭,另外刚起动时各运转部件表面润滑油膜还未完全形成,若马上加大油门,转速骤增,产生严重敲缸声,必然增加气缸等零件的磨损速度。

(4)起步时,油门控制应适当。有的驾驶员往往用大油门起步,结果导致农用车(单缸发动机)出现传动箱链条、挂钩及插销严重磨损。一般情况下,农用车没有负荷时,以中档小油门起步为好,有负荷时,以低档中油门为好。

(5)运输作业时,不能突变油门,应根据作业负荷的需要,缓慢地加大或减小油门。否则,使燃油与空气混合不均匀,燃烧不完全,排气冒黑烟,燃油消耗增加,产生积炭,不仅加速气缸与活塞连杆组磨损,而且由于积炭,易发生活塞或喷油嘴卡死、喷孔堵塞及活塞环结胶等故障。同时由于转速突变,曲柄连杆机构受力增加,易使连杆变形,曲轴折断。

37. 怎样操作农用车离合器踏板?

答 离合器踏板的正确操纵是:左脚前半部(脚掌)踩在离合器踏板上,以膝关节和脚踝关节的屈伸动作踩下或放松(图 3-5)。完全放松离合器踏板后,左脚要从离合器踏板上移开,放在踏板左下方的驾驶室地板上。

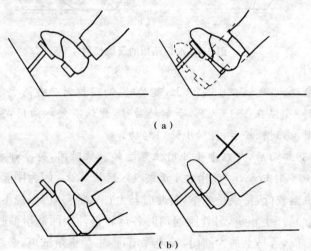

(a)

(b)

图 3-5 离合器踏板和制动踏板的正确使用
(a)正确　(b)错误

离合器踏板的操作要点:

(1)踩下离合器踏板即分离时,动作要迅速,且一次踩到底,使之分离彻底。

(2)放松离合器踏板即接合时,要做到"快"、"顿"、"慢"三个动作层次(图 3-6)。"快"就是迅速抬起一截离合器踏板,使离合器片与压板将要接触(即压板的空行程);"顿"就是踏板在上述位置稍停顿,并轻踩加速踏板,略提高发动机转速;"慢"就是逐渐慢松踏板,使离合器片与压板平稳接合,踏板要停顿,同时,逐渐踩下加速踏板,使农用车平稳起步。

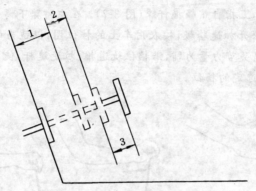

图 3-6　松抬离合器踏板的正确方法

1. 快抬阶段　2. 顿抬阶段　3. 慢抬阶段

（3）换档时,应使用一脚或两脚离合器的操纵方法。禁止不踩离合器就换档和脱档。用一脚离合器换档时,应掌握行车速度时机,及时而敏捷的换入。两脚离合器换档即需踩两次离合器踏板,一般应采用两脚离合器法换档。

（4）农用车行驶中不使用离合器时,不得将脚放在离合器踏板上,以防产生半踏半放(俗称半联动)现象。

（5）离合器的半联动只能在起步、短距离内使前轮形成较大的转向角或需要把车速控制在5公里/小时以下,或通过泥泞路段时,作短时间使用。长时间使用会烧毁离合器摩擦片等机件,必须充分注意。

（6）不能用脚尖、脚心或脚后跟踩离合器踏板。否则,易造成农用汽车振抖或踏板从脚尖滑离,引起猛然放松踏板,使农用车严重窜动和机件损坏。

（7）停车时,应先踩下离合器踏板,将变速器操纵杆放入空档,再拉紧驻车制动器。

38. 怎样操作农用车变速杆?

答 变速操纵杆的正确操作是:右手掌心向下微贴变速杆球头的顶部,五指自然轻握杆球(图3-7)。在左脚踩下离合器踏板同时,右脚松开加速踏板,按农用车上的档位图,以适当的腕力和臂力为主,肩关节力量为辅,沿档位轨道推、拉变速杆,使之准确地推送或拉入选定的档位。

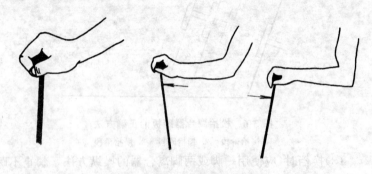

图 3-7 变速操纵杆的正确使用

变速操纵杆的操作要点:

(1)换档时,应一手握稳转向盘;另一手轻握变速杆球头,两眼注视前方,不得左顾右盼,或低头看变速杆,以防分散掌握车前情况的注意力,造成交通事故。

(2)农用车由前进变为后退,或由后退变为前进,必须在农用车停止时进行换档,以免损坏变速齿轮。

(3)变换档位,一般应逐级进行,不应越级换档。

(4)挂、换档时,必须经过空档位置。挂入空档后,不要晃动变速杆,亦不能强拉硬推,以防造成错档或齿轮碰击。

(5)若起步挂档不进,可放松离合器踏板,再挂档;或推入其档位,摘下再挂档。

(6)若行驶中挂档不进,可踩下离合器踏板,将变速杆放在空档位置略停,稍踩下加速踏板,再挂档。

39. 怎样操作农用车制动踏板?

答 农用车的减速和停车是驾驶员通过操纵制动装置来完成的。因此,正确地使用制动器是保证安全行车的重要条件,而且对节约燃料、减少轮胎磨损及延长制动机件的使用寿命都有很大的影响。

制动踏板的正确操纵是:双手握稳转向盘,先放松右脚油门踏板,同时右脚踩下制动踏板。要求右脚前半部(脚掌)踩在制动踏板上,脚后跟离开驾驶室底板,以右脚膝关节的屈伸动作踩下或放松制动踏板(参见图 3-5)。

制动踏板的正确使用要点:

(1)一般制动应采取"平稳踩下,迅速抬起"原则。

(2)对于采用液压制动的农用汽车,采用"一脚制动"方法,即一脚将制动踏板踩到底。若一脚无效,应立即抬起踏板再踩第二脚。

(3)紧急制动(即急刹车)时,应迅速有力地将制动踏板踩到底,使其在最短距离内停住。

(4)常规制动时,应先换入低速档,利用发动机的阻力降低车速,缓慢地使用制动踏板,再踩下离合器踏板,使农用车平稳地停下。

(5)在农用车行驶时,不要随便将右脚放在制动踏板上。但在减速滑行或准备随时制动时,为减少制动反应时间,可短时间将脚放在制动踏板上。

(6)农用车在狭窄弯路,雨、雪、冰冻、泥泞等道路行驶时,不得急刹车。

(7)一般下长坡应以发动机制动控制车速为主,并用脚制动踏板为辅,但踩、放的程度要适当。

(8)不能用脚尖踩制动踏板,以防制动踏板滑离右脚,影响制动效果,从而造成行车事故。

40. 怎样操作农用车手制动杆？

答 手制动杆的正确操纵是：右手四指并拢，虎口向上，大拇指在手制动杆上，握住手柄向后拉紧，即起制动作用。放松时，先握住手制动杆柄稍向后拉，然后用拇指按下杆头上的锁位按钮，再将手制动杆向前推送到底，即解除制动（图 3-8）。

操纵顺序：①→②→③

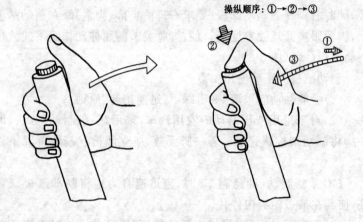

图 3-8 手制动杆的正确使用

手制动杆的正确使用要点：

（1）手制动杆是停车时固定农用车用的。行驶时，一般禁止使用手制动器来减速。

（2）不得在农用车未停稳前，拉手制动杆。

（3）在紧急制动时，可迅速向后拉紧手制动杆，以配合脚制动器增加制动效果。

（4）当脚制动失灵时，可用手制动杆救急。此时应根据情况，采取逐渐拉紧，或边拉边松方法来操纵手制动杆，以达到平稳减速或停车的目的。

（5）当上坡起步时，必须用手制动器配合起步，以防止农用车向后溜滑,致使上坡困难。

41．怎样起动农用车?

答 农用车以柴油机为动力,其起动方式有两种:一种是人力起动,另一种是电力起动。人力起动是借助手摇柄直接由驾驶员转动曲轴使柴油机起动;电力起动是用蓄电池作电源,由电动机带动柴油机曲轴旋转而起动柴油机。

(1)人力起动柴油机。

①起动步骤:

a．将调速手柄扳到开始"供油"位置。

b．用左手打开减压器。

c．右手摇转起动轴,在听到喷油器发出"咯咯"的喷油声后逐渐加快摇动速度。

d．当转速摇到最快时,迅速将减压手柄扳回,此时汽缸内气体受到压缩。

e．右手再尽力摇 1~2 转,柴油机即起动。

②手摇起动柴油机操作过程中应注意:

起动手柄不能沾油污,脚下地面要坚实平坦,无积水,不打滑,以确保安全。柴油机起动后,不能松开起动手柄,以免手柄随曲轴转动甩出去伤人。握起动手柄时,应五指在同一侧,避免柴油机反转时损伤"虎口"。

(2)电动机起动柴油机。

①起动步骤:

a．拉下减压杆。

b．将脚油门踩下处于中速位置。

c．将点火开关钥匙插入点火开关孔,打开点火开关。起动机带动飞轮时,应立即将减压拉杆推回原位,柴油机即可起动。

d．柴油机起动后,应立即放开按钮,将点火开关钥匙旋回正常位置。

②电力起动柴油机应注意：

a. 如果起动机工作5秒钟仍不能使柴油机起动时，应停止2分钟后再做第二次起动；如果连续3次不能起动，应检查原因，排除故障后再起动。

b. 在严寒的冬季起动困难时，应将钥匙旋到预热位置20～30秒钟后再起动，或向水箱中加注热水，以提高机温帮助起动。

（3）柴油机起动后注意事项：

①起动后，立即查看机油压力表是否正常。如果机油压力表过高或过低时，要停机检查。

②起动后，在低速下运转几分钟，逐渐提高转速和增加负荷，不得长期超负荷工作。

③随时注意机器响声及排烟烟色，发现不正常声音或冒黑烟、蓝烟，应停机检查。

④经常注意仪表读数，检查发电机是否向蓄电池充电（充电时电流表针指向"＋"）。如果不充电应进行检查。

⑤常检查水温表，正常温度为85～95℃，只有水温超过50℃以上时，才可加负荷工作。

42. 农用车如何正确起步？

答 农用车在刚开始起步时，阻力比较大，发动机产生的动力有一定的限度。因此，在起步时，要根据地形状况选择适当的档位，以提高转矩，使农用车起动平稳，而无冲击、振抖、硬拖、熄火等现象。

农用车起步时，一般采用一档。若空车在平坦坚实的道路或平地起步，亦可挂二档起步。其操纵步骤如下：

（1）起动发动机后，观察各仪表工作是否正常。

（2）踩下离合器踏板，将变速杆挂入一档。

（3）通过后视镜查看有无来车，鸣喇叭。夜间、浓雾天气或视线不清时，须同时开启前后灯。

（4）放松手制动杆,缓松离合器踏板,逐渐踩下加速踏板,使农用车平稳起步。

要使农用车平稳起步,最关键的操作是离合器踏板和油门踏板之间要正确配合。在松抬离合器踏板过程中,开始一段可快一些,当听到发动机声音有变化,转速降低,车身稍有抖动现象时,离合器踏板应稍停一下,同时徐徐踩下油门踏板,缓松离合器踏板,使农用车负荷逐渐加到发动机上,从而获得充分的起步动力。农用车平稳起步后,应迅速将离合器踏板完全放松。

为防止起步挂档时出现齿轮撞击声,应在踩下离合器踏板后稍停1～3分钟,待变速器第一轴转速减慢或停止转动后,再挂进所需档位。如一次挂不进档位,可松踩一次离合器踏板再挂,或者先试挂其他档位,然后再挂起步档位。

43. 农用车如何正确换档?

答 农用车行驶中,由于道路、地形、行驶速度等的变化,变速杆的换档操作是相当频繁的。能否及时、准确、迅速地换档,对延长农用车使用寿命,保证农用车平顺地行驶,节约燃料,均有很大的影响。同时也是衡量一个驾驶员的驾驶技术优良的一项重要标志。

由低速档换入高速档的换档称为加档,由高速档换入低速档的换档称为减档,这是两种不同的操作程序,在操作方法上也有所区别。

（1）由低速档换高速档(即加档)。

①加档的操作步骤:

农用车起步后,只要道路和交通情况允许,就可立即加档。加档的关键,在于加档前恰当地提高车速。另外,在中速档以下加档过程中,当换入高一级档位后,离合器踏板松抬至半联动位置时,要稍停再慢抬起,使发动机动力平稳传递,避免农用车发生抖动现象。为使加档平顺、无齿轮撞击声,除了加档前适当提高车速和掌握换档时机外,还须用好"两脚离合器"的换档方法。具体操作步骤如下：

a.平稳地踩下加速踏板,以提高发动机转速,待车速适合换入高一级档位时,立即抬起加速踏板,同时迅速踩下离合器踏板,将变速杆移入空档位置。

b.随即放松离合器踏板片刻,利用怠速降低变速器中间轴的转速,使将要啮合的一对齿轮的圆周速度相近,以免挂档时出现撞击声。

c.接着迅速踩下离合器踏板,将变速操纵杆拨至高一级档位。

d.最后,在松抬离合器踏板的同时,逐渐踩下加速踏板,待离合器平稳接合后,稍快松开离合器踏板,即完成加档操作。

②加档注意事项。

a.升档时,要掌握各档的行驶速度、牵引力和行驶距离,同时注意倾听各档行驶时发动机声音的不同变化。升档时眼睛要注视前方,不准看车速表(以外界参照物向后移动的快慢识别车速)及各操纵机件,以免造成跑偏而出事故。

b.升档时要注意手和脚的紧密配合及换不同档位时的不同动作节奏(变速杆在空档停留时间)。

c.升档时,由于某种原因不能升入高一级档位时,不得强行挂档,否则会造成变速器齿轮损坏,更不准低头下看。此时,应抬起离合器踏板重新挂入高一级档位。

d.升入高一级档位后,加速踏板和离合器踏板配合衔接要紧密。不准出现抬离合器过量,发动机空转、长时间半接合或踩加速踏板不及时等现象。

(2)由高速档换低速档(即减档)。

①减档操作步骤:农用车在行驶中,如需从高速档换入低速档,其操作步骤如下:

a.先抬起加速踏板,同时迅速踩下离合器踏板,将变速杆移入空档位置。

b.抬起离合器踏板,并迅速点踩一下加速踏板(即加"空油")。

c. 再次迅速踩下离合器踏板,随即抬起加速踏板,将变速杆换入低一级档位。

d. 一面抬起离合器踏板,一面踩下加速踏板,待离合器接合平稳后,稍快松起离合器踏板,使农用车继续行驶。

(3)减档时注意事项:

①减档过程中,要合理地运用制动踏板平稳降速,克服行驶惯性,避免减档时车速升高而造成减档失败。

②减档的关键在于加"空油"要适当。加"空油"的多少,应根据车速、档位的高低灵活掌握。档位越低,"空油"应加得越小;同一档位,车速快,"空油"要适当加大;车速慢,"空油"则适当减小。这样,才能保证减档时变速器齿轮不会产生撞击声。

③加"空油"的大小可根据听到的发动机的声音来决定。当听到"空油"加得过大时,应稍作停顿,等发动机转速下降后,再换入应减档位;如果听到"空油"加得过小时,不得强行换档,而应该抬起离合器踏板,根据车速重新加适当的"空油",然后再减档。

④加大"空油"时,要用脚掌重踩、慢抬加速踏板;加小"空油"时,要用脚掌轻踩、快抬加速踏板。

⑤减档后要注意加速踏板与离合器踏板的密切配合,不能出现加油过早、过晚或抬离合器过高、过低、过猛等现象。另外还要注意后方有无尾随车辆、左侧有无超车等情况。

44. 农用车如何转向?

答 农用车转弯要想做到平稳和安全,必须根据路面宽度、车速快慢、弯道缓急等地形条件,确定转向时机和转动转向盘的速度。一般的操作要领是:根据道路弯度和车速,一手拉动转向盘,另一手辅助推送,相互配合,快慢适当。弯缓应早转慢打,少打少回;弯急则应两手交替操作快速转动转向盘。

农用车转弯时的操作要点如下:

（1）转弯时，转动转向盘要与车速相配合，及时转，及时回，转角适度，并尽量避免在转弯中紧急制动和变速换档现象。双手在转向盘的位置不能交叉。转弯时，应根据道路和交通情况，在开始转弯前100～30米处发出转弯信号，减低车速，靠路右侧徐徐转进，并做好制动的准备。做到"一慢、二看、三通过"。

（2）转弯过程中，观察后视镜，注视农用车后方的情况，且转弯时尽量避免使用制动，尤其是紧急制动，否则是很危险的。

（3）左转弯时，如果视线不清楚，确认前方无来车和其他情况，可增大转弯半径，即适当偏右侧行，这样由于转弯半径的加大，离心力变小，可改善农用车转弯的稳定性。

（4）右转弯时，要等农用车驶入弯路后，再驶向右边，不要过早靠右。否则，将会使右侧后面的轮子偏出路外或使农用车被迫驶向路中，影响来往的车辆。

（5）急转弯时，必须减速，沿道路外侧缓慢行驶，转向时机要适当推迟，一次不能通过，可延迟转向时机，用倒车变更车轮位置后再继续转向行驶。

（6）连续转弯时，除了根据弯道的具体情况进行相应操作外，在第一次转弯时，要观察好第二个弯道的情况，让农用车驶向第二个弯道的外侧，不要错过转向时机，控制好车速，稳住油门，灵活地转动转向盘，选择好行驶路线，适当鸣喇叭，谨防与来车相撞。

（7）转直角弯道时，要先判断路面宽度，降低车速，缓慢行驶。此外，因为离心力还随农用车的载重量的加大成正比地增加，而且与农用车的重心高度等有关，所以，为了减小离心力，保证农用车的稳定性，在装载货物时，不要超重、超高、超长、偏向一侧，一定要按要求装载。

（8）向右转弯时或向右变更车道或靠路边停车时，应开右转向灯。向左转弯时或向左变更车道或驶离停车地点或调头时，应开左转向灯。

45. 农用车如何调头？

答 农用车调头是为了向相反方向行驶，需要进行 180 度转向操作。农用车调头必须严格遵守交通管理法规，在确保行车安全的前提下，尽量选择宜于调头的地点，如广场、岔路口或平坦、宽阔、土质坚硬的安全地段进行。应尽量避免在坡道、狭窄地带等容易发生危险的路段进行调头。禁止在桥梁、隧道、涵洞、城门或铁路道口进行调头。

根据路面宽窄和交通情况，分为一次性调头、顺车与倒车相结合调头和利用支线调头等三种方法。

(1)一次顺车调头 在较宽的道路上，只要道路宽度在 5 米以上就可进行一次顺车调头。其操作方法是：将车驶入调头地方，先靠右侧停下，开左转向灯，挂入低速档，鸣喇叭同时观察行人和来车，确认安全后，再起步并迅速转动转向盘使车调头，待车身转过来后，迅速回正转向盘，关闭左转向灯，即完成一次顺车调头(图 3-9)。

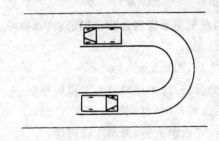

图 3-9 一次顺车调头

(2)顺车与倒车相结合的调头 当调头的道路或场地较窄时，可采用顺车与倒车相结合的调头方法。具体操作方法是：

①将农用车驶入预调头地点，降低车速，将其驶到路边右侧，转向盘向左转足，缓缓地驶向道路的另一侧，待前车轮将要接近路边时，踩下离合器踏板，轻踩制动踏板，在农用车将要停止时，同时迅速将转向盘向右转足，将前轮转到后退所需要的新方向。

②后退时，应先观察清楚车后情况，然后慢慢起步，待车倒退至后轮将近路边时，即踩下离合器踏板，轻踩制动踏板停车，并利用停车这一时机，将方向迅速向左回转，使前轮转到前进所需要的

新方向(图 3-10a),即完成调头。

③若在较窄的道路上进行调头,一次前进后退不能完成调头时,可按上述要点反复进行顺、倒车组合,直到完成调头为止(图3-10b)。

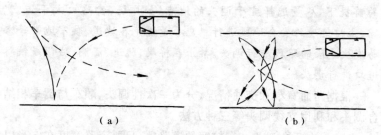

图 3-10　顺、倒车相结合调头

(a)一次顺、倒车　(b)多次顺、倒车

(3)利用支线调头。　当农用车不宜在公路干道上调头时,可利用干道左边或右边支线进行调头。

①利用右边支线调头的方法(图 3-11a):

a.先使农用车靠干线右侧行驶,待车尾驶过支线口后停车。

b.开右转向灯,观察车后无障碍时,挂倒档起步倒入支线。

c.开左转向灯,前进左转,完成调头后,关闭左转向灯。

②利用左边支线调头的方法(图 3-11b):

a.先开左转向灯,同时观察前后方无来车、行人时,将车驶向左侧。

b.待车厢驶过支路口后停车,挂倒档并再次观察后面,起步倒入支线。

c.开右转向灯,起步向右转弯,即完成调头。

(4)调头注意事项

①在倾斜路段或较窄的地带进行调头时,无论前进还是后退,除使用脚制动外,还须使用手刹。

②在较危险地段调头,车尾应向较安全的一边,车头应朝向危

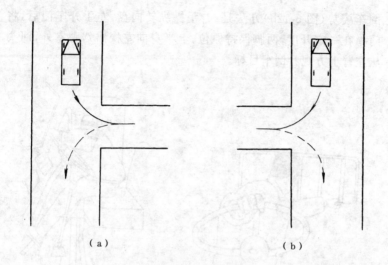

（a）　　　　　　　　　　（b）

图 3-11　利用支线调头

(a)右边支线　(b)左边支线

险一边,以利观察情况,并留心不要挂错档位,以防发生意外。

③倒车时,若路段上行人和机动车较多时,则应有人下车协助倒车,提示行人、车辆注意避让,确保倒车安全。

④切忌倒车不向后看,而进行盲目倒车。

46. 农用车如何倒车?

答　农用车倒车行驶要比前进驾驶困难一些,这主要是视线受到限制不易看清车后的道路情况,加之转向的特殊性,即倒车时原后轮在前,原前轮则在后面,控制转向位置也起了变化,所以,在倒车时转向就没有前进时的转向方便、灵活、准确。

(1)选择倒车的驾驶姿势　根据农用车的轮廓和装载的宽度、高度及交通环境、道路状况,以及视线等进行倒车。倒车姿势有注视后方倒车和注视侧方倒车两种。注视后方倒车姿势(图 3-12a)方法是:左手操纵转向盘,上身侧向右方,右手平放靠背上方支撑身体,保持平衡。头向后,两眼由后窗注视后方的目标。注视侧方倒车姿势(图 3-12b)方法是:右手操纵转向盘,左手开车门后,将门稳在一定开度,两脚保持原位,上半身向左探出驾驶室外,回头从左臂上方观看倒车目标。

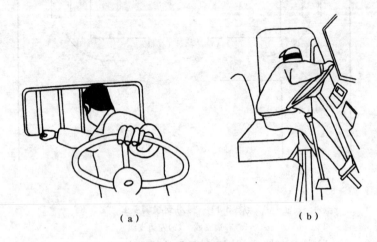

（a）   （b）

图 3-12 倒车姿势
(a)注视后方 (b)注视侧方

（2）选择倒车目标 由后窗注视倒车,以场地、车库门、停靠位置的建筑物等作为倒车目标,然后根据目标进行后退;由侧方注视倒车,可选择车厢角或后轮和场地、车库门或停靠位置的建筑物作为适当目标,然后根据目标后退行驶。

（3）选定进退目标 倒车时,须先显示倒车信号(拨左转向灯),鸣喇叭,观察周围情况,选定进退的目标。必要时下车查看,并注意前后有无来车。选好倒车目标后,在农用车停止情况下换入倒档,按照上述的倒车姿势之一进行倒车操作。

（4）直线倒车 应保持前轮正向倒退,转向盘的运用与前进一样,如车尾向左(右)偏斜,则应立即将转向盘向右(左)转,直到车尾摆直后迅速回正转向盘。

（5）转向倒车 变换方向的倒车,应掌握"慢行车,快转向"的操作方法。倒车时要注意车前车后的情况。由于倒车转弯时,前面外侧车轮的圆弧半径大于后轮圆弧半径,因此要注意车前外侧的车轮,避免碰及它物,同时应兼顾全车的动向。倒车速度不应超过每小时 5 公里。在倒车中,如因地形或转向盘转向角度所限,须反复前进及后退操作时,应在每 1 次后退或前进接近停车前的一瞬间,迅速利用农用车的移动回转转向盘,为再前进或后退做好转向准备,不应在农用车停止后强力转动转向盘,以免损坏转向机构。

47. 农用车如何制动?

答 农用车是一种比较快速的运输工具,由于在行驶中经常受到地形和交通情况的限制,驾驶员就必须根据具体情况使农用车减速或停车,以保证行驶的安全。

正确和适当的运用制动,可使农用车在最短的距离内安全停车,且不损坏机件。

制动有预见性制动和紧急制动两种方法。

预见性制动是指驾驶员在驾驶农用车过程中,对已发现的行人、地形、交通情况等的变化,或预计可能出现的复杂局面,提前做好了思想和技术上的准备,有目的、有准备地减速和停车。其操作方法如下:

(1)减速 发现情况后,应先放松加速踏板,并根据情况,间断、缓和地轻踩制动踏板,使农用车逐渐减低速度。

(2)停车 当发动机转速使农用车速度减到最慢时,踩下离合器踏板,同时轻踩制动踏板,将农用车平稳地完全停止。

紧急制动是指驾驶员在驾驶农用车过程中,遇到突然的紧急情况时,迅速采取制动措施,在最短距离内将车停住,以达到避免事故的目的。

紧急制动的操作方法是:握紧转向盘,迅速放松加速踏板,并立即用力踩下制动踏板,同时踩下离合器踏板(如果情况十分危急,可以不踩离合器踏板,但传动装置易受损伤),并同时拉紧手制动杆,强迫农用车立即停住。

注意：紧急制动既会造成农用车"跑偏"、"侧滑"，从而失去控制而危及安全，同时又会造成各部件较大的损伤。因此，只有在万不得已的危急情况下方可采用。

48. 农用车如何停车？

答　(1)停车的正确操纵方法　农用车行驶途中需要停车时，应采用预见性停车制动，其正确操作方法是：

①松加速踏板，右脚放在制动踏板上，降低车速，开右转向灯，使车靠右侧缓行。

②在临近预定的停车地点时，踩下离合器，轻踩制动踏板，使其平稳而有顺序地停在预定地点。

③拉紧手制动杆，变速杆挂入适当档位（如平路停车，挂空档或一档；上坡停车，挂一档；下坡停车，挂倒档）。

④松起离合器踏板和制动踏板，关闭所有用电设备及电源开关。

(2)停车注意事项

①在公路上停车，应选择平坦坚实、视距较长和不影响其他车交会的安全地点，并顺交通方向（车头向前）停在道路一边。

②与其他机动车临近停放时，至少应保持 2 米的车间距离，不得与其他车在道路两侧并停（图 3-13a）。

③在市内停车，应停在指定的停车场或许可停车的慢车道旁，依次停放，注意整齐，并保持随时驶出的间隔（图 3-13b、图 3-13c）。

④在公路弯道上或隐蔽地点停车时，白天应设停车标志，夜间须开小灯和尾灯，以防碰撞。

⑤在坡道停车时，要选择路面较宽，使来往机动车可以及早发现的地点暂停。停车时应拉紧手制动杆，将前轮朝向安全的方向。上坡停车挂一档，下坡停车挂倒档，并用三角木或石块塞住车轮，以免农用车滑动。

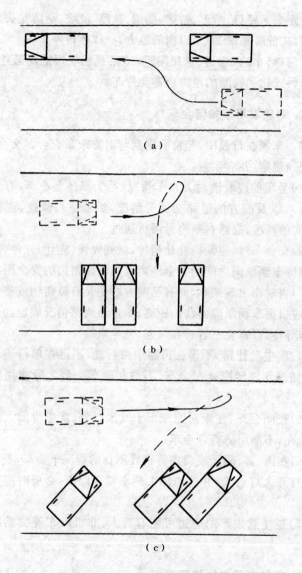

图 3-13　农用运输车的正确停放

(a)在公路上停放　(b)成 90°停放　(c)成 45°停放

⑥距交叉路口、弯道、桥梁、涵洞、狭路、陡坡、消防龙头、隧道、铁路道口、危险地段 20 米以内的地方，一律不得停车。

⑦河岸、水边、弯道、悬崖附近，道路视距较短的隐蔽地段，路面有油污或化学物品的地方应避免停车。

49. 驾驶农用车如何会车？

答 车辆在行驶中，经常会遇到与对方来车交会。交会时，应严守交通规则，并应注意：

(1)会车前应看清对方来车情况(是大车还是小车，有无拖带挂车等)，以及前方的道路交通等情况，然后适当减速，选择较宽阔、坚实的路段，靠路右侧鸣号缓行通过。

(2)交会车时，应发扬礼让精神，做到先慢、先让、先停，同时要注意保持车辆横向之间的安全距离及车轮距路边的安全距离。

(3)当对面出现来车，而自己前方右侧又有障碍物或非机动车辆时，应根据车辆距障碍物的距离、车速及道路情况确定加速超越或减速等待，以避免三者挤在一起，发生事故。

(4)应主动让路，不得在道路中央行驶，不得在单行道、小桥、隧道、涵洞和急转弯处交会车，不得在两车交会之际使用紧急制动。

(5)夜间会车，在距对面来车 150 米以外，就应将前大灯远光改为近光，不准用防雾灯会车。

(6)在雨、雾、阴天或黄昏等视线不良的情况下会车，更应降低车速，打开大灯近光，并适当加大两车横向距离，必要时应主动停车避让。

(7)要注意来车的后边可能有行人、非机动车等突然横穿公路。

50. 驾驶农用车如何超车？

答 车辆超越前方同向行驶的车辆，称为超车。超车应注意方

法,不可强行超车,以免发生事故。具体操作要求如下:

(1)超车应选择道路宽直、视线良好、路左右两侧均无障碍物,对面150米以内无来车的地点进行。

(2)超车前,先向前方左侧接近,并鸣喇叭告之前车,夜间还应断续开闭大灯示意,待前车减速让超后,再从前车左侧快速超越。超越后,必须继续沿超车道前进,待与被超越车相距20米以后,再驶入正常行驶路线(图3-14)。

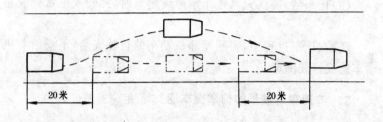

20米　　　　　　　　20米

图 3-14　正确的超车过程

(3)在超越停放车辆时,应减速鸣号,保持警惕,以防停车突然起步驶入路中,或车门突然开启和驾驶员下车等情况;还应注意停车遮蔽处突然出现横穿公路的人或物,在超越停站客车时更应注意这一点。

(4)遇以下地点及情况不得超车:

①在超越区视线不清,如风沙、雨雾、雪较大时。

②在狭窄和交通繁华的路段上,在泥泞或冰滑的道路上。

③在道路的交叉口、转弯道、坡道、桥梁、隧道、涵洞或与公路交叉的铁路等地段,以及有警示标志的地段。

④距离对面来车不足150米。

⑤前车已发出转弯信号或前车正在超车时。

51. 驾驶农用车如何让超车?

答　车辆行驶中应随时注视后方有无车辆尾随,如发现有车

要求超越时,应根据道路及交通情况确定是否让超越,且应做到以下几点:

(1)严格遵守交通规则中关于让超车的规定。

(2)让超车时,应减速靠右避让,不得让路不减速,更不得加速竞驶和无故压车。

(3)在让超车过程中,如遇上障碍物,应减速直至停车,不得突然左转弯绕过障碍物,以防与超车相撞。

(4)让车后,确认无其他车辆继续超车时,再驶入正常行驶路线。

(5)在让车过程中,要照顾非机动车的行驶安全,不要给非机动车造成行驶困难。

52. 农用车驾驶员如何掌握车速?

答 驾驶员在行车中,应根据道路、气候、视线和交通等情况,来确定适宜的行车速度。

在良好的道路上行车时,一般都不以最高车速行驶,而应以最高档的经济车速行驶。一般经济车速是最高车速的 50%～60%。驾驶员应坚持按经济车速行驶,这样既能节约用油,降低成本,又能维持正常的运输效率。如车速过高,不仅会增加燃料的消耗,加剧机件和轮胎的磨损,使车辆的经济性变坏,还容易发生事故;如果车速过低,既降低了运输效率,还可能增加燃料消耗,这也是不适宜的。

53. 驾驶农用车如何节油?

答 驾驶农用车除了坚持使用净化燃油外,在操作驾驶中还须注意:

(1)预热起动 农用车一般正常一次起动时间 3～5 秒钟,一般耗油 4～8 克。因此,为了缩短起动时间,在环境温度较低时应在起动前进行预热。有试验表明,预热起动和不预热直接起动相比,燃油消耗可下降 10%～15%。

（2）起动后"暖车"和工作时保温　发动机起动后应在较低的转速下运转 1～2 分钟，再在较高转速下运转，待水温升到 50℃ 以上时，才可使农用车载负荷行车。据试验表明，经过暖车和不经过暖车而起动后立即带负荷行驶相比，可减少油耗 15%～25%；发动机工作冷却水温保持在 75～95℃ 最佳范围内，燃油消耗也会下降。

（3）平稳起步　在起步过程中，由于发动机转速和负荷的变化，将使油耗增加，这一时间越长，油耗就越大。所以起步时，可缩短空载运转时间，减小加速阻力，使车平稳起步节油。

（4）掌握经济运行速度　农用车有一个耗油量最小的速度，高于或低于经济速度都会增加油耗。如农用车上坡时，行驶阻力较大，耗油增多，如果及时选用适当档位上坡，使发动机仍在经济速度下运转，不是在高速下工作，也可达到既克服上坡阻力，又能节油的目的。

（5）减少制动　有些驾驶员不善于根据不同的路面情况来选择车速。因而行车中制动次数频繁。这一过程要消耗额外的燃油，制动越多，耗油越大，减少制动，方能节油。

（6）额定负荷运行　农用车应尽量在额定负荷下运行。如车辆载重不足吨位，应采用高档小油门的操作方法，可以节油。

（7）保持轮胎气压　一般轮胎充气压力比规定值高出 100 千帕/厘米²。高出最高气压，保持较高的轮胎气压，可以节油。

（8）避免发动机空转或急速运转　如停车超过 5 分钟以上，最好熄火节油。

54. 农用车在途中行驶有哪些检查内容？

答　途中检查内容（行驶 2 小时后进行）：
①行驶中应注意各仪表、发动机和底盘各部件的工作状况。
②停车检查轮毂、制动鼓、变速箱和后桥的温度是否正常。

③检查机油、冷却水是否有渗漏现象。

④检查传动轴、轮胎、钢板弹簧、转向和制动装置的状态及坚固情况。

⑤检查装载物的状况。

55. 驾驶员手上油腻怎样清洗？

答 驾驶员和修理工经常与机油、黄油等打交道,满手沾满了油腻。下班时,往往匆匆用汽油洗手,这样会损伤皮肤。

清洗手上油腻,可将少量洗衣粉加锯末,再加少量水拌匀,用它搓干净手上的油腻后,再在水龙头上清洗。这样特别容易洗干净,异味也少,且手不起皮,仍可保持皮肤光滑。

56. 驾驶员如何当心防冻液中毒？

答 在冬季,驾驶员都要往车辆里加防冻液,以提高车辆的防冻能力。如加注或配制防冻液不小心,易产生中毒。

目前常用防冻液是乙二醇水。乙二醇具有一定毒性,对人体的肾、肝、胃、肠道等内脏有刺激作用。乙二醇水防冻液里掺入的大部分腐蚀抑制剂均为有毒物质。防冻液进入人体 12 小时后,便会出现头晕、头痛、恶心、腹痛、口干、舌燥、出冷汗等症状,严重危害生命。

防冻液中毒主要是从口进入体内,驾驶员要把住毒从口入关。一旦中毒,及时就医洗胃。

第三节 一般道路驾驶训练

57. 驾车在渣油路面行驶应注意哪些事项？

答 由于渣油路面含有 10%～20%石蜡,有的路面因用油过多、热稳定性差,行驶时应注意:

（1）根据渣油路面特点和变化，适当降低车速。

（2）表面光滑渣油路面，附着系数小，尤其下雨后，车辆制动时易产生侧滑。因此，雨天行车不要脱档滑行；尽量避免急转转向盘和紧急制动；发现情况利用发动机的牵阻提前减速。

58. 车辆在上下坡道及在坡道上停车应注意哪些事项？

答　车辆在通过上下坡道时应注意下列事项：

（1）通过一般的坡道，上坡时可利用车辆行驶惯性冲坡；坡道长而陡，或交通情况繁杂的路段不宜冲坡，应提前换入低速档，使车辆保持足够的动力。

（2）下坡时，应根据坡度情况选择适当档位，利用发动机的牵引作用，控制车速。尽量不要连续使用制动器，防止温度过高而失效。气压制动系统，如果气压不足，应停车充气。如果脚制动器失效，应立即换入低速档，利用发动机牵阻作用和手制动器停车。在一般措施失效的情况下，可操纵车辆向路边靠，利用天然障碍停车。切勿空档滑行。

（3）车辆上坡或下坡时，与前车距离要加大。

（4）车辆在坡道上停车，首先应使发动机熄火，拉紧手制动器，将变速杆挂入倒档（上坡停车应将变速杆挂入一档）。

（5）夏季夜间行车，要注意在道路两侧及路堤、桥上乘凉的休息人员，谨防发生伤人事故。

（6）进入坡道会车时，准确判断来车上下坡。灯光照射距离由远变近，表明来车已驶近上坡道处，反之则表明来车正在驶入下坡道。

59. 农用车如何通过桥梁？

答　公路上的桥梁有很多类型，如水泥桥、石桥、拱形桥、吊桥、浮桥和便桥等，所用的建筑材料和结构各不相同，通过时要根据这些桥的特点，分别采用适当的行驶操作，以保证安全地通过桥梁。

（1）通过水泥桥和石桥时，如果桥面宽阔平整，可按一般行驶方法操作。如果桥面窄而不平，应提前减速，并注意对方来车，以慢速缓行通过。

（2）通过拱形桥时，因看不清对方车辆和车距情况，故应减速、鸣喇叭、靠右行，随时注意对面来车，减速行驶并做好制动准备，切忌冒险高速冲过拱形桥，以免发生碰撞。

（3）通过木板桥时，应降低车速，缓慢行驶。如遇年久失修的木板桥时，过桥前应检查桥梁的坚固情况，必要时，应让乘车人员下车，或卸下部分货物，以低速档行进。行进中随时注意桥梁受压后的情况，若听到响声，应加速行驶，不宜中途停车。

（4）通过吊桥、便桥、浮桥时，驾驶员应先下车查看，确认无问题后，方可缓行通过。如有乘车人员，应下车步行过桥。如遇又长又窄的便桥，应在有人引导下缓缓通过，避免在桥上换档、停车等，以减少对桥梁的冲击。如遇钢轨便桥，一定要准确估计轮胎的位置，把稳方向，徐徐通过。

（5）通过泥泞、冰雪桥面时，有可能发生横滑的危险，必须谨慎行驶，从桥面中间慢慢通过。若桥面太滑，应铺一些砂土、草袋，切勿冒险行驶。

60. 农用车如何通过隧道和涵洞？

答　农用车通过隧道和涵洞的正确行驶要领如下：

（1）农用车在进入隧道和涵洞之前 100 米处，就要降低车速，注意观察交通标志和有关规定，特别要注意农用车的装载高度是否在标志允许的范围之内，若无把握，应停车观察核实，切勿粗心大意。

（2）通过单行隧道和涵洞时，应观察前方有无来车，确认可以安全通过后，要鸣喇叭，开前后灯，稳速通过。

（3）通过双车道隧道和涵洞时，应靠右侧行驶，注意来车交会，一般不宜鸣喇叭,以减少噪声。

（4）通过隧道和涵洞时,如有人指挥,要自觉听从指挥,不准抢行。

（5）通过隧道和涵洞后,尤其长隧道和长涵洞,要待视力适应后再行车,必要时可停车使视力适应。

（6）避免在隧道和涵洞内变速、停车。

61. 农用车如何通过田间小道？

答　田间小道的特点是狭窄、路面不平,一般是土道,路面不结实。因此,在田间小道上行车应注意以下几点：

（1）正确判断路面情况,估计路面的宽度。

（2）握稳转向盘,降低车速,根据道路情况掌握好转向时机和转向速度。如果时机掌握不当,很难通过；如果转向速度过急,车辆失去横向稳定,则有翻车的危险。

（3）通过田间小道时应靠路中间行驶,要注意路面和土质坚硬程度,特别要注意有坑洼的地方；晴天在土路上行驶,因尘土飞扬,灰尘影响驾驶员视线,因此,尾随行驶时跟车不可太近。

（4）注意观察前方有无来车和行人或牲畜。通过前,要鸣喇叭提醒对方避让。如果对面已有行人,车辆进入路面,要观察好路面的宽度能否同时通过；如果不能,应选择适当地点停车,等来车及行人通过后再鸣喇叭进入路面；如果必须会车,应尽量降低车速,交会过程中,注意掌握两车横向间距,不要乱打转向盘和使用制动器,以防车辆侧滑造成碰撞事故。

（5）要检查所载货物的装载情况,是否捆绑稳当,以免发生倾翻。

（6）雨天在土路上行车,既要防止车辆横滑和侧滑,又要谨防车轮陷进泥坑里。在积水的路段行驶时,尽量使用中低速档,同时要稳住油门,控制好车速。在通过泥泞滑溜地段时,不可换档和突然制动,减速应依靠放松油门来控制。

（7）在泥泞松软的路段上行驶时要特别谨慎，必要时应先下车观察，当判明车轮确实不会陷入泥土中时，方可挂低档缓慢通过。如果路面有车辙，可沿车辙行驶。行驶中如果前轮发生侧滑，应稳定原来行驶方向，切不可减速或加速，更不能急转转向盘和紧急制动，以防加重侧滑；如果后轮发生侧滑时，不要使用制动，应稳住油门，缓慢修正方向，直到解除侧滑为止。如果前轮引起车轮横滑时，应放松加速踏板，让车减速，然后平稳地将转向盘向前轮滑动的相反方向转动；如果后轮引起横滑，则将转向盘适当地转向横滑的一面，等横滑消除、农用车恢复正直行驶方向后，再回正转向盘。

62. 农用车如何通过集镇？

答 农用车在县、乡集镇上行驶，应注意以下操作要点：

（1）县乡集镇，因地方小，街、巷道路较窄，所以行驶时，应尽量避免超车；停车时，应妥善选择停车地点，以免阻塞交通。

（2）集镇两旁的房屋比较低且外突，树梢、悬挂物外伸，因此，行驶时要注意避让，防止碰撞，特别是装运超宽或超高货物时，更应特别注意。

（3）遇到逢场赶集时，要注意赶集人动态，应低速鸣喇叭缓行，决不可强行挤开人群。遇到传统性的集会，应尊重当地民情风俗，谨慎行驶。

（4）集镇的街道一般不设人行横道线，路面较窄，行人没有约束，横穿道路较随意，故应格外警惕行人突然从车前横穿，发生事故。

（5）集镇道路允许畜力车通过，遇到畜力车时，应在较远处鸣喇叭。靠近牲畜时，切勿再鸣喇叭，应以缓慢的速度通过，以防牲畜受惊乱窜而发生事故。

63. 农用车如何上、下渡船？

答 农用车需要上、下渡船时，应细心谨慎，重视安全规章。其操作要点如下：

（1）农用车到达过渡口时，应按到达先后依次排列待渡，并遵守渡口管理人员的指挥和渡口管理规章，不得强行抢渡。对无人管理的渡口，在上渡船前应检查跳板是否合适，跳板与渡船搭接是否牢靠，并观察好农用车上、下渡船的路线和船上停车位置。

（2）待渡时，应适当拉开车距，驾驶员在车上等候。如需下车，应当采取安全措施，即将发动机熄火，拉紧手制动杆，变速杆挂一档或倒档，前后轮用三角木或石块塞住，以防农用车溜动。

（3）上渡船时，随乘人员必须下车，农用车宜用一档或二档，对正跳板，在渡口管理人员指挥下，缓慢行驶，不可加油猛冲，不能中途变速或在渡船上进行紧急制动。要正确判断车轮在跳板上所处位置。前后轮驶上或离开跳板时，时常发生拉动，影响方向，须细心操作，力求平衡。

（4）上渡船停妥后，应立即熄火，拉紧手制动杆，用三角木或石头塞住前轮，驾驶员通常坐在车上。

（5）渡船靠岸后，撤去三角木，将变速杆放入空档，然后发动农用车，随前车缓缓行驶，以保持渡船平衡，防止倾斜。

（6）下渡船的行驶路线，要听从指挥，下船如为陡坡或道路泥泞时，应与前车保持适当的距离，以防前车倒退而发生撞车。

64. 车辆滑行应注意哪些事项？

答　车辆滑行应注意下列事项：
（1）滑行前不准超速行驶，下陡坡时不准熄火或空档滑行。
（2）滑行时不能影响其他车辆的正常行驶。
（3）下雨、下雪、有雾天气及在泥泞、结冰道路上禁止滑行。
（4）滑行车辆技术状况必须完好，符合技术标准。
（5）气压制动的车辆，制动气压过低，禁止滑行。

65. 遇有交通阻塞情况应如何处理？

答　驾驶车辆遇有交通阻塞情况时,要查明原因,一般有绕行道路可绕道行驶。如系暂时阻塞,要顺序停车。驾驶员要服从交通管理人员的指挥,不要乱按喇叭,不要离开车辆,以便随着阻塞的解除,跟随前进,不要争道抢行和逆行,以防造成再度阻塞。

66. 车辆横向翻车的主要原因是什么？

答　车辆横向翻车的主要原因是:转弯时车速过快,猛打转向盘,车辆装载货物没有捆扎牢固或货物超高,公路转弯处横向坡度不符合标准,车辆在进入弯道时采取紧急制动。

67. 车辆为何不许超载行驶？

答　(1)车辆超载,轮胎负荷过大,变形增大,容易由胎侧较薄处发生爆破。如行车中忽遇轮胎爆裂,应当握稳转向盘,平稳停车。

(2)车辆超载,钢板弹簧负荷过大,使钢板的耐疲劳强度降低而容易损坏。

(3)车辆超载,会引起车架变形,铆钉松动甚至断裂,从而改变各总成的相对位置,加速各种机件的磨损,使车辆的正常工作遭到破坏。

(4)车辆超载会严重影响车辆性能,特别是转向和制动,超载后转向沉重,使制动距离增长,易发生交通事故。

68. 在行车中不慎发生事故应采取什么措施？

答　(1)在行车中不慎发生交通事故时,应立即停车保护现场,设法抢救伤者(如需移动现场物体,须设标记),及时报告公安交通管理机关。

(2)在交通事故发生过程中,应当按照尽可能减少损失的原则作紧急处理。

（3）客车在行驶中突然着火，驾驶员应当在开门的同时，砸碎车窗玻璃，迅速将乘客撤离，并用干粉灭火器或棉衣覆盖灭火。

（4）车辆在行驶中突然落入水中，应当在车落稳后，用脚踹碎车窗玻璃游出逃生。

（5）车辆在翻车过程中，司乘人员应抓紧车内固定物体自救。

第四节　特殊情况驾驶注意事项

69. 驾车遇急转弯路怎样行车？

答　急转弯行车通常存在着视线盲区。因此，必须降低车速至20公里/小时（拖拉机15公里/小时），鸣喇叭、靠右行，严禁抢占车道，快速行驶。

70. 驾车遇坡道怎样行车？

答　农用车、拖拉机上坡快到坡顶时，驾驶员看不到前方道路，出现短时的视线盲区。驾驶员应在此时减速靠右慢行，防备坡顶道路转弯和反向来车；在距离坡顶50米以上完不成超车过程时严禁超车；上坡时要掌握换档时机，换档过早不能充分发挥其动力性，换档过迟使发动机超载，并不易换上档而造成事故；下坡时严禁空档滑行，不可超车，不可在下坡转弯处使用急紧制动，以免侧滑横车而发生事故。

71. 驾车遇傍山险路怎样行车？

答　在急弯窄道、地形险峻的山路上行车时，要精力集中，放慢车速，沿靠山一侧行驶；不要窥视深涧悬崖，以免分散精力产生紧张心理；要注意对方来车，主动选择安全地段会车，如果会车有危险，应及时停车；转弯时要慢行，陡坡处转弯，要提前换入能供足够转矩的低速档；在悬崖处不使用紧急制动，以免侧滑坠车。

72. 驾车在雨雾雪中行驶应注意哪些事项？

答 在雨、雾、雪中驾车应注意下列事项：

(1)雾中行车，应打开小灯和防雾灯，降低车速，经常鸣喇叭。浓雾太大，应靠路边暂停，注意要打开示宽灯，待雾浓降低时再继续行驶。

(2)雾天行车，应与车辆和行人保持充足的安全距离，并严禁超越其他正在行驶的车辆。

(3)雨、雪中行车，路面附着系数较小，容易产生侧滑，所以禁止滑行，并尽量避免急转转向盘和紧急制动。

(4)大雪或久雨后，应注意路基是否完好，会车或暂停时，要选择好路面，不要太靠边。

73. 车辆通过冰雪道路时应如何驾驶？

答 (1)冰雪路面附着系数较小，车轮容易空转和溜滑。因此，车辆通过冰雪道路时，应注意路段地形，选择安全行驶路线，并在驱动车轮上安装防滑链。在行驶中，注意不要急踩和猛抬加速踏板；减速时，尽量运用发动机牵阻作用，少用或不用制动器，严禁采取紧急制动；转弯时要增大转弯半径，不要急转转向盘，以防产生侧滑；会车要选择安全地段，提前避让，与前车间隔距离应加大到50米以上，以确保行车安全。

(2)在冰雪山区道路上行车，遇有前车正在爬坡时，后车应选择适当地点停车检查，待前车通过后再爬坡。以防前车后滑撞上后车，造成损失。

74. 行车中方向失控有何应急办法？

答 农用车和拖拉机在行驶途中，遇到方向失控时，驾驶员应紧急停车，找出故障原因并排除，切不可用减小油门、单边制动的办法勉强行驶。此时应关闭油门，用脚制动不要过猛，以防因制动过急使车辆横甩。用脚制动时，根据情况还可以用手制动；同时，不管转向系统是否有效，都应尽可能将转向盘向有天然障碍物的地方打，以达到路边停靠应急脱险的目的。

75. 行车中脚制动器失灵有何应急办法？

答　农用车和拖拉机在行驶途中下坡时，感觉到脚制动器有失灵变化时，应及早停车检查，找出原因，排除故障。下坡时，脚制动发生故障突然失效，应沉着处理，可用"挂档"的方法，以增加发动机的牵制作用，进行制动。同时，要灵活正确地掌握转向盘，再用手制动。用手制动器制动时，把手制动操纵杆按钮按下，逐渐地拉紧手制动器操纵杆，使车速在手制动器的作用下逐渐降低。手制动杆不可一次拉紧不放，也不可拉得太慢。拉手制动时，要按下按钮，使制动力均匀地增强。操纵时，可拉一下，松一下，再拉一下，再松一下。当车辆接近停住时，再将手制动固定在拉得最紧的位置上。

76. 行车中发生爆胎有何应急办法？

答　行车中发生爆胎故障：若前轮爆胎，会造成破胎一侧跑偏。此时应用力控制转向盘，松开油门踏板，使车辆平直减速，利用滚动阻力使车辆自行停住。绝不可急于使用制动，那样反而会加剧车辆跑偏的倾斜度。后轮爆胎，会发生车尾摇摆，但方向一般不会失控，可反复缓踩制动踏板，将车辆停住。

77. 车辆在坡道上失控下滑有何应急措施？

答　农用车和拖拉机在上坡道上一旦失控下滑，应尽力用手制动和脚制动停车。如果停不住，应根据下滑坡道上的不同情况，采取不同措施。如下滑坡道不长，路面宽阔，又无其他车辆，可打开车门，侧身后视操纵转向盘，控制车辆朝安全方向倒溜，待到平地后，再设法停车；如地形复杂，后溜滑有危险时，应把车尾转向靠山的一侧，使车尾抵在山石上，而将车辆停住。此时，转向盘决不可转错方向,以免发生车祸。总之,车辆下滑坡时,一旦制动器失灵,应灵活机动地利用天然障碍物,给车辆造成道路阻力,以消耗车辆的惯性力,被障碍物挡住。

78. 车辆在泥泞路上发生侧滑有何应急措施?

答 车辆在泥泞路上,后轮发生侧滑时,应将转向盘向后轮侧滑的一方转动,使后轮摆回路中。当车位恢复正直时,即可回正转向盘继续行走。在制动侧滑时应注意,转向盘不要转错方向,转错方向不但不能纠正侧滑,而且将促使后轮侧滑加剧,甚至会出现车身大回转的现象。在坡度较大的路面上,车辆已经靠边行驶,此时如后轮侧滑,可将前轮转向侧滑一边,不可转得过大,以免造成相反的效果。

79. 夜间行车的特点是什么?

答 夜间行车是农用车、拖拉机驾驶员经常遇到的情况之一。那么,夜间行车的特点是什么呢?

(1)夜间行车灯光照射有一定限度,人的视界和视距大受限制,难以看清道路周围的环境,驾驶员接受的交通信息量大大减少甚至中断。

(2)黑暗和视线不良,给夜间行车带来了许多问题。如弯道的弯度不易判断,上下坡与平路不易区分,左右情况容易顾此失彼,超车和会车比较困难。

(3)视线不清,夜间行车如果车灯晃动,亮度不够,能见度就更差,对道路上情况看不真切,对各种情况易产生错觉。会车时,远灯光弦目,会使驾驶员产生短暂的眼睛盲区。黄昏这段时间行车要倍加小心,因为此时白天的光线尚未完全消失,那种亮不亮、暗非暗的光线,极易发生交通事故。

(4)夜间驾驶员容易疲劳,因为驾驶员要改变一般人白天工作,夜间休息的生活节律,使人的生物钟出现短时的生理紊乱,而容易产生疲劳感,同样的事物,夜间判断需要的时间比白天多且费精力,加上夜间周围环境比白天单调,驾驶员更容易出现精神和目力的疲劳,使交通事故的发生概率比白天增加。

80. 夜间行车应注意哪些安全事项?

答 夜间行车应注意下列安全事项:

(1)维持照明系统良好 平时要经常检查、保养,使灯光照明处于良好状态。有的车灯安装调试不正确,不但缩小了驾驶员的视距视角,还会给迎面来车造成眩目。除了保持发电机和蓄电池正常工作外,要特别注意车灯本身搭铁问题。

(2)夜间灯光使用 驾车在平坦道路、视线良好、车速较快时尽量多使用远光灯;转弯、过桥时要变换远、近光,必要时还应鸣喇叭;会车时应降低车速,安全礼让,距来车150米左右应主动变换近光;若对方没有变换灯光或情况复杂时,应靠右让行,勿开赌气车。

(3)注意行车速度 行车速度应根据气候、地形、时间、暗亮度等情况,比白天适当降低。在弯道、坡道、桥梁等地视线不良应减速慢行;夜间倒车、调头要注意观察、选好地点,必要时要由专人指挥方可进行。

(4)注意道路识别 夜间对道路观察和判断比较困难,驾驶员应根据交通标志、路旁地形、发动机声音和灯光照射距离等帮助自己判断和选择变速时机。一般说,发动机声音轻松是下坡、沉闷是上坡;灯光照射距离远是下坡,距离近是上坡;行驶中灯光照向路的一侧是缓弯,前面突然不见路是急弯。

(5)注意睡眠休息 驾驶员预计夜间行车时,白天午饭后切勿贪玩,最好睡4～5小时为宜,以保持行车精力。夜间行车80公里左右应停车稍事休息,解除疲劳;凌晨4～6时是人最易打瞌睡的时间,最好在凌晨4时前停车休息。如任务紧急要跑通宵,则停车时用冷水洗头洗脸或用清凉油擦太阳穴可暂时消除瞌睡。若瞌睡十分严重,冒险行车不如睡上1～2小时,稍作调整后再上路。

81. 夏季行车应注意什么?

答 夏季行车气温高,雨水多,昼长夜短,对行车有不利因素。要做到安全行车,除每日做好机车维修外,夏季行车还应注意:

(1)注意做好防暑降温 夏季驾驶室气温高,为防止中暑必须保持驾驶室内通风良好。出车前要备带饮水、人丹、十滴水等防暑药品,如途中发生头昏口苦、浑身无力等中暑症状,应立即停车休息或服药,等恢复正常再继续行车。

(2)注意雨中行车安全 夏季雷雨、大雨、暴雨时有发生,如遇雷阵雨,应控制车速,不要急踩刹车以防侧滑;大雨或暴雨使视线不清,易出事故,应停车休息;如在山区行车,应将车停在安全地段,要随时防止发生塌方危害。

(3)注意观察发动机技术状况 夏季天热散热较慢,发动机水温易上升。如发现超过95℃,应选择阴凉通风处停车降温,可揭开发动机罩以利通风;如散热器开锅,应先停车等发动机怠速运转降温后再添加冷却水。在揭开水箱盖时,要注意勿烫伤手臂。

(4)注意夏季防火 夏季燃油挥发性强,容易酿成火灾。为防止发生火灾,应杜绝燃油渗漏、线路松动、搭铁不良;绝不能用塑料桶盛装燃油,以免引起静电反应;不宜在雷雨时加燃油。

(5)注意预防爆胎 行车时不要超速、超载、快速转弯或紧急制动。否则,会造成胎压骤升,引起爆胎。当胎温过高时,应将车停在阴凉通风处降温。

82. 夏季行车遇冷却水沸腾应如何处理?

答 农用车和拖拉机在夏季遇水箱冷却水"开锅",应选择适当阴凉地点停车,将发动机怠速运转数分钟,然后加入冷却水;不能"开锅"时加水。

第四章 拖拉机、农用车的维护保养
与常见故障的排除

第一节 拖拉机的维护保养

1. 拖拉机技术保养操作要点有哪些？

答 拖拉机进行技术保养前,必须使发动机熄火,带有悬挂农具时,应将农具落地。技术较复杂的保养必须在室内进行。

(1)拖拉机的清洗 经常清洗,可保持拖拉机的清洁,在加注燃油或润滑油时,可避免尘土、杂物进入机内。并可及时发现外部隐患,防止堵塞、破损及零件腐蚀。因此,每班作业后,要认真清除拖拉机外部的尘土、油污才能进行其他保养工作。

(2)润滑脂的加注 要按技术保养规程规定的润滑点、注油时间间隔及加注数量,加注新鲜润滑脂。加注中,往往因黄油枪中存在空气,造成实际注入量不足,因此,要切实保证加注进去润滑脂的数量。

(3)滤清装置的保养 空气、燃油和润滑油滤清器是阻留杂质、减少机件磨损的关键,定期对它们清洗和更换滤芯,是保养的重点项目。

空气滤清器的保养,主要是清除积杯中的尘土,清洁中央进气管道,清洗滤网及盛油盘并更换机油。

柴油、机油滤清器的纸质滤芯用久后,杂质皆阻留在表面微孔内,逐渐使过滤性能降低,滤芯内外压力差增加,甚至将折叠片压拢或压坏,故要勤加检查。当滤芯堵塞不严重时,可浸在柴油中用气自内向外吹洗,以恢复其过滤能力;堵塞严重时,应予更换。

(4)机油的添加与更换　拖拉机的机油,在使用中会有少量消耗。因此,在每次起动前应予检查,必要时按油尺刻度补齐。油尺刻线有上下两条,两条刻线之间的机油容量,是供正常运转下经常性消耗的。通常油面应在两刻线之间,并接近上刻线为宜。

机油在使用中因高温氧化,产生胶质、积炭,混入磨屑,造成机油变质、脏污,润滑作用变差。故机油使用一定时间后,应按技术保养规程要求,予以更换。否则将会加速机件磨损。

(5)清洗发动机油道　更换机油的同时,要清洗油道,以除去润滑油道内残存的脏机油及污垢,否则,会污染新加入的机油,降低其质量。

(6)清除冷却系统水垢　发动机冷却系统要求使用清洁的软水,其目的是延缓水垢的形成,保证散热效率。否则,冷却系统内形成水垢,将会因散热不良造成发动机过热,功率不足,严重的还会造成烧瓦、拉缸等事故。因此,保持冷却系统清洁,清除冷却系统水垢,是不容忽视的操作项目。

(7)清除活塞、喷油器及其他零件表面的积炭　清除表面积炭不能用金属物品刮擦,以免损坏零件表面,应当在金属清洗剂中浸泡后,用毛刷、软布除去。不易除去的部分可用竹、木片轻轻刮除。

2. 拖拉机在低温条件下使用应采取哪些维护措施?

答　在低温条件下柴油蒸发困难,使发动机起动困难,总成磨损加剧。应采取以下措施:

(1)使用冬季润滑油(脂)和制动液。

(2)柴油发动机使用低凝点柴油。

(3)调整发电机调节器,增大充电电流;注意保持蓄电池电解液的相对密度。

(4)加装保温被,注意保持发动机的工作温度。

(5)正确使用防冻液。

3. 拖拉机在高温条件下使用应采取哪些维护措施？

答 拖拉机在高温条件下使用最主要的问题是发动机过热和润滑性能下降。应采取以下措施：

(1)清除冷却系统的水垢，保持良好的冷却效果。

(2)换用夏季润滑油(脂)和制动液。

(3)调整发电机调节器，减小充电电流，保持蓄电池电解液的密度和液面高度。

(4)行车途中经常检查轮胎温度和气压。

(5)冷却水沸腾时，应停车，让发动机怠速运转几分钟后再加冷却水。

4. 拖拉机在磨合期内应注意哪些事项？

答 新的或大修后的拖拉机，由于各部件的加工表面比较粗糙，相互配合的间隙也小，运行后磨落的金属细屑较多；工作时相互摩擦，零件表面温度比较高，润滑不良；各部机件的连接，经过初步使用后也会松动。因此，运行初期，需要经过一定的里程进行磨合，即为磨合期。磨合期是拖拉机使用中的一个重要时期，在磨合期内应注意以下几点：

(1)必须严格按照拖拉机里程规定进行磨合。

(2)磨合期内应选用低黏度的优质润滑油。

(3)注意观察拖拉机各部件的工作状况，如有异响或发动机过热等异常现象，应停车检查。

(4)磨合期内负荷必须由小到大，行驶速度必须由低速档到高速档。

(5)磨合期内应该在路面条件比较好的道路上行驶。

(6)磨合期后，应按规定对拖拉机进行全面保养，以延长拖拉机的使用寿命。

5. 拖拉机"三漏"是怎样产生的?

答 拖拉机漏油、漏水、漏气俗称"三漏"。其产生的原因可分五种:

(1)零件磨损变形 机器运转中零件相互摩擦而产生零件磨损,逐渐使零件的体积尺寸、表面几何形状发生变化而产生"三漏"。

(2)零件塑性变形 零件在工作中承受各种交变负载而产生塑性变形,使配合间隙增大,冲击负荷力也随之变大。因而,配合表面的金属渐渐脱落;有的零件因应力集中开始在薄弱的地方形成显微裂纹,逐渐扩展导致金属疲劳损坏产生"三漏"。

(3)使用保养不当 如冬季停车不放水冻坏机体、水箱;起动车前不烤车扭坏油封;保养检查不当,螺钉松动,垫圈丢损而产生"三漏"。

(4)零件拆卸安装不当 零件拆装不按工艺要求进行,使零件变形、碰伤接触表面,造成接缝不严密,使零件配合关系破坏而产生"三漏"。

(5)零件产生腐蚀 零件受电化学反应和在油、水中的化学反应产生腐蚀,使零件逐渐蚀损而产生"三漏"。橡胶件老化变质,也会发生"三漏"。

6. 拖拉机"三漏"的危害是什么?

答 拖拉机出现"三漏"的危害是:

(1)漏水 拖拉机冷却系统漏水,不仅给加水带来麻烦,漏得严重会导致缸盖裂纹;缸套阻水圈漏水会冲淡油底壳机油,使零件锈蚀而加剧磨损,漏得严重会烧瓦肇事。

(2)漏气 拖拉机机体与缸盖接缝处漏气会烧缸垫,而使发动机功率下降;拖拉机进气系统漏气,会使发动机气缸内吸进灰尘,因而加剧缸套、活塞、活塞环、气门与导管等件磨损。有的漏气严重,在春季作业中一个月左右就把拖拉机上述零件磨损超限而报废。

(3)漏油 拖拉机润滑系统漏油会使油底壳油位降低,严重时会使各润滑点缺油而形不成油膜,使零件得不到润滑而烧损;行走部位的支重轮、引导轮、托链轮漏油也会加快内部零件的磨损,"三漏"在作业中漏油就能进水、进泥、进土,这样会很快把轴、轴承等一些零件磨坏;如果输油泵油管接头、进出油阀漏油会进空气,使发动机着火不好。漏油会造成能源浪费。

因此,驾驶员发现"三漏",就必须及时根治。

7. 如何进行拖拉机技术保养？

答 在日常工作中,不少驾驶员对技术保养的意义认识不足,认为对拖拉机按章保养麻烦,既浪费时间,又增加了费用开支,"不合算",所以往往要等到拖拉机坏了再进行技术"保养"。因此,容易造成拖拉机带病作业,或马力不足、油耗增加、零部件磨损加剧、故障增多,甚至造成重大事故。

拖拉机必须按章保养。拖拉机的技术保养一般分为日常(班次)保养和周期保养。周期保养又分为一级、二级和三级技术保养,分别以100、500、1000工作小时划分。各次保养内容厂家都有具体规定。为了延长机车的使用寿命和驾驶员安全生产,机手一定要按拖拉机使用说明书中具体规定进行技术保养。

8. 拖拉机保养周期如何计算？

答 定期地对拖拉机进行系统的清洗、检查、调整、紧固、润滑和更换部分易损件的维护措施,统称为拖拉机的技术保养。目前拖拉机大多采用四级三号保养(也有些机型采用五级四号保养),即每班技术保养和一、二、三号定期保养。各号技术保养的时间间隔叫"技术保养周期",保养周期的计算方法有按工作小时计算和按主燃油的消耗量计算,见表4-1。

表 4-1　几种主要拖拉机的技术保养周期

级　别 单位 机　型	一号保养		二号保养		三号保养		四号保养	
	工作 小时	耗主 燃油 （千克）	工作 小时	耗主 燃油 （千克）	工作 小时	耗主 燃油 （千克）	工作 小时	耗主 燃油 （千克）
手扶拖拉机	100	200	500	1000	1500	3000	—	—
上海-50	125	—	500	—	1000	—	—	—
铁牛-55	50	400	150	1200	300	2400	900	7200
东方红-75	50～ 60	500～ 700	240～ 250	2500～ 3000	480～ 500	5000～ 6000	1400～ 1500	15000～ 18000

9. 拖拉机技术保养有哪些内容？

答　拖拉机技术保养的内容大致相同。如手扶拖拉机的技术保养内容如下：

（一）每班技术保养

（1）清洁整机外部，消除漏油、漏水、漏气现象。

（2）检查连接件紧固情况。如轮胎的固定螺栓、柴油机底盘固定螺栓、旋耕刀紧固螺栓等。

（3）检查柴油、机油、冷却水、油底壳、犁刀传动箱、空气滤清器中的油面，不足时添加。

（4）按润滑图表加注润滑油。

（5）检查轮胎气压和三角皮带紧度。轮胎气压应为$(13.7～19.6)\times10^4$ 帕；三角皮带紧度以拇指按下皮带中部，皮带离开原来位置 20 毫米为宜。

（6）在拖拉机运行中检查转向机构、变速箱、离合器、制动器、油门、机油指示器、水位浮标等工作是否正常。

(7)检查随车工具是否齐全。

(二)一号技术保养(每耗油200千克或工作100小时)

(1)完成每班技术保养各项工作。

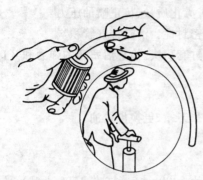

图 4-1　吹出污物

用柴油清洗油底壳和滤芯。

(4)清洗空气滤清器中滤芯表面的积土。如是纸芯,须用毛刷刷去尘土(图4-2),不能用油洗,以防飞车;如是湿式滤清器,应更换油盘内机油。

(5)检查调整气门间隙和减压机构间隙。

(6)检查调整离合器分离轴承与分离杠杆的间隙。

(7)检查变速箱加油螺塞通气孔是否畅通。

(8)按规定加注润滑油。

(2)清洗柴油滤清器滤芯和油箱加油滤网。清洗滤芯,可将滤芯一端的孔堵住,从另一端向孔里用打气筒打气,将滤芯脏物吹出。如纸滤芯破损、端盖脱胶应换用新件(图4-1)。

(3)清洗集滤器,检查油底壳机油,若机油太脏、变质、过稀应趁热放出,并

图 4-2　用软刷子清洗纸质滤芯
1. 软刷子　2. 塞头　3. 纸质滤芯

(9)单轴平衡的发动机应检查连杆螺母、平衡块螺母、飞轮螺母等紧固情况。

（三）二号技术保养(每耗油 1000 千克或工作 500 小时)

（1）完成一号技术保养各项工作。

（2）清洗油箱和润滑系统油道。

（3）清除喷油器积炭、检查雾化质量、校正喷油压力。

（4）检查气门及气门座的密封性。清除排气管积炭。

（5）清除活塞、活塞环、气缸套积炭。检查活塞环的弹力和开口间隙。

（6）清除冷却系统水垢。

（7）清洗传动箱、变速箱、犁刀箱，更换齿轮油。

（8）清洗刀轴油封并涂油。

（9）按规定加注润滑油。

（四）三号技术保养(每耗油 3000 千克或工作 1500 小时)

三号技术保养也叫检修。主要内容是全机拆除、检查、更换达到磨损极限的零件，进行调整、装配。

（1）拆开发动机进行清洗检修，磨损严重零件应更换。

（2）拆开并清洗传动箱、变速箱、最终传动箱、犁刀传动箱等部件的齿轮、轴承、油封，必要时更换。

（3）检查拨叉和转向弹簧工作可靠性，必要时更换。

（4）检查和调整各操纵机构工作可靠性，离合器、摩擦片、制动环、轮胎若过量磨损应更换。

10. 怎样为拖拉机加注润滑脂？

答 按拖拉机润滑表规定按时加注。加注时须先挤出泥水，直到清洁的润滑脂被挤出为止。

（1）上海-50 型拖拉机润滑部位及润滑说明，见表 4-2。

表 4-2　上海-50 型拖拉机润滑部位

序号	润滑部位	润滑点数	润滑油	润滑周期(小时)	润滑说明
1	前桥摆轴	2	钙基润滑脂	10	用黄油枪注油
2	转向拉杆前球接头	2	钙基润滑脂	10	用黄油枪注油
3	转向主销	2	钙基润滑脂	10	用黄油枪注油
4	前轮轮毂	2	钙基润滑脂	10	用黄油枪注油
				1000	清洗后更换新机油
5	发动机油底壳	1	柴油机油	10	检查油面,不足添加
				250	清洗后更换新机油
6	喷油泵	1	柴油机油	50	检查油面,不足添加
				500	清洗后更换新机油
7	转向盘止推轴泵	1	钙基润滑脂	250	用黄油枪注油
8	转向器	1	汽油机油	500	检查油面,不足添加
9	发电机两端轴承	2	钙基润滑脂	1000	更换润滑脂
10	风扇水泵轴	1	钙基润滑脂	50	用黄油枪注油
11	转向拉杆后部球接头	2	钙基润滑脂	10	用黄油枪注油
12	变速箱后桥	1	汽油机油	50	检查油面,不足添加
				1000	清洗后更换新机油
13	离合器踏板轴	1	钙基润滑脂	10	用黄油枪注油

序号	润滑部位	润滑点数	润滑油	润滑周期(小时)	润 滑 说 明
14	制动器踏板轴	2	钙基润滑脂	10	用黄油枪注油
15	左右升降杆	2	钙基润滑脂	10	用黄油枪注油
16	升降杆齿轮室	1	钙基润滑脂	10	用黄油枪注油
17	最终传动	1	汽油机油	250	检查油面,不足添加
				1000	清洗后更换新机油

(2)东风-12 型手扶拖拉机的润滑,见图 4-3 和表 4-3。

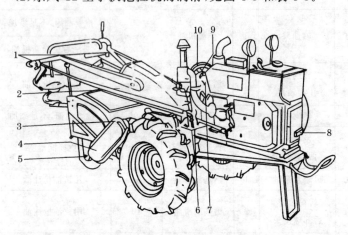

图 4-3 东风-12 型手扶拖拉机润滑点

表 4-3　东风-12 型手扶拖拉机润滑点

图上编号	润滑部位	润滑点数	润滑油品种	加油说明
1	各操纵杆铰链连接点	若干	机油	每 1～2 班加油一次,加油时用油壶滴几滴机油
2	耕耘尾轮螺杆	1	钙基润滑脂	旋出尾轮螺杆,清洗后涂上润滑脂,每工作 500 小时进行一次
3	犁刀传动箱	1	齿轮油	①每 30～50 小时检查一次,不足时应添加;拧下检油螺塞,以油从检油螺孔开始溢出为止 ②每工作 500 小时清洗换油
10	传动箱	1		
12	变速箱	1		
4	犁刀轴左轴承	1	钙基润滑脂	拆下轴承盖并涂上润滑脂,每工作 100 小时进行一次
5	耕耘尾轮轴套	1	钙基润滑脂	拆下尾轮轴套,清洗后涂上润滑脂,每工作 30 小时进行一次
6	空气滤清器	1	清洁的废机油	①一般每 100 小时清洗换油一次;在灰尘特别多的环境下工作时,每几班清洗换油一次,加油至油盘上所示油面高度 ②如果是纸质滤芯,则不可加油,应保持干燥
7	离合器分离轴承	1	复合钙基润滑脂	拆下分离轴承,清洗后放在润滑脂中加热注入;每工作 500 小时进行一次
8	发动机油底壳	1	柴油机机油,冬用 HC－8、夏用 HC－14	每班检查油面,必要时应添加;检查时发动机应放平

图上编号	润滑部位	润滑点数	润滑油品种	加 油 说 明
9	离合器分离爪	1	机油	拉动离合、制动手柄,在分离爪滑动面上加油,每班 1～2 次
10	离合器前轴承	1	钙基润滑脂	拆下轴承盖并涂上润滑脂;每工作 500 小时进行一次

11. 怎样保养挂车?

答 挂车是与拖拉机配套进行运输作业的机具。有的驾驶员只重视主机保养,忽视对挂车保养,造成不少运输事故。因此,驾驶员应重视对挂车的保养:每天作业后,在清洗主机同时也应清洗挂车,开进车库内停放;检查挂车前后轴上的钢板弹簧、U 型螺栓是否松动和移位,钢板弹簧是否有裂纹或折断,横梁有无脱焊或裂纹,如有应及时修复;检查挂车栏板是否牢固,有无破损变形,如有,应及时修复;挂车各油嘴处应按规定加注钙基润滑脂;检查各轮毂轴承间隙,必要时应调整;每次出车前,应检查轮胎气压情况,不足应充气;检查各车轮上螺母紧固情况,三角架连接装置紧固情况;检查挂车制动性能是否处于技术良好状况。

12. 机车水温过低有何危害?

答 拖拉机和农用车在运转中,水温过低会:

(1)引起发动机功率下降油耗上升 低温会使进入气缸的燃油雾化不良,点火困难,燃烧迟缓、不完全,柴油机易出现工作异常。

(2)机件磨损严重 温度过低,燃烧后生成物中的水蒸气易冷凝成水,与酸性气体形成酸类物,加重对机件,特别是气缸壁的腐蚀和磨损。

资料显示:发动机水温从 80～90℃下降至 40～50℃时,油耗增加 8%～10%,气缸壁磨损量增加 60%～80%;若降到 30℃时,油耗增加 30%～40%,气缸的磨损量增加 5 倍。

13. 车辆在起动前为何不能反复踩油门?

答 一些驾驶员驾驶农用车和拖拉机模仿汽车驾驶员的动作,起动前反复踩几下油门,这样做法是错误的。汽车动起前反复踩几下油门的目的,是让汽化器加浓装置工作,多往气缸喷入一些汽油,以满足起动的需要。而农用车和拖拉机所需燃油是轻柴油,是靠高压油泵经喷油器喷入气缸的,起动前发动机未转,上述操作当然不会使柴油进入气缸,反而增加了油门装置和油量调节机构的磨损。正确操作方法是:发动机着火后立即适当减小油门,中、小油门运转了 3～5 分钟,待机油温度升高,压力正常后再逐渐加大油门,提高转速。若需投入满负荷作业,则必须待机油温度和水温都达到 55～60℃以上方可进行作业。

14. 车辆在作业中为何不能任意改变油门?

答 农用车和拖拉机在运输作业中,不能任意突变油门,要根据作业需要的负荷,缓慢地加大或减少油门。否则,燃油和空气混合比不均匀,燃烧不完全,排气冒黑烟,使油耗增加,产生积炭,不仅加速气缸与活塞及连杆组的磨损,而且由于积炭,易产生活塞或喷油嘴卡死,活塞环结胶及起动副喷孔堵塞等故障。同时,由于转速突变,曲轴连杆机构受力增加,易使连杆变形、曲轴折断。

15. 熄火前为何不能猛轰油门?

答 有些驾驶员习惯发动机熄火前猛轰几下油门,认为这样会把气缸中的废气排尽,或者多给气缸供些油,以利下次起动。其实这样做不但达不到以上两个目的,反而带来危害。轰油门时转速突然升高和降低,会加速机件的磨损;由于供油量突增,燃油燃烧不完全,未燃烧的燃油顺缸壁流入油底壳,不仅破坏了缸壁上的油膜,使缸筒活塞磨损加速,而且污染了机油,加速机油的老化变质。

16. 油门为何不能当喇叭使?

答 有些拖拉机手用猛轰油门时排气管的噪声当喇叭用,在行驶中遇有行人和牲畜时,边踩离合器边轰油门,催其让路。这样做不仅对拖拉机有害,浓烟废气噪声污染环境,有时还会吓惊牲畜,引起事故。

17. 停车怠速运转为何不能时间太长?

答 较长的怠速运转,浪费燃油,而且机温较低,燃烧不完全,易产生积炭。另外,发动机长时间怠速运转,气缸易产生酸性物质,导致气缸形成麻点剥落,缩短使用寿命。而频繁起动,使运转副得不到充分润滑,加剧磨损,对发动机使用寿命也不利。因此空运转一般以15分钟为限,不超过不必熄火。

18. 冬季行车为何不能立即熄火?

答 冬季室外气温往往处于5℃以下,而发动机温度一般在85~90℃左右。如果作业结束立即停车熄火,由于温差较大,机体、缸盖、水箱等零件突然冷却,易产生裂纹。因此,冬季作业结束后,应在小油门位置怠速运转5~10分钟后熄火。

19. 怎样维修刮水器?

答 刮水器在雨天行车起着刮刷雨水、刷清视线的安全作用,应引起驾驶员的重视。若发现问题,应及时解决。

(1)刮水器不能工作 首先检查热敏双金属片安全器是否有通电的响声。如没有,应检查电路导线是否连接完好,变速开关是否损坏,炭刷弹簧弹力是否过弱,电动机电枢线圈或定子激励线圈是否损坏等,对损坏零件进行修复或更换。

（2）刮水器工作中突然停止运转　主要是胶木推杆卡在减速器壳体孔中造成的。排除时，必须拆开减速机构，查明卡住原因，使胶木推杆在壳体孔内活动灵活，装复后即可工作。

（3）刮水器工作时不对称及不能停止在规定地方　如位置不对，可将刮水杆在其轴上的紧固螺母拧开，使刮水杆绕轴转动到挡风玻璃架附近适当位置，然后将螺母重新锁紧，故障即排除。

20. 怎样制作简易防雾灯？

答　部分农用车和拖拉机的照明系统，原车上没有配防雾灯装置，遇上大雾天气而又急需出车时，或在行车时突然遇到大雾，给行车造成困难。出现这种情况，可采用简单、易行的方法制作防雾灯：平时准备好两块深黄色的塑料片，把它剪成圆形并比前大灯玻璃稍大一些，还要准备透明胶带或黑胶布一卷，或准备 4 只深黄色的薄塑料袋，随车带上。遇到大雾天气时，将两块深黄色的塑料片分别盖在两盏前大灯的玻璃平面上，用胶带或胶布沿前大灯周围粘牢，或在两盏前大灯各套上深黄色的薄塑料袋将灯包好。当打开大灯时，即出现黄色的灯光，能起到防雾灯的作用，效果很好。大雾过后，把塑料片和袋取下，放在车上保存，以备后用。

21. 三角皮带折断有何应急措施？

答　拖拉机和农用车在行驶途中，遇到三角皮带突然折断而又没有备用品的情况下，会使行车遇到困难。遇到这种情况，可将三角皮带断头的两端，分别在 10 毫米和 16 毫米的距离，用锥子在三角皮带平面上错开各钻两个小孔，然后用二根铁丝分别从皮带两断头的小孔中穿出，使铁丝接头朝外，稍弯成弧状把铁丝拧紧，使三角皮带断头合拢，基本恢复原样，即可装车作为临时应急使用。实践证明，在断头处系上两根铁丝，能足够承受三角皮带的张紧力和动变应力，运转正常，能排忧解难。

22. 怎样快速寻找有裂纹的零件?

答 拖拉机和农用车上的拉杆、拨叉、离合器操纵杆、油门插销等此类小零件,都须经过热处理。而在热处理后,可能会出现淬火裂纹、回火裂纹等。机手在维修过程中,特别要防止有裂纹的零件装机使用。下面介绍两种快速寻找裂纹的方法:

(1)听敲击声 用锤子轻轻敲击零件,如听到清脆的金属声,可认为该零件没有裂纹;反之,若发出浊音,说明该零件有裂纹。用细铁丝把零件吊起来敲击,判断敲击声较准确些。

(2)油浸透法 把零件浸入油中(如煤油、汽油),取出后用棉纱或布擦净表面,涂上石灰粉或粉笔,如有裂纹,裂纹中的油会从粉处渗出,据此可即断定有裂纹。但用这种方法对有氧化皮的零件较难作出判断,因此须多加注意。

23. 怎样检查节温器失灵?

答 拖拉机上的节温器,可利用水温来控制冷却水的循环途径和强度,以保持发动机正常的工作水温。

发动机在使用过程中,如发现预热时间过长,或容易过热,则可能是节温器失灵。判断方法是:在观察缸盖内出水情况时,如发现发动机刚起动水温较低时,就有大股水流,或当水温高于 70℃ 时则无大股水流,说明节温器已不能正常工作,应拆下检修。拆下时须防水烫伤。

24. 油箱开关处漏油怎么治漏?

答 可将油箱开关拆下,取出填料,用耐油橡胶片做两个外径大于开关壳体孔 1 毫米,内径小于手柄螺杆 2 毫米的垫圈;再用两个外径比壳体孔大 1.5 毫米,内径比手柄螺杆大 1.5 毫米的圆钢垫,把橡胶垫夹在钢垫中间;然后一同套在手柄螺杆上,拧紧原压紧装置即可治漏。

25. 壳体接触面处漏油怎么治漏？

答 对不同的壳体漏油,采取不同处理方法。如对于不常拆卸的部位,纸垫较小的可在纸垫两面涂上一层铅油(涂油前应在柴油中浸泡),纸垫较大的可在纸垫两面涂上一层润滑脂。对于常拆的部位,如滤清器壳体、气门室罩盖等,应采取石棉垫,并在垫上涂一层铅油。在紧固时,所有部位的螺栓应分几次对称拧紧。此外,零件接触面应平整清洁、垫片完好无损。

26. 操纵杆轴处漏油怎么治漏？

答 可根据操纵杆直接选用合适的耐油橡胶做垫圈(内径比轴径小 1 毫米、外径比原垫圈大 1 毫米),装在轴与孔壁的接触面上即可治漏。

27. 回转轴处漏油怎么治漏？

答 有的拖拉机回转轴处漏油,如东方红系列履带式拖拉机柴油机上的汽油起动机的变速杆轴和离合器手柄轴,这些回转轴若因磨损而漏油,可在轴上车削出密封环槽,装上相应尺寸的密封胶圈,即可治漏。

28. 飞轮壳处漏油怎么治漏？

答 上海-50 型拖拉机飞轮壳处漏油,一般是因功率主动轴轴承压盖松动而引起的,而轴承压盖松动则是由于 80211 轴承受到一个较大的来自中央传动齿轮副的轴向力所致。正常情况下,主动圆锥齿轮轴上的两个圆锥滚子轴承 7610 和 7309 调整合适,此轴向力由这两个锥轴承承受。但圆锥滚子轴承磨损严重或调整不当,使轴向间隙增大时,此轴向力便通过主动圆锥齿轮传给上述压盖,造成压盖螺栓松动,进而导致飞轮壳处漏油。此时单靠紧固压盖螺栓是不能解决漏油问题的,必须先调整两个圆锥滚子轴承的预紧力,然后再压紧压盖螺栓即可根治飞轮壳处的漏油问题。

29. 怎样正确调整三角皮带的松紧度?

答 手扶拖拉机的三角皮带传动装置如图 4-4 所示。

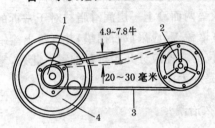

图 4-4 三角皮带传动装置
1. 主动皮带轮 2. 从动皮带轮
3. 三角皮带 4. 飞轮

调整方法:松开柴油机横架和机架之间的 4 个六角螺母,将柴油机向前移动为调紧,向后移动为调松。调整恰当与否,可用拇指按压三角皮带的中部(用力4.9～7.8牛),皮带下降量在 20～30 毫米之间,即为调整合适,然后再拧紧 4 个六角螺母。调整时,主、从动皮带轮轮轴中心线平行,轮槽中心线应对齐,不允许有偏斜。

30. 怎样拆下锈蚀螺栓螺母?

答 拖拉机和农用车部件上的锈蚀螺栓螺母,可用下列方法拆下:

(1)锈蚀不严重时,将几滴机油滴在螺栓上,然后用梅花扳手先顺时针拧一下后,再逆时针慢慢拧转,一般能顺利拆下。

(2)锈蚀较严重时,先用汽油或柴油浸泡 10 小时后,轻轻振击,最后用梅花扳手正反拧转,一般能拆下。

(3)锈蚀严重时,用喷灯将螺母加热到暗红色,趁热用梅花扳手拧转,可将螺母拆下。

31. 机车动力安全技术有何衡量标准?

答 在使用过程中,一辆安全技术好的拖拉机或农用车,应达到下列安全技术标准：

(1)四不漏　不漏油、不漏水、不漏电、不漏气。

(2)五净　油净、水净、空气净、机具净、机库净。

(3)六好　仪表好、电器好、润滑好、冷却好、紧固好、调整好。

32. 机车配套农机具安全技术有何衡量标准？

答　在使用过程中，一台安全技术好的拖拉机配套的农机具应达到下列安全技术标准：

(1)五不　不锈蚀、不变形、不缺件、不松、不钝。

(2)四良好　润滑良好、紧固良好、调整良好、清洁良好。

(3)三灵活　升降灵活、转向灵活、操作灵活。

33. 拖拉机修理时有哪几种人为故障？

答　修理工在维修保养拖拉机时常见人为故障有：

(1)乱拆乱装，零件脏污　有的农机修理点，设备简陋，场地条件差；有的搭个棚在路边从事修理；有的走村串户，未带专用修理工具；有的修理工，拆装零配件时蛮干，乱拆、乱扔、乱摔，致使一些零配件磕碰、损坏。"带病"的零配件装上机后会出现故障；零配件表面脏污，有尘土没洗装机，也将引起故障。

(2)安装错位，调整错乱　有的修理工，工作粗心大意，在修理拖拉机的正时齿轮室的齿轮、曲轴与飞轮，变速箱内的齿轮，空气滤清器和机油滤清器的滤芯及垫圈时，没有严格按照相互之间要求的位置和标记安装，因零件之间相对位置改变而造成各种故障。拖拉机各调整部位，如气门间隙、轴承间隙、供油时间等，在修理时必须按要求规范调整，才能保证各系统在规定的技术条件下正常工作。若调整不当，便会发生各种故障。

(3)"宁紧勿松，宁多勿少"　有的修理工，在维修机件时，喜欢采用"宁紧勿松，宁多勿少"的修理习惯，认为紧一点保险，其实不然。如连杆螺栓拧得过紧，容易引起烧瓦抱轴；轮毂轴承装配过紧，拖拉机跑不起来而且费油,机件磨损快。发动机内、空气滤清器内机油加得过多,容易引起飞车,若制止飞车措施不当,将发生机件损坏事故。

(4)图便宜,装劣件 拖拉机维修换用新件,若检查疏忽,购便宜伪劣零配件,明知有缺陷还继续装机,无疑会造成人为故障。如螺栓螺纹断扣、轴承材质不好、转向节处有裂纹等还凑合装机使用,必将留下安全隐患。

34. 拖拉机修理中如何避免人为故障?

答 人为故障应以预防为主,严格遵守修理操作规程。在修理中,除要使装配零件的材质、规格符合技术要求外,还要坚持零件无锈蚀、无油污、无毛刺和零件不落地的原则。搞好文明生产,完善修理工艺,提高修理质量,才能避免修理中人为故障。

第二节 拖拉机的故障排除

35. 拖拉机技术状态良好的标准有哪些?

答 拖拉机只有在技术状态正常的情况下运行,才能取得高效、优质、低耗、安全的综合效果,得到好的经济效益,并延长机器寿命。拖拉机技术状态良好表现在以下几方面:

(1)各部分零件完整,调整正确,润滑良好。

(2)不漏油,不漏水,不漏气。

(3)发动机的功率、油耗、转速基本符合规定要求。

(4)发动机容易起动,调速灵敏,转速稳定。

(5)发动机排气烟色正常,不含油点、炭粒等。

(6)拖拉机工作中无不正常响声。

(7)全负荷作业时,发动机水温、油温、油压均在正常范围内,拖拉机各摩擦零件不过热。

(8)主离合器,变速、转向、制动等机构作用正常。

(9)电气设备作用正常,不漏电。

(10)附属装置、液压系统等工作可靠,操纵灵活、准确,无异常现象。

36. 拖拉机发生故障的原因有哪些?

答 拖拉机在使用中,技术状态与上述要求发生了偏离,不论其程度大小,都说明了它的技术状态变差;当它不能正常工作或不能工作时,则说明它的技术状态已经恶化,称为出现故障。

拖拉机发生故障一般是由以下原因造成的:

(1)操作不当 没有严格按操作规程操作,造成零部件损坏,引起故障。如新的或大修后的拖拉机,不经过充分磨合和试运转便投入重负荷作业,造成零件严重磨损;拖拉机行驶中把脚放在离合器踏板上,造成离合器摩擦片严重磨损;起步时离合器接合过猛,造成传动系统零件损坏等。

(2)维护保养不良 由于使用者对技术保养不重视,不能及时进行保养或保养质量不高,造成零件的加速磨损和破坏,引起故障。如不及时加添冷却水和润滑油,造成机体过热,润滑不良,导致严重磨损,甚至"拉缸"、"抱轴"、"烧瓦"。

(3)装配和调整不当 拖拉机各零部件,各部分都有严格的装配和调整要求,若不按规定装配、调整,有关部件不能正常工作就会引起故障。如缸筒活塞间隙、气门间隙、正时齿轮室啮合间隙,供油提前角等,若装配、调整不当,都会使机器不能正常工作或不能工作。

(4)拖拉机零件不合格 由于零件的材质、加工精度不符合要求或零件有内在缺陷,出厂时没有认真检验,被装到拖拉机上,造成拖拉机的故障。

37. 拖拉机故障的征象有哪些?

答 拖拉机在使用过程中,由于前述故障原因的影响,都会使机器的技术状态变差,动力性、经济性、可靠性及作业质量指标显著降低,甚至因故障而不能工作。伴随着故障的发生,拖拉机将产生一些异常现象,称为故障征象。拖拉机故障征象的主要表现有:

(1)作用异常 某些机构或零、部件不能按要求完成规定动作。如不能起动、操纵困难等。

(2)温度异常 发动机或某些传动部件过热,水温、油温过高等。

(3)声音异常 如敲缸、放炮、啸叫、刮擦声等。

(4)外观异常 如排气浓度颜色异常,灯光不亮,零部件变形或移位,漏油、漏水、漏气等。

(5)气味异常 有烧机油味,摩擦片烧焦味,烧电线绝缘橡胶味等。

故障征象是和拖拉机故障原因相联系的,它反映了拖拉机技术状态变化的规律及变化的程度。

38. 拖拉机故障分析与排除的原则是什么?

答 故障分析的原则 拖拉机故障多种多样,故障的原因也是多方面的。遇到故障以后,要抓住故障征象的表现,仔细地进行分析检查,才能确定故障的原因和部位。在分析故障时,一般应遵循以下原则:结合构造,联系原理;搞清征象,具体分析;从简到繁,由表及里;按系分段,检查分析。

故障排除的原则 一定要熟悉构造和原理,认真判明故障征象,仔细分析故障原因及部位后,慎重地进行。切忌在不熟悉构造原理,不明故障征象的情况下,不作具体分析,盲目乱拆、乱卸。

39. 拖拉机常见故障怎样检查与排除？

答 (1)检查故障的方法 不同的机器故障,必然有不同形式、不同程度的征象。准确、全面地把握住故障的征象是排除故障的关键。要充分利用口问、耳听、鼻闻、眼看、手摸或借助仪器检测等手段,准确地判定故障征象的性质和特点,进而通过分析检查的方法确定故障发生的原因和部位。常用的分析检查方法有:

①部分停止法 停止某部分或某系统的工作,比较停止工作前后故障征象的变化,以判断故障部位或出故障机件。如,对发动机采用断缸法来比较某缸不参与工作的前后,故障征象有无变化,以判明该缸及与该缸工作有关的零部件工作是否正常。

②交叉对比法 分析故障时,若对某一零部件的技术状态有怀疑,可用技术状态正常的备件去替换,比较更换前后故障征象有无变化,以判明故障原因是否在原来的零部件。

③试探法 改变局部范围内的技术状态来观察故障征象的变化,以判断故障的原因。如气缸压缩压力不足,怀疑是缸套、活塞密封不良,可向气缸内加入少量机油,此时若压力增大,证明分析是正确的。

④听诊法 判断异常响声常用此法。用一根约半米长的细钢棍,一端磨尖,触到待检查部位;另一端做成圆形,贴在耳朵上,可以较清晰地听到异常响声的部位和大小。

(2)拖拉机的故障排除方法 详见本章第四节农用车常见故障与排除。

第三节 农用车的维护保养

40. 农用车在磨合期有哪些注意事项？

答 农用车的初驶期称为磨合期。磨合期是对配合零件的摩擦表面进行磨合加工的工艺过程,是保证车辆顺利过渡到正常使用期不可缺少的重要阶段。一般农用车磨合期为 1000 公里。

农用车在磨合期内须注意以下几点:

(1)减少载重量　在磨合期间,农用车载重量不能超过其额定载重量的 80%,并不得拖带挂车或其他机械。在各种载重量下行驶所使用的档位,须由低到高,且各档位都要磨合,常用档要多磨合。载重量由少到多,逐渐增加。

(2)控制车速　一般农用车最高车速不得超过 40 公里/小时,同时不得拆除减速装置。

(3)控制发动机工作温度　农用车在冬季磨合时,不能冷起动,应先将发动机预热到 40℃以上再起动。在行驶中,冷却水应保持 75～95℃。

(4)选用优质燃油和润滑油　农用车在磨合期内,应选用十六烷值较高的柴油和黏度小、质量好的润滑油,以防止发动机工作粗暴,以改善各部件的润滑条件。

(5)选择平坦的道路行驶　农用车在磨合期不应在质量低劣的道路上行驶、不要爬陡坡道,以减少机件的振动、冲击,防止负荷过大。

(6)严格执行磨合期的保养规定　在磨合期前,要进行全车的清洁工作,检查和补充各部的润滑油、润滑脂和特种液,检查紧固各部件。在行驶 500 公里左右时;要清洗发动机润滑系统和底盘各齿轮箱,并更换润滑油;对全车各润滑点加注润滑剂;检查制动效能和各部紧固件的技术状况。磨合期后,应结合定程保养,做好发动机润滑系统、变速器、差速器和轮毂的清洗、换油工作,放出燃油箱的沉淀物,清洗各部滤清器,调整或拆除发动机的限速装置。

农用车在磨合期有关规定见表 4-4。

表 4-4　农用车磨合期行驶里程载荷速度的限制

行驶里程(km)	载　　荷(kg)	速　　度(km/h)
0~80	0	＜10
80~280	500	≤25
280~600	750	≤25
600~1000	1000	≤30

41. 夏季如何保养农用车冷却系统？

答　夏季气温高,保养好农用车冷却系统,可延长车辆使用寿命。其保养事项如下:

(1)检查百叶窗有没有全开、各叶片与散热器有没有成 90°角。若没有应进行调整。

(2)检查风扇叶片有无断裂或变形,检查水泵外壳有无裂纹和漏水。若有应修复或更换。

(3)检查风扇皮带的张力。在风扇和发电机皮带轮之间的连接皮带上,施加 39 牛左右压力,使皮带压进 15 毫米左右,若不符合要求,用移动发电机的方法进行调整。

(4)检查节温器的工作情况。当冷车起动后,如冷却水的温度上升很慢,再打开散热器检查水温。如果气缸体水套里的水和散热器的水同时升温,说明节温器工作不正常或失效,应修复或更换节温器。

(5)清洗水箱和气缸水套的积垢。先用 8％的盐酸与水搅拌均匀后加入水箱,起动发动机运转 40 分钟后放出清洗物。然后关闭水阀,加入 8％的苛性钠溶液,起动发动机运转 40 分钟后放出清洗物。再用水冲洗,直至放出的水变清为止。最后,将水垢挡板拆卜,清洗沉淀污垢。

（6）检查冷却系统各部件的紧固螺栓、螺母有无松动和变形。若有,应及时拧紧或更换。

42. 怎样做好农用车的润滑保养?

答 对农用车进行正确的润滑,能大大减少其零部件的磨损和摩擦阻力,延长使用寿命。由于农用车品牌不同,其结构也有差别,做好其润滑工作也略有不同。现以"丰收"系列农用车为例,其润滑保养要点如下:

润滑时,润滑油和润滑部位必须清洁,并按表 4-5、表 4-6 规定选用润滑油。发动机及底盘的润滑部位如图 4-5 所示。

表 4-5　润滑油种类

润滑油名称及牌号	标 准 代 号	
柴油机机油 HC14 号(21℃以上),HC11号(4~21℃),HC8(4℃以下)	SY1125—79	A
齿轮油冬季 HL-20 夏季 HL-30	SY1103—77	B
双曲线齿轮油冬季 HL57-22 夏季 HL57-28	GB485—81	C
1 号醇型制动液	—	D
专用锭子油	SY1206—74	E
2 号钙基润滑脂	GB492—77	F
石墨润滑脂	SY1405—65	G
3 号钙基润滑脂	GB491—77	H

表 4-6　润滑部位和要求

润　滑　部　位	润滑点数　量	润　滑　要　求	本书代号
每行驶 1000 公里			
水泵轴承	1	油枪注油	H
离合器分离轴承	1	油枪注油	F
转向拉杆球头销	4	油枪注油	H
转向节主销	4	油枪注油	H
传动轴万向节及花键	3	油枪注油	H
每行驶 3000 公里			
发动机油底壳及喷油泵	1	清洗换油	A
机油滤清器	1	清洗更换油和滤芯	A
转向机	1	检查、加油	B
变速器	1	检查、加油	B
后桥	1	检查、加油	C
每行驶 6000 公里			
前轮毂	1	清洗换油	H
后轮毂	1	清洗换油	F
变速器	1	清洗换油	B
后桥	1	清洗换油	C
制动系统油杯	1	检查、加制动液	D
每行驶 12000 公里			
前减震器	2	拆洗、更换锭子油	E

润 滑 部 位	润滑点数 量	润 滑 要 求	本书代号
前、后钢板弹簧	2	拆洗表面、涂石墨润滑脂	G
转向机	1	拆洗、换油	B
发动机	1	清洗轴承、换油	H
起动机	1	清洗轴承、换油	H

43. 怎样做好农用车使用中保养？

答 为了延长农用车的使用寿命，在使用中除按规定对农用车各润滑部件进行润滑外，还应按下列程序进行保养：

(1)每日保养

①检查油、水、制动液和电解液，不足时应按规定加足。

②检查钢板弹簧、减震器、转向拉杆球头销等处有无异常、松动和损坏现象。

③检查轮胎及其气压和车轮螺母紧固情况。

④发动机起动后，运转是否正常，并检查灯光、仪表、喇叭工作情况。

⑤检查转向机、离合器和制动器的工作效能，必要时进行调整。

(2)每行驶 1000 公里后的保养

①按每日保养项目进行保养。

②检查蓄电池电解液密度和蓄电池电压。

③清除空气滤清器内的尘土。

④检查离合器、制动器的踏板自由行程。

⑤检查转向机、发电机及钢板弹簧。

(3)每行驶 3000 公里后的保养

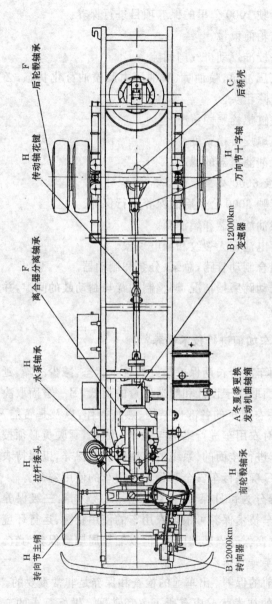

后轮毂轴承

C 后桥壳

H 传动轴花键

H 万向节十字轴

F 离合器分离轴承

B 12000km 变速器

H 水泵轴承

A 冬夏季更换 发动机曲轴箱

H 拉杆接头

H 前轮毂轴承

H 转向节主销

B 12000km 转向器

图 4-5 发动机及底盘的润滑部位图

①按每行驶 1000 公里的保养项目进行保养。

②调整前轮前束量。

③检查并校准发动机气门间隙。

④检查高压油泵、喷油嘴、喷油压力及喷油雾化状态,必要时进行调整和清除积炭。

⑤检查气缸螺栓紧固情况。

⑥调整风扇皮带松紧度。

⑦清洗机油滤清器的滤芯。

(4)每行驶 6000 公里后的保养

①按每行驶 3000 公里后的保养进行保养。

②清洗柴油滤清器和燃油箱。

③检查蓄电池有无裂纹和漏电现象。

④清洗离合制动管路,总泵、分泵和制动器。

⑤检查制动蹄磨损情况,调整制动蹄与制动鼓的间隙,并进行道路制动试验。

44. 农用车如何进行技术保养?

答 农用车能否长期保持最好的技术状态,减少故障,延长使用寿命,一方面取决于设计和制造质量的高低,另一方面取决于驾驶员是否熟悉农用车的各部件结构、熟练操作,以及是否能及时、认真、正确地对农用车进行维护与保养。因此,驾驶员必须按技术要求对农用车进行全面的、系统的定期维护与保养,以保持农用车技术状况良好,确保行车安全和延长农用车的使用寿命。

技术保养分为每日保养、一级保养、二级保养、三级保养和换季保养。农用车技术保养可根据农用车的使用状况、运行环境和实践经验适当改变保养周期和内容,但以缩短周期勤保养为宜。

A. 农用车每日保养

(1)出车前的保养。出车前的检查和保养是非常重要的。出车前,对农用车的技术状况应有所了解和掌握。做好行车的充分准备,是顺利完成运输任务的可靠保证。出车前一般应对农用车作如下保养项目：

①检查散热器中冷却液的液面高度，不足应及时添加。

②检查发动机润滑油的油面高度；检查喷油泵和调速器壳体内的润滑油油面高度。应保证上述油面符合规定要求。

③根据出车行驶里程检查燃油油面，不足时按需要添加。

④检查农用车各部分有无漏油、漏水和漏气现象。

⑤检查蓄电池电解液是否充足，接线柱是否连接紧固，高压线与低压线是否松脱，以及有无漏电现象。

⑥检查转向装置的横、纵拉杆等各连接部分是否牢固；检查供油操纵机构和断油机构的连接情况。

⑦检查轮胎、半轴、传动轴、钢板弹簧螺母是否紧固。

⑧检查轮胎（包括备胎）的气压是否符合规定值。

⑨检查随车工具和附件是否齐全。

⑩检查照明、信号、喇叭和刮水器的工作情况。

⑪检查驻车制动器、行车制动器和离合器的工作情况。

⑫检查驾驶室门、窗及车厢栏板是否牢固可靠。

⑬检查物资装载或人员乘坐是否符合规定。

⑭检查农用车牌照、行驶证、养路费缴讫证、年检合格证等是否齐全。

⑮起动发动机，检查发动机运转情况和响声是否正常，各种仪表工作是否良好。

农用车各部分经检查、调整，正常后方能出车。

(2)途中检查项目（行驶2小时左右）。

①行驶中应注意各仪表、发动机和底盘各部件的工作状态。

②停车检查轮毂、制动鼓、变速器和后桥的温度是否正常。

③检查机油、冷却水是否有渗漏现象。

④检查传动轴、轮胎、钢板弹簧、转向和制动装置的状态及紧固情况。

⑤检查装载物的状况。

(3)停车后保养项目。

①清洁农用车。

②检查风扇皮带的松紧度。用大拇指按下皮带中部时,应能压下 15～25 毫米。

③冬季放掉冷却水。

④切断电源。

⑤排除故障。

B. 农用车一级保养(一般每行驶 2000～2500 公里)

(1)完成每日保养的全部项目。

(2)清除空气滤清器积尘。

(3)清洗柴油滤清器及柴油输油泵滤网。

(4)清洗机油滤清器,并更换新机油。

(5)检查蓄电池内的电解液密度和液面高度,不足时应补充;紧固导线接头,并在接头处涂上凡士林。

(6)清除发电机及起动机炭刷和整流子上的污垢,检查起动机开关的状态。

(7)检查气缸盖和进、排气管有无漏气现象。

(8)检查、紧固各电线接头。

(9)检查散热器及其软管的固定情况。

(10)检查、紧固转向系统;检查转向盘自由行程,必要时应调整转向器间隙。

(11)检查、调整手制动器和脚制动器的蹄片间隙,检查制动总泵、离合器分泵防尘罩和储油杯、油管接头是否正常。

(12)更换发动机冷却水。

(13)检查变速器、后桥的齿轮油油面,不足时应补充。

(14)检查钢板弹簧是否断裂、错开,紧固螺栓是否完好。

(15)检查、紧固传动轴万向节连接部分。

(16)检查离合器、变速器、减速器、发动机、手制动器、驾驶室和车厢的固定情况。

(17)润滑全车各润滑点。

C. 农用车二级保养(每行驶 8000～10000 公里)

(1)完成一级保养所规定的全部项目。

(2)检查气缸压力,清除燃烧室积炭,并测量气缸的磨损情况。

(3)检查、调整气门间隙。

(4)检查、调整离合器分离杠杆与分离轴承的端面间隙。

(5)清洗柴油机润滑系统,更换机油滤清器滤芯。

(6)清洗燃油箱,更换柴油滤清器滤芯。

(7)按制动系统放气法,放掉制动分泵和离合器分泵中的脏油。

(8)用浓度为 25％的盐酸溶液清洗柴油机冷却水道。

(9)检查、调整轮毂轴承间隙,并加注润滑油脂。

(10)拆下喷油器,检查其喷油压力及雾化质量。

(11)更换喷油泵及调速器内的润滑油。

(12)检查各处油封密封情况,必要时更换。

(13)检查液压系统接头紧固情况,并清除各部件上的积尘。

(14)检查轮胎胎面,并将全车轮胎调换。

(15)检查发动机和起动机安装是否牢固,并检查炭刷和整流子有无磨损。

(16)检查驾驶室和车厢零部件是否完好,安装是否牢固。

D. 农用车三级保养(每行驶 24000～28000 公里)

(1)完成二级保养所规定的全部项目。

(2)检查、调整连杆轴承和曲轴轴承的径向间隙及曲轴的轴向间隙。

(3)清洗活塞和活塞环,并测量气缸磨损情况,必要时换用新件。

(4)清洗、检查气门和气门座的密封情况,必要时进行研磨和换用新件。

(5)检查、调整机油压力,使之达到规定要求。

(6)检查、调整发电机调节器,检查、调整大灯光束。

(7)清除进、排气管和消声器内的炭灰。

(8)拆检变速器,检查各齿轮啮合及磨损情况;检查滑套及花键轴的磨损情况;检查变速器壳、换档臂以及各拉杆有无裂痕。

(9)拆检传动轴,检查传动轴有无裂纹及弯曲变形,弯曲超过0.5毫米应进行校直;检查万向节各零件的磨损情况,必要时换用新件。

(10)检查前轴各传动部位的配合间隙,检查转向轴销和横、直拉杆球头有无裂痕。

(11)拆检后桥,检查后桥壳、减速器壳及差速器壳有无裂纹及破损;检查各齿轮啮合情况及磨损程度;检查、调整主传动的综合间隙。

(12)拆检制动总泵、分泵,清洗制动管路。

(13)检查车架的纵、横梁有无裂损和明显变形,检查各支架焊缝有无裂纹。

(14)拆检钢板弹簧,除锈、整形并润滑。

(15)检查车轮摆动情况,检查、调整前轮前束。

(16)检查、润滑里程表软轴。

(17)拆下散热器,清除外部灰尘及夹在散热器芯管间的杂物、油垢和内部的水垢。

(18)检查驾驶室有无明显变形,焊缝有无裂纹;门窗的开闭及密封情况是否良好。

(19)检查车厢的纵、横梁有无折断及破裂,外形有无损伤及变形。

(20)检查全部电气设备工作是否正常。

(21)检查全车油漆是否完好,必要时进行补漆。

E. 农用车换季保养

换季保养是根据不同季节及气温,对农用车更换相应牌号的柴油、机油、齿轮油,使之在该季节条件下正常运行。

(1)清洗发动机供油系统,换用适合该季节及气温相应牌号的柴油。

(2)清洗发动机润滑系统,换用适合该季节牌号的机油。

(3)清洗变速器、后桥主传动轴、转向器,换用适合该季节牌号的齿轮油。

(4)清洗蓄电池,调整电解液的密度,进行补充充电。

45. 怎样做好农用车长期停车的保养?

答 农用车长期停车,必须执行下列保养工作,并定期检查,使车辆经常处于良好的技术状况。其保养要点是:

①停车后放出油和水,并清洁整车。

②用塞子或黄油等堵住车上所有孔口。

③向各油嘴压注黄油,并保持油嘴外清洁。

④车辆应放在棚内,避免与酸、碱等或腐蚀性物质存放在一起。如果不得已存放露天,要用篷布遮盖。存放地面应坚实平整,远离火源。车辆用木头垫起,使前、后轮离地。

⑤不要把轮胎内空气放尽,轮胎不要粘油。

⑥卸下蓄电池另行保管。

第四节 农用车常见故障与排除

46. 农用车故障表现特征有哪些?

答 农用车各零部件在发生故障时,往往都会表现出一种或几种特征,但归纳起来有:

(1)作用反常 如柴油发动机不易起动,制动失效,发电机不发电,车辆牵引力过小,柴油机转速不正常,柴油或机油油耗增多,车辆跑偏,制动单边,各种机件松动,间隙增大,液压自卸车厢不能上升等。

（2）声音反常　如各运动部分发出不正常的敲击声。

（3）温度反常　如柴油机过热,离合器、轴承、手制动器过热,机油温度和水温过高等。

（4）气味反常　如有橡胶件烧焦的气味,机油燃烧臭味,摩擦片烧焦的臭味等。

47. 农用车故障应怎样分析判断?

答　排除农用车故障的关键在于正确分析、判断故障的部位,而正确的判断来源于实践。要正确分析和判断农用车的故障,不仅要熟悉农用车的结构和工作原理,而且要有一定的操作经验,并对故障现象及其发生的过程有所了解,把看到、听到、嗅到、触到的各种故障现象加以综合分析,找出故障的原因和部位,然后进行排除。

分析、判断故障的一般原则是:结合构造,联系原理;弄清征兆,具体分析;从简到繁,由表及里;按系统分析,推理检查。车辆发生故障后,要对故障进行详细分析,弄清情况,查明原因和症状,抓住实质,确定排除方法,然后才动手排除。绝不能盲目乱拆乱动。否则,非但不能排除故障,反而引出新故障,甚至搞坏零部件。

48. 农用车故障产生的原因有哪些?

答　农用车使用一定时间后,由于自然磨损和各种因素的影响,它的技术状态就要变坏,常常会出现这样或那样的故障。如果驾驶员能严格遵守各项操作规程,认真做好各项技术保养,及时、正确地进行检修,就能避免或减少故障发生。农用车故障产生原因很多,归纳起来可分为慢性原因和急性原因两种。慢性原因指农用车在使用过程中因自然磨损,使零部件失去正常配合,丧失正常工作能力而产生故障;急性原因是由于日常保养工作没有做好或使用不当而引起故障。常见的急性原因有:

（1）供应缺乏　如油箱缺油,水箱缺水,蓄电池缺电,制动系统缺制动液等。

（2）油路堵塞　如油管、滤清器堵塞等。

（3）杂物侵入　如油箱进水,空气进入油管,滤网积污,电线浸油,沙石泥水进入机体等。

（4）安装调整错乱　如供油提前角及配气相位错乱,气门间隙和其他间隙错乱等。

49. 农用车常见故障应怎样排除?

答　农用车常见故障及排除方法见表4-7。

表4-7　农用车常见故障及排除方法

（一）发动机(柴油机)常见故障及排除方法

1. 柴油机不能起动或起动困难

故　障　原　因	排　除　方　法
(1)起动系统故障	
①电气线路未接通	①检查,接通线路
②蓄电池电量不足或接头松弛	②充电,拧紧接头,必要时修复接线柱
③起动电动机炭刷与整流子接触不良	③修理或更换炭刷
④起动电动机齿轮不能嵌入飞轮齿圈	④将曲轴稍旋一个角度,正确调整单向接合器齿轮与飞轮齿圈的啮合,并消除起动电动机与齿圈轴线不平行现象
(2)燃油系统故障	
①油箱开关未开或油箱储油不足	①打开油箱开关,并检查油箱存油,如不足应添加
②燃油系统中有空气,油中有水,接头处漏油	②排除空气,找出漏气处并排除。排除油中的水或另换柴油,拧紧接头
③油路堵塞	③清洗油管及柴油滤清器,或换滤清器滤芯
④输油泵不供油	④检查输油泵进油管是否漏气,检修输油泵

故　障　原　因	排　除　方　法
⑤喷油器喷油不良	⑤换用调整正确的喷油器
⑥喷油泵柱塞耦件磨损,出油阀漏油	⑥研磨修复或更换零件
⑦供油提前角不对	⑦按规定调整
(3)气缸压缩力不足	
①气门间隙过小	①按规定进行调整
②气门漏气	②研磨气门
③气缸盖衬垫处漏气	③更换气缸盖衬垫,按规定力矩拧紧气缸盖螺母
④活塞环磨损、胶结,开口位置重叠	④更换,清洗,调整
⑤活塞、缸套磨损严重	⑤检查,如磨损过度应更换
(4)机油黏度太大或温度太低	(4)可在水箱中加热水,预热起动,并使用符合规定牌号的机油

2. 柴油机转速不稳定

故　障　原　因	排　除　方　法
(1)柴油质量不好或油中有水	(1)选用符合规定的柴油,并定期放出油箱中沉淀的水分
(2)燃油系统内有空气或油箱盖通气孔堵塞	(2)排除燃油系统中的空气,用铁丝穿通油箱盖的通气孔
(3)高压油管有裂纹或油管接头螺帽没有拧紧而漏油	(3)更换油管,拧紧螺帽
(4)个别缸喷油器针阀卡死	(4)检查喷油器,必要时更换
(5)喷油泵出油阀密封不良或损坏	(5)研磨修复或更换
(6)喷油泵油量调节拉杆不灵	(6)调整或修理
(7)调整弹簧失灵	(7)更换

3. 柴油机功率不足

故 障 原 因	排 除 方 法
(1)油箱开关未开到位	(1)将开关拧到位
(2)空气滤清器及柴油滤清器堵塞(排黑烟)	(2)清洗或更换滤芯
(3)进、排气门间隙调整不对	(3)调整气门间隙
(4)气缸压缩力不足	(4)检查原因并排除
(5)喷油器工作不良	(5)检查、调整或更换
(6)供油提前角不对	(6)检查、调整供油提前角
(7)喷油泵、喷油器柱塞耦件磨损或喷油压力不对	(7)研磨或更换耦件,调整喷油压力
(8)柱塞弹簧折断	(8)更换弹簧
(9)消声器堵塞	(9)清除消声器积炭
(10)燃油系统有空气	(10)排除空气

4. 机油压力过低

故 障 原 因	排 除 方 法
(1)机油油面过低	(1)加足机油
(2)油管破裂,油管接头未拧紧而漏油	(2)焊修,拧紧
(3)机油滤清器滤芯堵塞	(3)清洁滤芯或更换滤芯
(4)机油泵严重磨损	(4)修理或更换
(5)机油泵调压弹簧弹力不足或折断	(5)更换弹簧
(6)各轴承配合间隙过大	(6)检查、调整或更换
(7)油道螺塞松动而漏油	(7)检查并紧固
(8)机油太稀	(8)检查或更换机油
(9)机油压力表失灵	(9)检修

5. 机油压力过高

故 障 原 因	排 除 方 法
(1)机油黏度过高	(1)根据不同季节选用合适的机油
(2)机油泵限压阀弹簧调整过紧	(2)重新调整
(3)主油道堵塞	(3)清洗主油道

6. 机油消耗量太大

故 障 原 因	排 除 方 法
(1)润滑管路接头漏油或油道油封漏油	(1)拧紧管路接头,更换油封,检查并清除漏油处
(2)缸套、活塞、活塞环严重磨损,机油窜入气缸内燃烧	(2)修理或更换
(3)活塞环开口分布不符合规定(开口对开口)	(3)按规定重装活塞环
(4)活塞环上油环与环槽咬合,或油环油孔被积炭阻塞	(4)拆下清洗,清除积炭或更换油环
(5)使用不适当的机油	(5)改用符合规定的机油

7. 润滑油面升高

故 障 原 因	排 除 方 法
(1)缸盖、机体、缸垫密封不良,冷却水流入曲轴箱	(1)按规定力矩拧紧缸盖螺母,缸垫损坏应更换
(2)多缸柴油机有的缸喷油不燃烧,燃油沿着缸壁流回油底壳	(2)检查并修理喷油器
(3)缸套防水圈漏水	(3)更换防水圈

8. 排气冒烟

故 障 原 因	排 除 方 法
(1)黑烟	
①发动机负荷过大	①减小负荷后,如烟色好转,说明是负荷过大,应减小负荷。如烟色仍黑,应进行检查并排除
②气门间隙不对	②按规定进行调整
③气门密封不良	③研磨气门
④供油时间太迟	④按规定调整
⑤燃烧室积炭严重	⑤检查并清除积炭
⑥喷油器雾化不良	⑥调整或更换
⑦活塞、活塞环、气缸套严重磨损	⑦修理或更换
⑧进气管、空气滤清器太脏,进气不畅	⑧清洗或更换滤芯
(2)白烟	
①柴油机未预热即加负荷	①预热后工作
②柴油中含水	②排除燃油系统水分
③缸盖、缸垫、缸套之间渗水	③修理或更换损坏零部件
④喷油压力太低,雾化不良,有滴油现象	④检查、调整、修复或更换喷油嘴偶件
(3)蓝烟	
①机油油面过高	①放出多余的机油
②活塞环积炭卡孔或磨损过大	②清除积炭或更换
③活塞环与缸套未磨合好	③减少负荷,增加磨合时间
④锥面气环上下方向装反	④按规定安装
⑤活塞、缸套磨损严重	⑤检查并更换损坏的零件

9. 柴油机运转时有不正常响声

故 障 原 因	排 除 方 法
(1)供油提前角过大,气缸内有节奏的金属敲击声	(1)调整供油提前角
(2)喷油嘴滴油和针阀咬住,造成突然发出"嗒、嗒、嗒"的声音	(2)清洗、修复或更换针阀偶件
(3)气门间隙过大,有清晰的有节奏的敲击声	(3)调整气门间隙
(4)活塞碰气门,有沉重而均匀的有节奏的敲击声	(4)适当加大气门间隙,修正连杆轴承的间隙或更换连杆衬套
(5)活塞碰气缸盖底部,可听到沉重有力的敲击声	(5)更换气缸盖衬垫
(6)气门弹簧折断、气门推杆弯曲、气门挺柱磨损,使气门机构发出轻微敲击声	(6)更换弹簧、推杆或挺柱等,并调整气门间隙
(7)活塞与气缸套间隙过大的响声,随柴油机走热后减轻	(7)视磨损情况更换气缸套或活塞
(8)连杆轴承间隙过大,转速突然降低,可听到沉重有力的撞击声	(8)更换连杆轴瓦
(9)连杆衬套与活塞销间隙过大,声音轻微而尖锐,在怠速时尤为清晰	(9)更换连杆衬套
(10)曲轴止推片磨损,轴向间隙过大时,在怠速可听到曲轴前后游动碰击声	(10)更换曲轴止推片

10. 柴油机过热

故 障 原 因	排 除 方 法
(1)冷却水量不足	(1)添加冷却水

故 障 原 因	排 除 方 法
(2)水泵流量不足	(2)检查叶轮,必要时更换
(3)水泵叶轮损坏或断裂	(3)检查、更换叶轮
(4)风扇皮带打滑	(4)调整皮带紧度或更换皮带
(5)冷却系统管路堵塞或水套内水垢过多	(5)清洗冷却系统及水套
(6)节温器失灵	(6)检查节温器工作情况
(7)气缸盖衬垫破损,燃气进入水道	(7)更换气缸盖衬垫
(8)柴油机负荷过重	(8)减小负荷

11. 发动机运转中自行熄火

故 障 原 因	排 除 方 法
(1)燃油箱内无油	(1)添加燃油
(2)燃油系统中进入大量空气	(2)检查并排除空气
(3)输油泵不供油	(3)检修输油泵
(4)柴油滤清器堵塞	(4)清洗柴油滤清器
(5)油管破裂	(5)修理或更换
(6)喷油嘴针阀咬死,弹簧折断	(6)更换损坏的零件
(7)喷油泵出油阀卡孔,柱塞弹簧折断,调速器滑动盘轴套卡住	(7)检修或更换有关零件
(8)活塞"咬"缸,轴颈被轴瓦"咬"死	(8)调整配合间隙,修理或更换损坏零件

12. 其他(如发现下列情况时应立即停车检修)

故 障 原 因	排 除 方 法
(1)转速忽高忽低	(1)检查调速系统工作是否正常灵活,输油管路中有无空气,根据具体原因予以排除
(2)突然发出不正常响声	(2)仔细检查每一个运动零部件及紧固件,并进行处理
(3)排气突然冒黑烟	(3)检查燃油系统,重点检查喷油器,并适当处理
(4)机油压力突然下降	(4)检查润滑系统,认真检查机油滤清器及润滑油道是否堵塞,机油泵工作是否正常

(二)底盘常见故障及排除方法

1. 轮胎爆损

故 障 原 因	排 除 方 法
①轮胎气压过高或过低	①轮胎应按规定的气压充气
②前轮前束不对,外胎磨损过快(吃胎)	②前束调整到规定值

2. 传动系统

(1)皮带打滑,车速度减慢

故 障 原 因	排 除 方 法
①皮带及皮带槽黏附油污	①用碱水把皮带和槽表面洗净,用干布擦干
②皮带磨损过大	②更换皮带
③皮带过长	③调整皮带的松紧度

(2)离合器打滑或发热

故 障 原 因	排 除 方 法
①离合器踏板自由行程太小	①把离合器踏板自由行程调至规定值
②离合器弹簧变软或折断	②调整或更换弹簧
③摩擦片沾有油污或磨损变薄、硬化，铆钉头外露	③清洗或更换摩擦片

(3)离合器分离不彻底

故 障 原 因	排 除 方 法
①离合器踏板自由行程太大	①把离合器踏板自由行程调至规定值
②分离杠杆不在同一个平面上，且与分离轴承间隙太大	②3 个分离杠杆必须调整在同一平面，且与分离轴承的间隙为规定值
③摩擦片翘曲变形	③更换摩擦片
④离合器轴花键磨损	④堆焊修复或更换
⑤分离爪和带爪轴承盖斜面过度磨损	⑤修复或更换零件

(4)离合器前、后轴承发热

故 障 原 因	排 除 方 法
①皮带太紧	①调整皮带的松紧度
②两端轴承润滑不足或轴承严重磨损	②拆下轴承清洗并加足黄油或更换轴承

(5)分离轴承发热

故 障 原 因	排 除 方 法
①分离轴承润滑不良	①把分离轴承拆下清洗并加足黄油
②分离轴承与分离杠杆球头相碰无间隙	②按规定调整间隙

3. 变速器

(1)自行脱档

故 障 原 因	排 除 方 法
①齿轮轮齿磨损过大成锥形	①更换齿轮
②齿轮与轴上的花键磨损过大或齿轮传动时上下摆动、窜动	②检修或更换零件
③齿轮定位装置失效	③检修或更换零件
④拨叉行程过小	④调整
⑤变速杆变形	⑤校正

(2)乱档

故 障 原 因	排 除 方 法
①变速杆球头定位销松旷、损坏或球头磨损严重	①检修或更换零件
②变速杆严重变形	②校正
③档位板锁紧螺钉松旷或档位板移位	③调整并锁紧螺钉
④变速杆拨头与拨叉槽磨损过大	④检修
⑤花键轴过度磨损	⑤检修

(3)挂档困难

故 障 原 因	排 除 方 法
①离合器分离不彻底	①按前述方法调整
②变速杆变形,球头与拨叉槽松旷	②校正或检修
③齿轮端面倒角面碰毛,拨叉与拨叉轴有毛刺	③修去毛刺
④花键损坏产生台肩	④修复或更换

(4)变速器发响

故 障 原 因	排 除 方 法
①齿轮端面或齿顶有毛刺,使齿轮啮合不正常或齿隙过大、过小	①检修或调整
②齿轮、轴承过度磨损	②更换零件
③齿轮与轴的花键过度磨损造成摆动	③修复或更换零件
④变速箱内缺油或油质变坏	④加油或换新油
⑤齿轮、拨叉等零件的非工作部位相互接触	⑤检修
⑥变速杆球头与变速拨叉槽松旷	⑥检修
⑦手制动盘松旷而摆动	⑦检修

(5)变速器漏油

故 障 原 因	排 除 方 法
①油封安装方向不对,油封自锁弹簧过松或脱落、损坏	①正确安装油封或更换自锁弹簧
②变速箱盖纸垫损坏或盖未紧固	②更换纸垫或紧固
③加油过多	③放油至规定量
④加油螺塞通气孔被堵住	④疏通通气孔

4. 传动轴异响

故 障 原 因	排 除 方 法
①万向节滚针轴承严重磨损	①更换
②传动轴与伸缩套配合的花键严重磨损而松旷	②用厚薄规测花键侧隙,侧隙不应超过0.5毫米,否则采用局部更换加以修复
③紧固螺栓松动	③紧固各螺栓

故 障 原 因	排 除 方 法
④车辆经常用高速档走低速车	④避免用高速档走低速车
⑤传动轴弯曲、凹陷,运转中失去平衡	⑤把传动轴安在车床或平板上的两块"V"形铁上,用百分表测量时,中间弯曲不应超过 0.5 毫米,超过应在压床上冷态校正

5. 驱动桥

(1)异响

故 障 原 因	排 除 方 法
①齿轮或轴承磨损而松旷	①调整或更换零件
②主、被动圆锥螺旋齿轮啮合不良	②调整
③主、被动圆锥螺旋齿轮或轴承间隙调整不当	③调整
④齿轮的轮齿折断或轴承损坏	④更换零件

(2)漏油

故 障 原 因	排 除 方 法
①油封磨损或装配不当	①重新安装或更换
②轴颈磨损	②堆焊修复或更换
③纸垫损坏或螺栓松动	③更换纸垫或拧紧螺栓
④加油过多	④放油至规定值

(3)过热

故 障 原 因	排 除 方 法
①齿轮啮合间隙过小	①正确调整其间隙
②缺少齿轮油	②齿轮油加至规定量

(4)后轮偏摆

故 障 原 因	排 除 方 法
①轮辋翘曲变形	①校正或更换
②轮毂轴承松动,螺母滑扣或脱落	②调整或更换零件

6. 转向系统

(1)转向沉重

故 障 原 因	排 除 方 法
①转向器蜗杆上、下轴承调整过紧或损坏	①调整或更换轴承
②转向器蜗杆与滚轮啮合过紧	②调整啮合间隙
③转向器的转向轴弯曲或管柱凹瘪,引起互相刮碰	③校正
④转向器、转向节销、横直拉杆等球销关节部位和轴承部位调整过紧或接头缺油	④调整间隙或加注黄油
⑤转向节销与衬套装配过紧或缺油	⑤调整间隙或加注黄油
⑥转向节销与转向节止推轴承缺油或损坏	⑥加注黄油或更换轴承
⑦前束调整不当	⑦正确调整
⑧前轮气压不足	⑧按规定的气压充气

(2)转向盘不稳

故 障 原 因	排 除 方 法
①转向器蜗杆上、下轴承及滚轮与蜗杆的间隙过大	①正确调整间隙
②横、直拉杆球节磨损松旷,紧固螺母松动	②检修或更换零件,紧固螺母

故 障 原 因	排 除 方 法
③转向节销与衬套磨损严重,间隙过大	③更换零件
④前轮轮毂轴承松旷或固定螺母松动	④正确调整轴承间隙或紧固螺母
⑤前束过大	⑤正确调整前束
⑥转向器与机架安装螺栓松动	⑥紧固螺栓
⑦钢板弹簧 U 型螺栓中心夹紧螺栓松动或损坏	⑦紧固螺栓或更换零件

(3)跑偏

故 障 原 因	排 除 方 法
①前轮的左、右轮胎气压不一样	①按规定气压充气
②单边制动或一边制动拖滞	②正确调整 4 个制动鼓与刹车带的间隙
③钢板弹簧折断或两边弹力不均匀	③更换钢板弹簧
④左、右轮毂轴承松紧调节不一致	④按规定值把左、右轮毂轴承间隙调整一致
⑤前轴、车架、转向节臂或转向节变形	⑤校正或更换零件
⑥前轮定位失准(如前束)或两边轴距不相等	⑥调整

(4)转向盘左、右转向角不足

故 障 原 因	排 除 方 法
①转向垂臂装配不良或垂臂上内齿与转向器轴上外齿啮合位置不当	①拆下重新装配
②转向角限位螺栓太长	②缩短螺栓长度
③前轴前后窜动	③紧固螺栓

7. 制动系统

(1)制动失效

故 障 原 因	排 除 方 法
①油管破裂或接头漏油	①更换油管或紧固接头螺母
②总泵内无油或缺油	②加刹车油至规定量
③油管堵塞	③疏通油管
④总泵的皮碗踏翻或损坏,使刹车油无法进入分泵	④更换皮碗
⑤连接部位突然脱开	⑤检修

(2)制动不灵

故 障 原 因	排 除 方 法
①踏板自由行程过大	①调整
②总泵、分泵皮碗变形、损坏,活塞与缸筒磨损过甚引起漏油	②检修或更换零件
③油管和分泵内有空气	③排除油管和分泵里的空气
④总泵出油阀损坏或补偿孔与通气孔堵塞	④疏通补偿孔与通气孔,检修出油阀或更换零件
⑤制动鼓与摩擦片间隙过大,接触面太小	⑤检修
⑥制动鼓失圆、有沟槽或鼓壁过薄	⑥更换
⑦摩擦片沾有油污、硬化或摩擦片铆钉外露,摩擦力降低	⑦清洗或更换摩擦片

（3）单边制动

故 障 原 因	排 除 方 法
①左右车轮摩擦片与制动鼓间隙大小不一	①检修
②长期使用后,左、右制动蹄回位弹簧拉力相差太大	②更换回位弹簧,使拉力符合规定值
③左、右轮胎气压不一致	③使左、右轮胎气压一致且符合规定值
④个别车轮的摩擦片沾有油污、硬化或铆钉外露,造成左、右轮摩擦力不一样	④清洗或更换摩擦片
⑤个别油路或分泵有空气,活塞运动不灵活,或者某油管的油路堵塞	⑤疏通油路或排除油路中的空气
⑥摩擦片材料不一样或新旧摩擦片搭配不均	⑥检修或更换摩擦片

（4）制动拖滞或咬死

故 障 原 因	排 除 方 法
①制动总泵无自由行程或回油孔堵塞	①把总泵自由行程调至 30～50 毫米或疏通回油孔
②油管有污物堵塞,回油不畅	②疏通油路
③总、分泵活塞回位弹簧太软或皮碗皮圈发胀卡死,活塞活动不灵	③检修或更换零件
④制动鼓与摩擦片间隙太小或回位弹簧失效	④检修或更换回位弹簧
⑤制动蹄的支承销锈死,无法活动	⑤检修

(5)手制动失灵

故 障 原 因	排 除 方 法
①摩擦片与制动盘之间的间隙太大	①把间隙调至 1.5～2 毫米,检修或更换零件
②摩擦片沾有油污或摩擦片磨损过度、表面硬化、铆钉外露、表面凹凸不平而与制动鼓接触不良	②清洗或更换摩擦片

(6)手制动发热与发响

故 障 原 因	排 除 方 法
①摩擦片与制动盘间隙太小	①正确调整间隙
②各销轴与孔磨损而松旷	②检修
③制动盘固定螺栓、摩擦片调整螺栓松动	③紧固螺栓

8. 悬架钢板弹簧经常折断

故 障 原 因	排 除 方 法
①超载或钢板弹簧夹子松动,片间错开接触不良引起受力不均	①不超载或锁紧钢板弹簧夹子
②满载时紧急制动引起	②避免满载时紧急制动
③满载转弯时车速过高,单边负荷重	③避免满载时高速转弯
④在凹凸不平的乡间小路满载时高速行驶	④道路条件差时应减速慢行
⑤钢板弹簧失去片间的相对活动能力,因而减低了钢板弹簧的承载能力	⑤检修或更换钢板弹簧片

9. 液压自卸车厢不能上升、"中立"

故 障 原 因	排 除 方 法
①油箱油面太低,供油不足	①加液压油至规定量
②吸油滤清器堵塞	②清除赃物
③安全阀开启压力太低	③安全阀调至规定的压力
④油泵进油管漏气	④检修
⑤齿轮泵磨损,使进、出油口串腔	⑤检查、调整齿轮泵轴向间隙,必要时更换零件
⑥溢流阀阻尼小孔堵塞或阀芯被卡住,阀开口很大致使泵处于卸荷状态	⑥清洗并更换液压油,修复或更换有关零件
⑦油缸的进油腔中没有足够的压力。这可能是管路被污物堵塞或油缸密封不好,使压力油腔和回油腔串油(内泄漏)严重造成	⑦检查管路和油缸的工作情况,并清洗或修复

(三)电气系统

1. 硅整流发电机

(1)发电机不发电

故 障 原 因	排 除 方 法
①接线断路、短路或接触不良,接错	①检修
②发电机	
a. 爪极松动或转子线圈断路	a. 检修
b. 整流元件损坏	b. 更换整流元件
c. 电刷接触不良	c. 用0号砂纸磨炭刷接触面
③调节器	
a. 调整电压太低	a. 把触点工作间隙调为 0.3～0.4 毫米,铁芯工作间隙调为 1.2～1.3 毫米,使输出电压稳定在 14.2～14.8 伏

故 障 原 因	排 除 方 法
b. 线路接错	b. 检修
c. 触点烧毛或氧化	c. 用 0 号砂纸砂磨触点或更换触点
d. 断电器线圈烧坏	d. 用直径为 0.29~0.33 毫米的漆包线重绕(700±10)圈,20℃时电阻值为(7.2±0.5)欧姆

(2)蓄电池充电不足

故 障 原 因	排 除 方 法
①发电机	
a. 整流管损坏	a. 更换损坏的整流管
b. 炭刷接触不良,弹簧压力不足,滑环有油污	b. 用 0 号砂纸砂磨炭刷,更换弹簧,清除滑环上的油污
c. 恒磁材料碎裂	c. 更换恒磁材料
d. 三角带太松	d. 按规定调整三角带松紧度
②调节器	
a. 调整电压太低	a. 按规定电压调整
b. 触头烧毛	b. 用 0 号砂纸砂磨或更换触头
③蓄电池	
a. 电解液太少	a. 加注蒸馏水,使电解液密度调至规定值
b. 蓄电池陈旧	b. 检修或更换

(3)蓄电池充电不稳

故 障 原 因	排 除 方 法
①发电机	
a. 三角皮带太松	a. 调整
b. 炭刷接触不良，弹簧压力不足	b. 检修或更换零件
c. 接线柱松动或接触不良	c. 检修
②调节器	
a. 触头脏污	a. 清除污物
b. 调节失常	b. 检修

(4)发电机不正常响声

故 障 原 因	排 除 方 法
①安装不当,转动部分与固定部分相碰擦	①检修
②轴承损坏	②更换
③定子线圈局部短路或元件短路	③检修

(5)发电机烧毁

故 障 原 因	排 除 方 法
①发电机元件短路或定子、转子擦铁	①检修
②调节器调压线圈烧毁或触点烧结引起失控	②重绕线圈或更换触点
③调节器调压线圈或电阻接线断路	③检修调压线圈和电阻线。加速电阻可用 $\phi0.5QDs9\text{-}65$ 康铜线绕制,其阻值为 (0.4 ± 0.03) 欧姆;附加电阻、补偿电阻可分别用 $\phi0.3$、$\phi0.2Ni80Cr20$ 镍络丝绕制,其阻值各为 (9 ± 0.6)、(20 ± 1.5) 欧姆

2. 起动机

(1)起动机不转

故 障 原 因	排 除 方 法
①连接线断路或接触不良	①检修或换新线
②熔断丝熔断	②换用新熔断丝
③蓄电池无电或电压太低	③蓄电池充电
④炭刷没有和换向器接触	④调整炭刷
⑤起动机内部短路	⑤检修

(2)起动机空载可以运转,但无力起动发动机

故 障 原 因	排 除 方 法
①轴衬磨损过多,电枢与磁极碰擦	①换用新轴衬
②电刷与换向器接触不良	②调整炭刷与换向器的接触面
③换向器表面烧毛或有油污	③清除油污或用砂纸磨光
④电枢线圈与换向器脱焊	④焊接
⑤导线接触不良	⑤检修
⑥开关触点烧毛,接触不良	⑥检查并砂磨开关接触点
⑦蓄电池充电不足或电压远低于规定值	⑦蓄电池充电或更换
⑧冬季发动机润滑油凝固,起动阻力大	⑧烘暖发动机并换用冬季润滑油

(3)发动机工作后,起动机齿轮不能退出而继续旋转

故 障 原 因	排 除 方 法
开关接触点熔在一起	检查开关接触点,并锉平、砂光烧毛不平处

(4)起动机齿轮与发动机齿圈顶住未能啮合

故 障 原 因	排 除 方 法
①起动机与发动机齿圈中心不平行	①重新安装起动机,消除不平行现象
②开关行程没有调整好	②将开关的连接螺钉旋出调节

(5)起动机齿轮未和发动机齿圈啮合就转动

故 障 原 因	排 除 方 法
开关行程太小	将开关的连接螺钉旋进调节

3. 蓄电池

(1)自行放电

故 障 原 因	排 除 方 法
①电解液含有杂质	①更换电解液
②蓄电池隔板局部损坏或极板下部沉淀物过多,使极板短路	②更换损坏隔板或清除极板下面的沉淀物
③蓄电池表面因电解液溢出过多,使正、负极接线柱短路	③保持蓄电池表面和接线柱的清洁

(2)不充电或充电率低

故 障 原 因	排 除 方 法
①极板硫化	①轻微硫化进行脱硫处理,严重时更换极板
②发电机传动皮带过松或损坏	②正确调整皮带松紧度或更换皮带
③电路中导线接触不良,电阻增大	③清除导线接头污锈并重新接线
④调节器调压太低或损坏	④检修或更换有关零件

(3)容量不足

故 障 原 因	排 除 方 法
①电解液密度过小	①更换电解液
②电解液液面过低	②液面应高出极板 10~15 毫米,若低于此数值,应加注蒸馏水,使电解液密度调至规定值
③极板间短路	③调至规定值
④极板硫化	④清除沉淀物或更换损坏的隔板
⑤导线接触不良	⑤检修
⑥极板活性物质脱落	⑥沉淀少者,清除后继续使用;沉淀多者,更换极板
⑦发电机、调节器工作不正常	⑦检修

(4)蓄电池温度过高

故 障 原 因	排 除 方 法
①内部短路	①检查并消除
②充电电流过大	②检查调节器

第五章 发动机（柴油机）的使用与维修

第一节 柴油机的结构及工作原理

1. 柴油机的构造和工作原理是怎样的？

答 柴油机一般是由曲轴、连杆、活塞、活塞销、气缸、气缸盖、进气门、排气门、喷油器、飞轮、进气管、排气管等零部件组成。

柴油机的工作原理 利用柴油在气缸内燃烧产生的热能，使气体膨胀，推动活塞运动，以实现将热能转变成机械能。

柴油机是能产生动力的机械，它可为拖拉机、农用车的行驶和各种作业提供动力源。

如三轮农用车配套的柴油机有 170 型、175 型、180 型、190 型和 195 型等。

四轮农用车配套的柴油机有 1100 型、375 型、380 型、480 型、485 型、490 型和 4100 型等。图 5-1 为柴油机的一般结构图。

2. 你知道内燃机型号及表示方法吗？

答 内燃机产品均按所采用的燃料命名，例如采用柴油的称柴油机，采用汽油的称汽油机，采用煤气的称煤气机等。

(1)内燃机型号排列顺序及表示方法，见表 5-1，现列举柴油机型号示例加以说明。

内燃机的型号应简明，中部、后部规定的符号必须标出，但首部及尾部符号根据具体情况可以不标出。由国外引进的内燃机产品，若保持原结构性能不变，允许保留原产品型号。

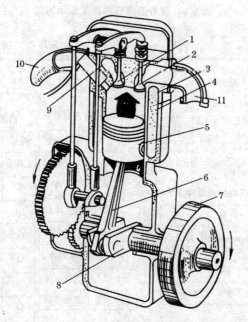

图 5-1 柴油机结构简图

1. 进气门 2. 排气门 3. 气缸盖 4. 气缸体 5. 活塞 6. 连杆
7. 飞轮 8. 曲轴 9. 喷油器 10. 进气管 11. 排气管

(2)型号示例(柴油机型号)。

①165F——单缸、四冲程、缸径 65 毫米、风冷、通用型。

②R175A——单缸、四冲程,缸径 75 毫米,水冷,通用型(R 为
175 产品换代符号,A 为系列产品改进的区分符号)

③S195——单缸、四冲程,缸径 95 毫米,水冷,通用型,S 表示
采用双轴平衡系统。

④495A——四缸、四冲程,缸径 95 毫米,直列水冷,通用型,A
为系列产品改进型。

⑤12V135ZG——12 缸、V 型、四冲程,缸径 135 毫米,水冷、
增压,工程机械用。

表 5-1　型号的排列顺序及表示方法

首部　　　　中部　　　　　后部　　　　尾部

系列符号　　缸列符号　　　缸径符号　　　　　区分符号
　　　　　　　　　　　　　（毫米）

换代标志符号　　　　冲程符号　　结构特征符号　用途特征符号
　　　　　　　　　（E表示
　　　　　　　　　二冲程，
　　　　　　　　　四冲程
　　　　　　　　　不标号）

气缸排列形式符号

符号	含　义
无符号	直列及单缸卧式
V	V形
P	平卧形

符号	结构特征
无符号	水冷
F	风冷
N	凝气冷却
S	十字头式
D_Z	可倒转
Z	增压
Z_L	增压中冷

符号	用　　途
无符号	通用型
T	拖拉机
M	摩托车
G	工程机械
Q	车用
J	铁路机车
D	发电机组
C	船用右机
C_1	船用左机
Y	农用运输车
L	林业机械

3. 柴油机故障检查与诊断有几种方法？

　　答　一般有感官、隔断、对比、试探、测量五种方法。应当根据具体情况，灵活运用。

　　（1）感官法　利用眼、耳、鼻、手等人体器官对机器的感觉，弄清故障大致部位。眼观，如用眼睛来观察柴油机的仪表读数、排气烟色、机器运转情况等。耳听，如借助旋具接触机体相应部位，倾听不同转速下柴油机响声；手摇曲轴时用耳贴近机器排气管处，倾听气门密闭情况等。鼻闻,如用鼻嗅闻柴油机排气烟味。手摸,如用手触摸高压油管油压的脉动情况(脉动大,供油多;脉动小,供油少;无脉动,不供油),触摸机壳或轴承部位发热情况等。

(2)隔断法　暂时隔断柴油机某部件工件,注意故障征象的变化,从容找出故障的部位。如,多缸柴油机发出不正常响声时,当隔断开某缸工作后,响声减弱或消失,便可断定异常响声就是来自该缸。

(3)对比法　怀疑某一零部件有问题,用好件替代怀疑工件,从中比较、诊断故障所在。如,怀疑油压表指针示值失误,试用好的油压表替代,观察表的读数有无变化,通过比较,鉴别好环;又如某缸不工作,估计是喷油器针阀咬死,若换用同型号、好的喷油器后,该缸工作恢复正常,则证明怀疑没错。

(4)试探法　试探性地采用调整或其他排除故障的方法,暂时改变柴油机某部工作条件或状态,注意故障征象的变化,判断故障确实部位。如,气缸压缩力不足,不知是气门漏气、气缸垫烧坏还是活塞环磨损,可试着向缸内注入少量清洁机油(改变工作条件)。若压缩因此良好,表明确为活塞环损坏;若压缩仍不良,故障就缩小到气门漏气或气缸垫密封不严的范围。

(5)测量法　利用量具或仪器检测机器零部件或整机的技术状态,查找故障症结。如,用厚薄规测量气门间隙值;用不拆卸检查仪检测柴油机压缩系统、燃油系统、润滑系统的工作情况,以减少不必要的拆卸。用仪器、仪表检测柴油机故障,具有省时、省力、高效、快捷的特点。

4. 怎样判断柴油机工况的优劣?

答　柴油机工况如何,直接影响到车辆的动力性和经济性,现介绍柴油发动机工况的 6 种简便测试方法。

(1)断油法　即在发动机怠速时,逐个切断喷油泵到喷油器的高压油路,同时观察发动机转速和声音变化。若无明显变化,说明该缸工作不良;若有明显变化,说明该缸工作良好。

(2)感温法　即当发动机工作少许后,用手触试各缸排气支管。若手感温度高,说明该缸供油量偏大或供油提前角过小,导致耗燃油较严重;若手感温度较低,说明该缸供油量偏小,燃烧不充分或不工作。

(3)听音法　在发动机运转中,借助旋具触主喷油器体,倾听各缸爆发的声音。若着火敲击声强烈,则该缸供油量过大或供油过早;若无着火敲击声,则该缸供油量过小或供油太晚或不工作。

(4)脉感法　发动机在运转中,用手分别触摸各缸高压油管。若有规律的脉动手感,说明该缸工作良好;若无明显脉动感,说明该缸工作不良;若有脉动感但无规律,说明该缸有断油现象。

(5)观烟色　废气烟气不正常一般分三种,即黑色、蓝色和白色。若排气管排出不正常废气,则说明各缸工作不正常;若断续排出,说明个别缸工作不正常,可拆下排气支管,观察各缸排烟情况。

(6)仪器法　修理工可借助柴油机综合检测仪,对发动机工况进行检测判断。

以上6种方法灵活运用,便可迅速判断柴油机工况的优劣。

5. 柴油机为何不能起动?

答　柴油机不能起动分析有以下四个原因:

(1)低压油路缺油或无油　其原因有:油箱内无油或油面太低,油箱开关未打开,油箱盖通气孔堵塞。油路中有空气或有水,形成水阻或气阻。柴油滤清器滤芯严重污染,油不能进入喷油泵。油管破裂或接头处漏油。柴油牌号不对,冬季凝固。活塞式输油泵的活塞或推杆卡死;膜片式输油泵的膜片破裂或摇臂折断,输油泵进油滤网堵塞,油不能进入柴油滤清器。

(2)高压油路缺油或无油　其原因有:柱塞式喷油泵的柱塞副严重磨损,出油阀严重磨损,柱塞回位弹簧折断,出油阀弹簧折断或供油拉杆卡死在停供位置,或柱塞进油孔堵塞;分配式喷油泵分配转子凸缘柱塞孔内的柱塞卡死,滚柱和凸轮圈严重磨损,分配泵传动花键轴折断,二级输油泵滑片严重磨损或折断,或油量控制阀环卡死在停滞位置或二级输油泵进油孔堵塞,喷油器针阀卡死,油束雾化不良。

(3)供油时间不对 过早供油,造成早燃作功而使活塞未越过上止点被迫下行,引起反转,起动困难;过晚供油,造成延迟燃烧而使活塞得不到足够的爆炸力,引起机体过热,起动困难或功率下降。

(4)空气滤清器严重阻塞 进入气缸的空气减少;气缸漏气、减压机构调整不当,定时齿轮安装不正确,气缸套、活塞、活塞环严重磨损,都会引起发动机不能起动或起动困难。

6. 怎样排除柴油机起动困难?

答 起动前,油箱应加足正确牌号燃油,油箱开关应完全打开,油箱盖小孔堵塞应疏通。油路中有水,排气会冒白烟,发动机工作不稳定,甚至不能起动。排除油箱中水分应换用经过48小时以上沉淀的柴油。油路中有空气,可旋松柴油滤清器或喷油泵上的放气螺钉,排净气泡后再拧紧螺钉。柴油滤清器滤芯堵塞,可将滤芯放在煤油中浸泡3分钟,用吹风法(气筒)将污物吹去,滤芯若损坏须换用新件,在安装时要注意保证弹簧、垫圈、橡皮圈、毛毡圈等位置的正确。油管破裂应更换,以保证油路的畅通。

在低压油路没有问题时,检查高压油路,拆下高压油管接头,摇转曲轴,若柴油从油管口冲出很高,说明喷油泵工作正常;如无油冲出或溢出滴状,说明喷油泵有故障,一般应送厂修理。如喷油泵工作正常,但装上喷油泵后不喷油或雾化不良,应拆下喷油器装在喷油器试验器上进行密封性检查、喷油压力调整、喷雾质量检查。

7. 柴油机为何会出现"飞车"?

答 柴油机在工作中,转速突然升高超过最高空转速,缩小油门后转速仍不降称为"飞车"。这种故障若不及时采取紧急措施,将会造成打坏活塞、折断连杆、曲轴等严重后果。出现"飞车"的原因有:

(1)喷油泵供油拉杆被卡死在最大供油位置。

(2)调速器推力盘和传动盘在飞球长期作用下被磨出环形深沟和凹坑,当负荷下降,转速上升时,飞球卡在沟、坑内甩不开,起不到减少供油量的作用。另外,调速器内机油太多或太黏,飞球及连动件工作的阻力增大,当需要减少油量时,反应不灵活易引起"飞车"。

(3)柱塞弹簧折断,柱塞弹簧座将柱塞上调节臂压死,或柱塞弹簧下座装反,均使柱塞转动受阻,当卡死在最大供油量时易出现"飞车"。

(4)空气滤清器储油盘机油面过高,由于工作振动,储油盘内油面产生波动而冲起,使部分机油被吸进气缸内燃烧,发动机狂转。

(5)油底壳机油过多,或气缸套、活塞、活塞环严重磨损,使机油窜入燃烧室燃烧引起"飞车"。

8. 怎样排除柴油机"飞车"故障?

答 柴油机"飞车"故障,采取下列方法排除:

(1)"飞车"采取果断应急熄火后,拆下调速器单独抽动供油拉杆,如供油拉杆因杂物卡堵抽不动,应予清理。

(2)调速器推动盘和传动盘有沟、坑磨出,应重新修整或换新。调速器内油太高,可放出过多的机油。检修后,应重调喷油泵和调速器。

(3)柱塞弹簧折断应更换。安装柱塞弹簧座时,注意不要紧靠调节臂,以免互相压紧。柱塞弹簧下座装反时,应重新安装。

(4)空气滤清器储油盘或油底壳内机油应适量,过多时,放至规定油面。属气缸、活塞、活塞环严重磨损引起窜机油,应及时维修。

9. 柴油机出现"飞车"有何应急措施？

答 柴油机在工作中一旦出现"飞车"，应迅速采取强制熄火措施：

(1)将供油拉杆立即放至停供位置，关死油门，同时迅速减压。

(2)用软物堵死空气滤清器进口，阻止空气进入气缸。

(3)松开高压油管或喷油泵进油管，停止供油。

(4)作业中加大负荷，如将犁下压至最深处，将制动踏板踩到底，强制发动机熄火。

10. 柴油机为何出现敲击声？

答 柴油机工作中，在缸体的上中部发出清脆的金属敲击声，或发出低钝哑的敲击声，称为"敲缸"故障。分析其原因：

(1)供油时间太早，活塞距上止点还较远，柴油过早喷入燃烧室后提早使气缸燃烧作功，继续上行的活塞与提早爆炸力迫使活塞下行的力相对抗，使发动机工作粗暴，发出清脆有节奏的金属敲击声，且常引起反转。

(2)喷油器针阀磨损，或喷油器喷油压力太高，使供油量增多；喷油泵出油阀减压环带磨损，导致减压环带的减压作用失效，高压油管内剩余压力增高，造成喷油器喷油后滴油，使气缸内在燃烧前便积累大量柴油，一旦燃烧时爆炸力猛增，引起"敲缸"，同时排气管放炮冒黑烟。

(3)发动机长时超负荷作业，供油量过大，或选用柴油不符合要求，着火性差也会导致"敲缸"。

(4)气门弹簧折断或弹力减弱而使气门下落过多（未落入缸内）；气门间隙过小或配气相位有误而使气门开度变大；修理时换装的气门座圈太厚而使气门头高出缸盖下平面过多。以上因素均使活塞上行时气门头拍击活塞顶，发出敲击声（在缸盖罩附近可听到金属清脆的"嗒、嗒"声），响声随发动机转速变化而时强时弱，排气冒黑烟，有时有放炮现象。

（5）活塞与气缸早期磨损后间隙变大，在气缸上部发出有节奏的"嗒、嗒"间响，怠速时响声明显，中、高速时响声减弱。活塞销与连杆小头的铜套或活塞销与销座孔配合松旷，工作中互相撞击，在气缸上部发出清脆而连贯的"当、当"响声，转速越高，响声越大。

（6）曲轴主轴承、连杆轴承间隙过大，工作中轴瓦与轴颈发生撞击，在缸体下部发出沉闷而坚实的"喠、喠"撞击声，并随转速和负荷增大而增大，严重时机体发生振动。多缸发动机的个别缸供油时间过早，供油量过多，喷油器滴油，压缩力不足时，发动机也会发出不均匀的敲击声。

11. 怎样排除柴油机的敲击声？

答 （1）供油时间过早，应重新检查调整供油提前角，使喷油时间正确，燃烧及时。

（2）喷油器喷油压力过高。应调整：拧入调整螺钉压力升高，拧出则压力降低，调合适后将锁紧螺母拧紧（喷油器压力调整一般在喷油器试验器上进行）。喷油器滴油，如属针阀磨损，可用少许机油对针阀耦件进行研磨后恢复正常功能，磨损严重应予更换。发现喷油泵出油阀减压环带外圆表面有密布的磨损印痕，应更换出油阀偶件。

（3）气门弹簧失效应换新；气门间隙过小应调整；气门座圈太厚可重选外径与座孔相配的座圈安装，座圈高度一般比座孔低2.5～3毫米，使气门头部高出缸盖下平面不要过多，以免拍打上行的活塞顶。

（4）因活塞销与连杆小头铜套或活塞销与销座孔配合松旷引起敲击响声，可先行检查，抽出活塞连杆组，一手握住活塞，一手握住连杆大头进行推拉。如推拉不动，认为无松旷；否则，应更换铜套或活塞销。

（5）消除因曲轴主轴承、连杆轴承间隙过大而引起的撞击声：

应先卸下油底壳,拆下轴承盖检查,如瓦片刮伤或烧损不严重,可精心刮瓦后继续装复使用,如合金脱落、烧损严重或轴承间隙超过极限,则换新瓦,必要时修磨曲轴。

(6)柴油机应避免长时超负荷作业,选用柴油牌号要符合规定。若柴油机发出不均匀敲击声时,可先用断缸法检查出故障缸,再分别情况予以排除,若某缸喷油器雾化质量不好,又无修复价值时,可针对性地更换。

12. 冬季起动柴油机有何禁忌?

答 (1)忌无冷却水起动 起动柴油机后再加冷却水会使炽热的缸套、缸盖等重要部件因骤然遇到冷水,而引起炸裂、变形。

(2)忌加入沸腾的开水 向冰冷的机体内骤加 100℃ 开水,同样会炸裂缸盖和机体。应待水降温到 60～70℃ 时再加入。

(3)忌不按规定供油 如 4125A 型柴油发动机起动时,不是将减压手柄放到"工作"位置后再供油,而是在起动前就将油门手柄放到供油位置。这样做的危害是:多余的柴油会冲刷缸壁,使活塞、活塞环与气缸套之间润滑恶化,磨损加剧;多余的柴油流入油底壳,会稀释机油,降低润滑效果;缸中过多的柴油燃烧不完形成积炭。

(4)忌拉车起动 在冷车机油黏稠的情况下,拉车会加剧各运动件的磨损,降低机车使用寿命。

(5)忌用明火烤油底壳 冬季起动困难,可用木炭火或煤火烤油底壳,须距离一尺,同时慢慢摇转曲轴,让机油均匀受热,使各部得到润滑。使用明火易引发火灾。

(6)忌直接将机油加入气缸 将机油加入气缸,可起到密封增压增温的作用,便于起动。但机油不能完全燃烧,易产生积炭,使活塞环弹性减弱,气缸密封性能下降。

(7)忌直接将汽油灌入进气管 汽油的燃点比柴油低,所以比柴油先燃烧,易使发动机工作剧烈,产生敲缸现象。

（8）忌刚起动就高速运转 柴油机刚起动时，润滑油的温度低，流动性差，柴油机马上高速运转，会产生强烈的敲缸现象，严重时可使柴油机反转。

（9）忌不按季节换润滑油和燃油 冬季和夏季使用油料不同，冬季若不换用黏稠度低的润滑油和燃油，柴油发动机起动就很困难。

（10）忌长时间使用电热塞 电热塞发热体的电热丝，其耗电量和发热量都很大，长时间使用会因急剧放电损坏蓄电池，也可烧坏电热丝，所以每次使用电热塞连续时间不宜超过一分钟。

13. 冬季怎样起动柴油机？

答 冬季气温较低，柴油机起动较困难，这时可采取以下几种方法：

（1）手摇起动的柴油机 可先将油底壳的润滑油用炭火加温（禁止用明火），用 60℃ 左右热水加入水箱，以提高柴油机的温度；用手摇把摇转柴油机数圈，使柴油机各运动零部件得到润滑；使用冬季润滑油和冬季低凝点的柴油，然后起动柴油机就容易多了。

（2）电起动柴油机 用电起动机带动柴油机起动时，先将减压杆放到减压位置，然后将起动杆开关旋到“预热”位置预热 10 分钟，再旋到“起动”位置，约 5 分钟除去减压，柴油机起动后，立即将起动开关旋回原位，如一次起动不了，应间隔 2～3 分钟再起动。再起动不了，应查原因。

14. 小型柴油机有几个基本系列？

答 小型柴油机是指标定功率在 14.7 千瓦（20 马力）以下的单缸、四行程柴油发动机。目前国产小型柴油机有 65、70、75、80、85、90、95、100、105、110 等十个基本系列。它们大多是卧式或者直立式，也有的气缸中心线呈 45°倾斜式（如湖南郴州柴油机厂生产的 170F 型）。部分 75 毫米缸径以下的柴油机采用风力冷却，其余的是水冷却。

小型柴油机重量轻巧、性能良好、安装简单,是农用车和拖拉机较理想的发动机。

15. 小型柴油机型号之前的字母含义是什么?

答 在小型柴油机型号中,为了区分产地和结构特征,一般在气缸数的前面冠以特定的字母。常见的有以下几种。

R175 型柴油机 "R"是换代标志符号,表示该机是原 175 型柴油机的换代产品。

X195 型柴油机 "X"是汉字"新"的拼音字头,表示该机是设有单轴平衡的新型结构。由上海内燃机研究所设计,主要分布在河南、河北等省。

L195 型柴油机 "L"是汉字"辽"字的拼音字头,由沈阳柴油机厂生产,主要分布在东北。

Z195 型柴油机 "Z"是汉字"浙"字的拼音字头,该机型主要分布在浙江一带。

CC195 型柴油机 前一个"C"是汉字"重"字的拼音字头,第二个"C"是汉字"柴"字的拼音字头,表示由重庆柴油机厂生产的 11 千瓦柴油机,该机主要分布在四川省和重庆市。

S195 型柴油机 "S"是汉字"双"字的拼音字头,表示该机具有双轴平衡系统,主要分布在江苏、浙江和江西等省。

16. 小型柴油机型号尾部符号的含义是什么?

答 按照国家标准规定,柴油机型号的尾部用汉语拼音字母表示机器的特征,用阿拉伯数字表示变型设计的顺序号。例如:

180N 型柴油机 "N"是汉字"凝"字的拼音字头,表示该机是采用凝气冷却。

110Z 型柴油机 "Z"是汉字"直"字的拼音字头,表示该机具有直喷式燃烧室、增压。

165F 型柴油机　"F"是汉字"风"字的拼音字头,表示该机采用风冷却系统。

R175A 型柴油机　"A"表示该机的主轴承为滚动轴承,(R175 型柴油机的主轴承为滑动轴承)。

175F-1 型柴油机　"1"表示该机是 175F 型柴油机的第一代变型产品。

17. 小型柴油机是怎样变型的?

答　许多厂家为了不断推出新产品,提高柴油机的功率和适应性,对柴油机的结构和性能进行了挖潜改造,出现了许多变型新产品。

(1)增加转速和活塞行程　例如 195 型柴油机,保持气缸直径不变,将活塞行程由 115 毫米增加到 120 毫米,转速由 2000 转/分提高到 2200 转/分,同时改变其燃烧室的结构,其功率由 8.8 千瓦增大到 11 千瓦。如重庆柴油机厂生产的 CC195 型柴油机就属于这种情况。

(2)扩缸、增大气缸排量　例如,使 195 型柴油机缸径由 95 毫米扩大到 100 毫米,并进行相应的改进设计,使新机功率达到 11 千瓦(15 马力)。从 S195 变型到 S1100 型柴油机就属于这种情况。

(3)采用闭式冷却或电起动　为了适应不同使用条件的需要,有的柴油机取消开式蒸发冷却系统,采用封闭式冷却(如 195L 型柴油机),有的将手摇起动改变为电起动,如常州柴油机厂生产的 S195M 型柴油机就属于这种情况。

18. 同系列柴油机的零件能通用吗?

答　了解零件的通用互换原理,对于维修保养柴油机采购零配件带来了方便。柴油机各系列之间存在一定的通用互换性,例如 95 系列柴油机除了机体、曲轴、活塞、连杆等不能通用外,可以通用互换的零件很多。它们是:气缸套、气缸套阻水圈;进气门、排气门、气门座圈、气门锁夹、气门内外弹簧、气门座簧、气门导管；气门摇臂、摇臂衬套、气门间隙调整螺钉；活塞环；连杆轴瓦、连杆螺栓；气门挺柱。

19. 柴油发动机什么情况下应大修？

答 柴油机大修可从以下方面考虑：

(1)在使用后达到说明书规定的大修期限时。

(2)功率显著下降。发动机油门在最大位置时，发动机发出的功率只有额定功率的 60% 左右，明显带不动配套负荷；另外，对燃油系统、配气机构、曲轴连杆机构等有关部分经过维护调整后，功率仍然恢复不了。

(3)燃油消耗量超过额定的 30%～50% 以上，机油消耗量超过额定量的一倍以上。曲轴箱通风口(或加机油口)冒带油雾的烟，废气带出机油，曲轴箱内温度显著增加。

(4)缸套、活塞等零配件磨损严重，气缸内压力降低。缸套活塞的磨损，圆度、同轴度超过极限值。曲轴各轴的磨损，圆度、同轴度超过极限值，配气机构配件磨损严重，气缸密封性差，气缸压缩压力降低。

(5)发动机停机后，在水温 50～60℃ 的情况下不能顺利起动。缸内有活塞与活塞销，活塞销与连杆小头，主轴承或连杆轴瓦的响杂声。

20. 单缸与多缸柴油机维修应注意什么？

答 单缸与多缸柴油机由于结构不同，在维修中有些区别，如有忽视，维修中会出现问题。

(1)拆卸中注意事项 单缸柴油机拆卸中，活塞、缸套、连杆、气门、轴瓦等零件，清洗后放在干净的地方就可以。而多缸柴油机不同，活塞、缸套、连杆、气门、轴瓦等零件拆卸清洗后，要按缸的顺序依次放在干净的地方，各缸的零件不能混放，装配中，应"对号入座"。如果这些零件混放,会破坏原有配合关系,给装配带来麻烦。

(2)装配中注意事项

①活塞与缸套的选配:多缸柴油机活塞与缸套的配合,有尺寸分组选配。如485柴油机的标准活塞与缸套尺寸分Ⅲ组。活塞连杆组零件,其尺寸必须相配,修理尺寸的气缸套必须与同级修理尺寸的活塞、活塞环相配。标准尺寸的气缸套必须配用同一组号的标准活塞,活塞销与销孔的尺寸也必须属于同一组别,以保证配合的技术要求。

②活塞、连杆、活塞连杆组的重量有要求:多缸柴油机对同一机型的活塞、连杆、活塞连杆组的重量有一定要求,如495柴油机同组的四个活塞的重量差不大于8克,同组的四根连杆的重量差不大于10克,活塞连杆组重量差不大于30克。一般分组的标记用钢印打在活塞顶面上,分组的连杆在杆身上印有分组标记。修理工在装配中,若发现没有标记或标记不清,最好称称重量,使各缸的活塞、连杆的重量差尽量小,以利于惯性力的平衡。

③气缸套的凸肩高出机体平面的高度有不同的要求:S195柴油机气缸套凸肩高出机体平面值为0.04~0.17毫米;495柴油机气缸套凸肩高出机体平面值为0.02~0.10毫米。多缸柴油机气缸套凸肩高出值应尽量一致,相邻两缸的气缸套凸肩高出机体平面值不大于0.04毫米。它可以提高气缸密封性能,防止冲坏气缸垫。

④喷油嘴压力和供油量有不同的要求:单缸S195柴油机喷油嘴喷油压力为(125±5)公斤/厘米^2;多缸的495柴油机喷油嘴喷油压力为(175±5)公斤/厘米^2,各缸的喷油嘴喷油压力、雾化状态尽量一致,喷油压力差小于5公斤/厘米^2,各缸额定供油量要求均匀,不均匀度不大于3%。

多缸柴油机喷油嘴在出厂前都做过严密的调整,在维修中不要轻易调整。如需调整,则应送到有喷油嘴试验台的单位去调整。

单缸与多缸柴油机在维修中,除了注意上述问题外,还由于它们结构上不同,在维修中,应严格按照柴油机使用维护说明书进行。

21. 如何清除柴油机的积炭？

答 积炭是柴油机的燃料和润滑油在高温及氧化作用下的生成物,是一种有毒有害的物质。积炭黏附在组成燃烧室的各零件表面,缩小了柴油机燃烧室容积,改变了压缩以及工作性能等。其清除方法有:

(1)机械方法:

①使用刮刀,用手工直接刮除。

②根据零件表面的不同形状,制成专门的金属丝刷子,装在手电钻上进行清除。

③喷射核屑,即将核桃壳,杏、桃、李果的核心干燥,碾碎成粉,筛选后,装入喷射装置,用 4～5 个大气压把核屑喷射到零件表面,使积炭脱落。

(2)化学方法 其工作原理是化学溶剂与积炭发生物理、化学作用,破坏积炭结构,使之逐渐松散、软化。推荐以下溶剂配方:醋酸乙酯 4.5%、丙酮 1.5%、乙醇 22%、苯 40.8%、石蜡 1.2%、氨水 30%配成溶剂,将积炭零件放在溶剂中浸泡 2～3 小时(铜质零件不采用此配方),然后用毛刷蘸汽油将积炭刷掉。注意:铝合金零件不采用含苛性纳的化学溶剂清除积炭。

22. 影响柴油机压缩比有几种因素？

答 柴油机的压缩比,是根据理论设计的要求和实际试验检测后发挥其最大功率和最低油耗而确定的,柴油机的压缩比一般在 14～22 之间。压缩比因素对柴油机工作性能的影响易被忽视,如果修理后的柴油机压缩比达不到设计标准,那么这台柴油机就达不到它的额定功率和最低比油耗(克/瓦·小时),即达不到它标定的动力性能和经济性能指标。

柴油机在工作过程中,压缩比会发生变化。影响压缩比的因素主要有以下几种:

(1)主轴轴颈及主轴瓦片严重磨损,甚至磨损超限。

(2)连杆轴颈及连杆瓦片严重磨损,甚至磨损超限。

(3)活塞销及连杆衬套严重磨损,甚至磨损超限。

(4)连杆弯曲,扭曲和气缸垫过厚。

以上四种因素存在,活塞在压缩过程中达不到上止点,使燃烧室容积增大,降低了柴油机压缩比,特别是单缸柴油机尤为严重。

(5)气门座严重磨损,致使气门下陷量过大,甚至超极限。

(6)气缸套下沉。

以上两种因素存在,使柴油机气缸容积变大,降低柴油机的压缩比。

(7)气缸垫过薄。

(8)燃烧室及活塞顶部积炭严重。

(9)缸盖翘曲而磨削量过大。

以上三种因素存在,使燃烧室容积变小,增大了压缩比。

柴油机在使用过程中,为防止和减小压缩比的变化,须做到以下两点:

(1)要定期对柴油机维修保养(按保养周期进行)。

(2)在保养和维修过程中,对影响压缩比的零部件要按修理技术规范的要求,恢复原来的尺寸和形状;如果达不到要求,就要换用新的零部件,使柴油机达到它标定的动力性能和经济性能指标。

23. 柴油机废气含什么有毒物质?

答　日本国立环境研究所和东京大学等组成的联合研究小组的实验表明,柴油机废气中所含微粒物质有致癌性。

据这项在日本大气环境学会年会上发表的科研报告说,让小白鼠吸收柴油机废气中所含微粒长达9个月后,其心电图会发生异常;让吸收这种微粒长达3个半月的小白鼠与正常小白鼠交配,结果出现了流产和产后死亡等现象。据认为,柴油机排出废气中所含微粒物质的致癌性来自其中的苯并芘等成分。

因此,拖拉机驾驶员在起动或驾驶拖拉机时,要提高自我卫生预防意识,不要吸入柴油机排放出来的废气。

24. 如何延长柴油机的使用寿命?

答 为保证柴油机高效、优质、安全、低耗运转,同时又要使柴油机延长使用寿命,须注意做好柴油机使用中的磨、足、净、紧、调、用。

(1)磨 是认真磨合柴油机。目前柴油机的磨合规定期由生产厂提出,分生产厂试运转和用户试运转两种。生产厂试运转是"调试性"的,时间短,仅几个小时;用户试运转是"锻炼性"的,时间长,约需要数十小时才能完成,驾驶员必须按说明书中的试运转规程完成磨合期,按章操作,否则造成柴油机"未老先衰"。

(2)足 柴油机所需要的柴油、机油、空气和水的供应要充足、及时。若柴油和空气供给不足或中断,就会产生起动困难、动力不足,冒黑烟等故障;机油供给不足或中断,就会引起烧瓦、抱轴、加速零件的磨损;冷却水供给不足或中断,就会引起机温升高,导致进气不足,功率下降。

(3)净 柴油机所需要的油、水、空气及机器内部和外部必须保持清洁。柴油在使用前,须经 48 小时沉淀。柴油含杂质会堵塞油路,加剧机件磨损,造成柴油机不能正常工作;冷却水应用河水、雨水、雪水,不能用井水、泥浆水、盐碱水,否则使水套内形成大量水垢,影响冷却效果;进入气缸内的空气必须干净,据测试,不用空气滤清器的柴油机,会使活塞、活塞环、气环套的磨损加快 3~9 倍。

(4)紧 柴油机螺纹连接的松紧度应适当。受机器在运转过程中的振动、冲击和负荷不均等影响,螺纹连接处会松动,特别是连杆、飞轮、气缸盖等重要部位的螺栓要经常检查,发现松动应按各部位规定力矩拧紧。

(5)调 各调整部位要及时、正确调整,保证柴油机技术状态良好。柴油机一般调整部位有曲轴轴向间隙、气门间隙、减压机构、供油提前角、喷油压力、机油压力、调速器等项目。

（6）用 驾驶员除正确熟练掌握使用柴油机，执行维护保养制度，遵守各项安全操作规程外，还应注意以下几点：

①起动前，应先摇曲轴，检查机油压力是否符合要求，然后起动，当水温达50℃时方可带负荷。

②低速小油门工作不超过10分钟，更不准超负荷作业。

③刚起动或将要熄火时，不要突然加大油门猛轰几下。

④熄火前，油门由大到小，检查有无漏油、漏水、漏气，并倾听柴油机有无异常声音。

第二节　气缸体与曲柄连杆机构

25. 气缸体由哪些零部件组成，其功用如何？

答　气缸体包括机体、气缸盖、气缸套、曲轴箱等。其功用是构成柴油机的骨架，支承所有运动零件和辅助系统。

图5-2为柴油机的缸体，图5-3为缸盖和缸垫。

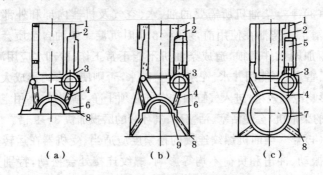

图5-2　立式多气缸体横剖面简图

(a)一般式气缸体　(b)龙门式气缸体　(c)隧道式气缸体

1.气缸体　2.水套　3.凸轮轴孔座　4.加强筋　5.湿式缸套　6.主轴承座

7.主轴承座孔　8.安装油底壳加工面　9.安装主轴承盖加工面

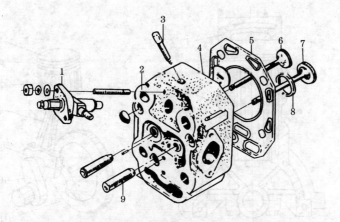

图 5-3　195 型柴油机气缸盖和气缸垫

1. 喷油器　2. 气缸盖　3. 螺栓　4. 燃烧室镶块
5. 气缸垫　6. 排气门　7. 进气门　8. 气门座圈　9. 气门导管

26. 曲柄连杆机构由哪些零部件组成，其功用如何？

答　曲柄连杆机构由活塞、连杆、曲轴及飞轮等组成。其功用是把活塞在气缸内的往复运动变为曲轴的旋转运动，又将曲轴的旋转运动变为活塞的往复运动，以实现柴油机的进气、压缩、膨胀、排气工作循环，并完成能量转换和输出动力。

图 5-4 和图 5-5 分别为曲柄连杆机构图和四冲程柴油发动机工作过程图。

27. 气缸盖、气缸体为何会开裂？

答　气缸盖、气缸体开裂原因：

(1)在柴油机工作过热、缺水的情况下，或冬季先起动后加水，因热胀冷缩引起其炸裂。

(2)冬季停车后，没有放尽冷却水，或严冬季节在水温很高的情况下放水，剧烈温差使其破裂。

(3)保养不勤，冷却水套内水垢太厚，散热不良，产生高温后局

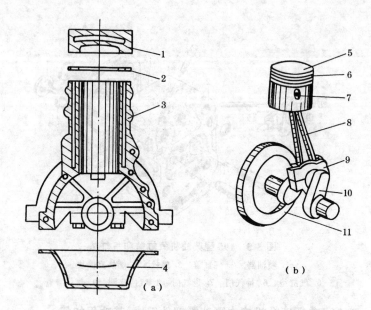

图 5-4 曲柄连杆机构

(a)机体组 (b)活塞连杆、曲轴飞轮组

1. 气缸盖 2. 气缸垫 3. 气缸体 4. 油底壳 5. 活塞 6. 活塞环

7. 活塞销 8. 连杆 9. 连杆盖 10. 曲柄 11. 飞轮

部应力集中,使其开裂。

(4)长时间超负荷作业或供油提前角不对,机温急剧升高,热应力增大导致其产生裂纹。

28. 怎样预防气缸盖、气缸体开裂?

答 (1)柴油机在运转中缺水时,不要骤然加冷水,待熄火水温降低后,再加入冷却水。

(2)冬季停车放水,应在熄火后 10~20 分钟,待机温降低后再放。放水时,应将水箱盖打开。

(3)一般机车工作 1000 小时左右,应清洗冷却水套内水垢。

(4)机车不要长时间超负荷作业。

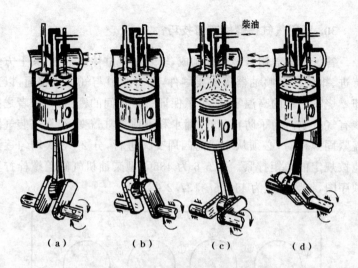

柴油

（a） （b） （c） （d）

图 5-5 四冲程柴油发动机工作过程

(a)进气 (b)压缩 (c)做功 (d)排气

（5）当气缸盖、气缸体出现小裂纹时，可采用焊补法或胶粘法进行修补，开裂严重应换用新件。

29. 缸盖螺母拧紧力矩的规定值是多少？

答 缸盖螺母拧紧力矩值见表 5-2。

表 5-2 柴油机缸盖螺母拧紧力矩值

拖拉机型号	柴油机型号	千克力·米	牛·米
东方红-75	4125A	18～21	176.58～206.01
铁牛-55	4115T	17～19	166.77～186.39
上海-50	495A	16～18	156.96～176.58
丰收-35	485	12.4～14.5	121.64～142.25
东方红-28	2125	19～21	186.39～206.01
东风-12	S195	23～28	225.03～274.68

30. 紧固气缸盖螺栓有何技巧?

答 气缸盖用合金铸铁制成,安装在气缸体的上方。其上方装有进、排气门和喷油器等主要零件,并有水道与气缸体相通,以冷却燃烧室附近的高温零件。为了保证气缸体间的密封,在二者之间装有气缸垫。为了防止漏气、漏水和不使气缸盖变形,在安装气缸盖紧固螺栓时,必须从中间向四周交叉进行,分 2~3 次均匀逐渐地按规定的力矩拧紧。图 5-6 为 485Q 型柴油机气缸盖螺栓拧紧顺序图,拧紧力矩为 117.6~137.2 牛米。

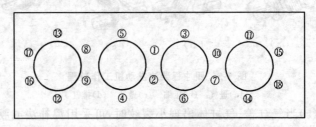

图 5-6　485Q 型柴油机气缸盖螺母拧紧顺序

31. 怎样固装气缸盖?

答 固装气缸盖,最好用扭力扳手进行。在实际工作中,没有条件,也要按一定顺序并采用加力杆分 2~3 次逐步拧紧。单缸和双缸机一般按对角线分次拧紧;多缸机要从缸盖中间位置开始,对称交替向四周逐步拧紧。最后一次要达到规定扭力或凭经验用加力杆拧紧到一定程度。

32. 怎样巧拆气缸盖?

答 在拆卸气缸盖时,拧松气缸盖螺母后,气缸盖不容易取下,用旋具硬撬气缸盖与气缸垫的接合处,容易损坏气缸垫,或把气缸盖接合面撬坏。为了防止上述现象产生,现介绍一种巧拆气缸

盖的方法,即:

拧松气缸盖螺母后,用木锤敲击气缸盖四周,然后再用摇把摇转曲轴,借活塞压缩行程中的空气冲击;顶起气缸盖使它与气缸体分开。

33. 怎样巧补机体、缸盖出现的砂眼?

答 若机体、缸盖出现了砂眼,会导致漏油、漏气,这时可用电工使用的熔断丝堵漏。方法是:根据砂眼的大小、选用相应规格的熔断丝,用小手锤将熔断丝轻轻砸入砂眼内,漏油、漏气即可堵住。

34. 怎样用简便方法检查气缸密封性能?

答 在没有气缸压力表的情况下,可用简便方法检查。下面以东风-12型手扶拖拉机S19型柴油发动机为例说明:

先把东风-12型手扶拖拉机停放在平地上,将变速杆放入空档,油门放在停油位置,把制动踏板扣上或用三角木和石块垫住轮胎。

在不转的情况下,用起动手摇柄摇转发动机曲轴,进入到压缩行程,再继续加力摇转曲轴,若感到后半行程对起动手摇柄产生很强的反转力或冲击,有摇不转的现象,说明气缸密封性良好。若在压缩行程加力时,感到压缩阻力增强,但可以继续摇转,能克服压缩阻力,越过压缩上止点,说明密封性能差。

密封性能差的原因,是气门密封不严还是活塞缸套磨损,可进一步检查。如果在进、排气管能听到漏气声,说明进、排气门与气门座密封不严;如进、排气管处没有听到漏气声,说明活塞、缸套、活塞环磨损或活塞环对口等。修理时可根据上述结果,有针对性地进行。

35. 气缸垫烧损的原因是什么？

答 (1)缸盖螺母松动或未按规定顺序、力矩拧紧,使缸盖与缸体接合面之间压紧力不够或各处压力不均致使接合不够紧密。

(2)气缸套高出缸体上平面过多或各缸套凸出高度不一(如东风 12、S195 型柴油机,气缸套端面凸出缸体平面尺寸为 0.04～0.17 毫米,上海 50、495A 型柴油机,气缸套端面凸出缸体平面尺寸为 0.02～0.10 毫米),缸盖和缸体的接合面变形或安装时接合平面不洁净,使缸盖难以压紧。

(3)气缸垫厚薄不均,弹性不足,或有损坏和长期未用变形,气缸垫不能被全面压紧。

(4)发动机长期超负荷工作或燃烧不良,导致缸盖过热,烧坏气缸垫。

36. 怎样预防气缸垫烧损？

答 (1)安装前先检查气缸垫质量,清除缸盖和缸体接合平面上污物,然后在缸垫两面均匀地涂一层薄面墨膏以增强贴合的严密性,且利于下次拆卸。

(2)安装气缸垫时,应按规定顺序、力矩拧紧缸盖螺母,但不要一次拧到底,要由中间向四周交叉地分 2～3 次逐步拧紧。

(3)避免发动机长时间超负荷和在过热条件下工作。发现气缸垫烧损,应换用新垫片。

37. 怎样正确安装缸垫？

答 缸垫的作用主要用来密封,防止漏气、漏水。安装时,首先要检查缸盖、机体平面是否平直或翘曲。检查方法:用一根比缸盖长的直尺,分别放在机体和缸盖的平面上,用厚薄规测量,看是否符合规定。否则,应磨光修平。安装用过的气缸垫时,必须仔细检查,如有破损的地方,应更换新件。同时,不要反装缸垫,应使气缸垫有铜皮缝口的一面对住缸盖,并且要检查各孔是否和机体孔一一对应。

38. 气缸套端面凸出缸体平面尺寸应是多少?

答 安装气缸套时,其端面凸出过高或过低均易损伤气缸垫。气缸套端面凸出缸体平面的标准尺寸见表5-3。

表 5-3 气缸套端面凸出缸体平面尺寸值

拖拉机型	柴油机型	标准(毫米)
东方红-75	4125A	0.080～0.225
铁牛-55	4115T	0.05～0.15
上海-50	495A	0.02～0.10
丰收-35	485	0.04～0.08
东方红-28	2125	0.080～0.205
东风-12	S195	0.04～0.17

39. 怎样拆装气缸套?

答 气缸套分干式和湿式两种,目前柴油发动机广泛采用湿式气缸套。如手扶拖拉机 S195 型柴油发动机就是湿式缸套。在拆卸气缸套时,应在缸套和机体上做一标记,以便安装时不错位。取出来时要有专用的拉缸器就更好,用起来很方便。在没有拉缸器的情况下,可用木质物料,垫在缸套底部用锤子敲击,严禁用铁锤直接敲击缸底,以免破坏。

安装时,先把气缸套用柴油洗干净,把机体上安装孔的铁锈、污垢、泥沙清除,安上阻水圈,并涂好白铅油,然后慢慢将缸套压入机体中。磨损轻微的缸套可以按原标记装入,磨损较严重的缸套可调转 90°装入,使之磨损均匀。压入时应松紧合适,过松产生漏水,过紧缸套容易发生变形。

40. 怎样选配缸套与活塞?

答 有的修理人员在大修拖拉机的发动机时,认为只要是同一型号的标准活塞和标准缸套,就可以万无一失地放心组装,其实是一种误解。实际上,为了便于维修和选配,制造厂按照缸套和活塞的实际尺寸分成若干组,并且将分组号打印在活塞顶和缸套上口处(例如 4125 型柴油机的缸套,活塞分为 4 组;4115 型柴油机的缸套、活塞分为 3 组),在选组时应注意以下几点:

(1)同一缸的活塞与缸套应该选同一尺寸的组别,同一台发动机的所有缸套和活塞最好也选同一个组的。

(2)如果找不到同一个组的缸套和活塞,应该用 B 组缸套配用 A 组活塞,或者 C 组缸套配用 B 组活塞,依此类推。

(3)由于采购的缸套和活塞可能由不同的厂家生产,各生产厂的质量控制水平参差不齐,因此,在大修发动机时,即使对于同一组号的缸套和活塞,也要测量它们的实际尺寸进行选配,以保证缸套与活塞之间的间隙控制在 0.12～0.23 毫米范围内。

41. 怎样选配活塞与缸套的间隙?

答 把买来的活塞、缸套,先用微火烤去上面的防锈保护油,并放到柴油盆内洗净擦干,再在活塞与缸套的工作面上涂一层清洁的机油,然后,将缸套直立放平,将活塞顶部朝下端正地放进缸套内。如果活塞缓慢地、均匀地下落证明它们之间配合得很好;如果落得太快或落不下去,则说明它们之间的配合间隙过松或过紧,其选配间隙不当。

42. 气缸套、活塞、活塞环为何严重磨损?

答 (1)长时间使用发动机,气缸套、活塞、活塞环之间自然磨损量增加,使密封性变差。

（2）没有按规定保养空气滤清器，或空气滤清器安装不符合要求，使带有灰尘的空气不经过滤便直接进入气缸，加速气缸套、活塞、活塞环之间的磨损。

（3）机油牌号不对，或机油不清洁，或拆装气缸休时不干净，让尘土进入气缸，加速磨损。

（4）安装活塞环时各环开口方向重合，开口间隙或边间隙过大，油环装反，活塞环弹性变弱，机油加得太多，使机油窜入气缸内燃烧，积炭增多，磨损加剧。

（5）新车或大修后的机车未磨合即投入超载作业，引起早期磨损加剧。

43. 怎样预防气缸套、活塞、活塞环严重磨损？

答　（1）按规定保养空气滤清器。复合式三级空气滤清器保养要点是：干惯性滤清部分及中央通气管的灰尘应勤清洗；湿惯性滤清部分和金属丝滤网的油污应勤清洗；储油盘油面不足应加添至规定高度；使用牌号对路的机油，滤网及密封圈损坏须换新；装复时务必使进气管路各连接处密封性良好。

（2）根据气温和季节选用机油，向油底壳所加机油必须清洁、适量，油面应在油尺上下刻线之间。

（3）安装活塞环时各环开口位置应尽量避开活塞销的轴线方向，并以 120°～180°角互相错开；油环不能装反；多缸发动机各缸活塞的重量不得相差 10 克，活塞环的开口间隙、边间隙可参考有关标准。

（4）新车或大修后的机车，在投入正常负荷运转前，须在良好的润滑条件下，转速由低到高，负荷从小到大逐步地按规范要求进行试运转，以预防气缸套、活塞、活塞环早期磨损。

44. 怎样巧查活塞环的弹力？

答　怀疑活塞环弹力不足时，可用同型号的标准新环，与被检查的旧环沿圆周摞在一起垂直放置,并使两环开口均处于水平位置。然后用手按压两环,若新环开口未动,旧环开口已合拢,说明旧环弹性不好,不能继续使用。

45. 怎样检查和安装活塞环?

答 活塞环质量检查方法(以 S195 型柴油机为例):

(1)活塞环开口间隙检查 把活塞环与缸套内壁擦干净,把气缸直立平放,将活塞环平放在缸套里,再把活塞顶部朝下,挤压活塞环位于离缸套口 40 毫米处(目的是使活塞环摆平),然后选择适当厚薄规片检查插入端间隙。如果间隙超限,不能使用;间隙过小,应锉削环端多余部分。锉削时要小心,不能使端口平面有任何歪斜。检测锉削平面是否平整,可用五指均匀着力压紧活塞环外圈,使端口合拢,用目测对光检查,在两端平面上不见光线为宜(见图5-7)。

(2)活塞环边隙的检查 把活塞环槽和活塞环清洗干净,将环外圆放入环槽,用厚薄规测量(见图5-8)。如间隙超限不能使用,间隙过小,可用"0"号砂纸铺平在平板或玻璃板上,用五指在活塞环侧平面上均匀施压,成"8"字形在砂纸上循环来回磨削,直到间隙符合要求为止。

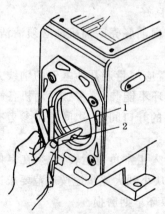

图 5-7 测量活塞环开口间隙
1. 活塞环 2. 厚薄规

图 5-8 测量活塞环侧隙
1. 活塞 2. 厚薄规 3. 活塞环

（3）活塞环弹力检查 活塞环弹力过大，会使磨损增加；弹力过小，则失去密封和刮油作用，造成漏气和烧机油。活塞环弹力的检查，可用对比法：将新活塞环和旧活塞环直立在一起，用同等的力同时由上往下压活塞环，观察环口间隙。如果新、旧环间隙相等或环口同时相遇，说明被检查的旧环弹性良好，可以使用；如果新环口有一定间隙，而旧环口已经相遇，则说明被检查的旧环弹力不足，需要更换。

（4）活塞环漏光度检查 将活塞环平放在气缸内，在活塞环下边放一只小灯泡，上面放一块遮光板（见图5-9）。然后观察活塞环和气缸之间的漏光缝隙。如若干处漏光的总长度之和小于气缸直径的1/2为许可。否则，应更换。

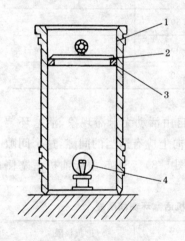

图 5-9 活塞环的漏光检查

1. 气缸套　2. 遮光板
3. 活塞环　4. 电灯泡

（5）活塞环的安装 把活塞环和活塞清洗干净，并涂上机油；把活塞环分组配合环槽，即测得间隙大一点的，依次从第一道环槽往下装。在此并将有倒角的

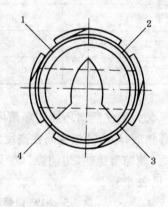

图 5-10 柴油机活塞环安
装时开口分布示意图

1. 第一道油环开口处
2. 第一道气环开口处
3. 第三道气环开口处
4. 第二道气环开口处

或打有"上"字标记的环朝活塞顶部安装,这是为了保护气缸内壁的润滑油膜;安装第一道环开口和第二道环开口应错开120°,其余的可按120°安装(见图5-10)。总原则是,每一道环缺口不能对着销座孔安装。

①测量活塞环开口间隙时,将环装入气缸套内,用活塞顶将其推至活塞在上止点时该环所处的位置,使活塞环平行于气缸套端面后,用厚薄规测量(参见图5-7)。S195型柴油机活塞环开口间隙,见表5-4。

表5-4 S195型柴油机活塞环开口间隙表

间 隙 环 号	标准间隙 (毫米)	磨损极限 (毫米)
第一道气环	0.30～0.50	2
第二、三道气环	0.25～0.45	2
第四道油环	0.25～0.40	2

②为了使活塞环能在环槽内自由活动无卡滞现象,活塞环装入环槽后,环与环槽之间在高度方向上应有适当的间隙,这个间隙称为"侧隙",也叫"边间隙"(参见图5-8)。S195型柴油机活塞侧隙,见表5-5。

表5-5 S195型柴油机活塞环侧间隙表

侧间隙 环 号	标准间隙 (毫米)	磨损极限 (毫米)
第一道气环	0.050～0.095	0.18
第二、三、四环	0.030～0.070	0.18

③S195型柴油机要求活塞环与气缸套之间的径向间隙不大于0.02毫米,每处漏光弧长不大于25°,全周长上漏光弧长总和不

大于 45°,漏光不得在距活塞环开口 30°以内。

④为了保证良好的密封,在活塞装入气缸套时,应使各环的开口位置互相错开 180°或 120°。同时不要使开口位于活塞销方向上或活塞销孔的垂直方向上。具体安装办法参见图 5-10。

46. 怎样把活塞连杆组装进缸套?

答 活塞连杆组装进缸套里的状况良好与否,是关系到整个柴油机装配质量的问题。因此,装入时,须耐心、细致,其装配步骤与要求如下:

(1)把装配件和所需工具一一用柴油洗干净,不能沾有任何泥沙。

(2)注意连杆、连杆盖和活塞装进缸套里的方向,并需在配合工作面上涂一层干净的机油。

(3)活塞环缺口要成角度错开安装,如有四道环以上,第一、二道环应成 180°,其余可按 90°或 120°平分,而且各个缺口不要放置在和活塞销座孔平行或垂直的位置上。

(4)活塞有倒角的一面必须朝上装;活塞推进缸套时,一定要用专用夹具,以免破坏活塞环开口位置和沾上杂质。

(5)套上连杆螺栓,先要用手拧紧,再用专用套筒分次平均拧到规定力矩,而且每紧一次,要把柴油机盘转一两圈,看是否灵活,是否有异声。

47. 怎样巧抽柴油机曲轴?

答 在维修 S195 型柴油机时,有的需要拆出曲轴,在拆卸之前,先要拆掉气缸盖、连杆活塞,这比较麻烦。采用下列方法比较简单,即:

放尽油底壳中的机油,拆开机体后盖,松开两个连杆螺栓,把活塞转到上止点,拆下飞轮和主轴承盖,机体侧放,使曲轴后端朝上,然后将曲轴向右转动,再用工具将连杆挑离轴颈,即可向上抽出曲轴。图 5-11 为多缸柴油机曲轴。

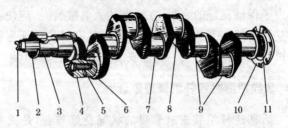

图 5-11　曲　轴
1.起动爪　2.甩油盘　3.曲轴正时齿轮　4.螺塞
5.杂质分离管　6.滤油孔　7.主轴颈　8.连杆轴颈
9.油孔　10.曲轴法兰　11.挡油螺纹

48. 曲轴箱漏机油怎么治漏？

答　曲轴箱漏机油可拆下曲轴箱盖,取下垫片进行检查。若完好,擦净并涂上一层铅油,晾干后装上即可;若有破损,应换用新垫片。新垫片在安装前,应在柴油中浸泡 20 分钟,并涂上一层铅油晾干后装上,各螺钉应对称,由中间向四周交叉均应用力紧固。

49. 曲轴油封处漏油怎么治漏？

答　单缸柴油机缸套、活塞、活塞环,以及曲轴主轴颈与轴瓦要处于良好的技术状态,达不到技术要求或损坏的配件应及时修复或更换。

更换油封时,要在油封唇口边稍稍涂点润滑油,然后旋转装入,千万不能硬砸死冲,以防油封翘曲变形或挤断弹簧;柴油机和变速箱盖上的通气孔要勤疏通;更换主轴承盖时,应检查有无泄油孔。

50. 怎样巧装正时齿轮？

答　在安装 S195 型柴油机曲轴正时齿轮时,为避免机件损坏,应根据热胀冷缩的原理进行安装。因曲轴正时齿轮与曲轴是静配合,安装时,先把曲轴正时齿轮和曲轴擦洗干净,将曲轴正时齿轮放在机油中加热至120℃左右,然后取出曲轴正时齿轮,将齿轮键槽对准曲轴上的平键,并注意有"1"的标记一面向外,趁热套在曲轴端上,再装上卡簧。

51. 怎样修复走外圈的轴承?

答 轴承座孔严重磨损后,轴承的外圈就会和座孔产生相对移动,从而影响动力传递。这种故障俗称轴承走外圈。修复方法:

一是拉毛法 如果轴承座孔磨损不大,可在轴承外圈表面拉毛。方法是将轴承放在电焊机搭铁线上,在电焊机钳上夹一根手用废钢锯条,利用锯条与轴承外壳的接触,在轴承的外圈表面拉一层毛(麻点)。烧灼时,应注意麻点细密均匀,轴承温度不能过高,最好不超过100℃。

二是镶套法 如果轴承座磨损太大,将磨损的轴承孔用铰刀铰至一定修理尺寸,根据铰后的机体孔径,配上相应的衬套。车制衬套时应考虑外径和机体孔有一定配合紧密度,并考虑衬套打入机体后衬套内孔的收缩量。

52. 怎样判断柴油机轴瓦间隙过大?

答 若柴油机运转中出现以下症状,可认为轴瓦配合间隙过大:

(1)机油中含有的合金屑增加 由于轴瓦和轴颈之间润滑油膜厚度减少,产生半干摩擦,促使轴瓦大量合金末剥落。重负荷作业时,合金末剥落更严重,用手指蘸一些机油捻一捻,可觉得或看到有较多的合金屑,可判断是轴瓦与轴颈配合间隙过大。

(2)机油压力降低 正常柴油机压力在额定转速下,低于正常压力值,若从机油压力表反映不出压力,换入新机油后,油压值仍调节上升不高,则说明发动机主轴瓦、连杆瓦与轴颈配合间隙过大,机油泄漏,难以形成机油额定压力。

(3)响声异常 在气缸中间两侧用听棒听诊,音调为短暂、纯重、坚实而有节奏的"嗒、嗒"声,在突然加速和增加负荷时,响声更清楚,则说明连杆瓦与轴颈配合间隙过大。再在各主轴瓦附近用棒听诊,或打开加机油口盖进行听诊,音调为低沉、沉重的"空、空"响声,当低温工作时,响声小;温度高时,响声大;在满负荷工作,突然提高转速时,响声最大而又清楚,则说明主轴瓦与轴颈配合间隙过大。图 5-12 为轴瓦的结构形式。

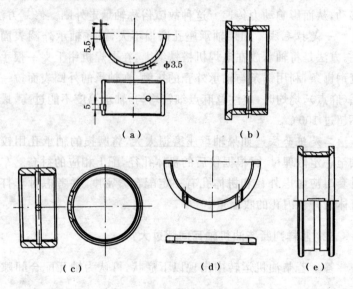

图 5-12 轴瓦结构形式

(a)剖分式平轴瓦(多缸机主轴瓦常用)

(b)卷筒压连轴瓦(S195 型柴油机采用)

(c)圆筒状轴瓦 (d)半圆环形片轴瓦

(e)剖分式双翻边主轴瓦

第三节　配气机构

53. 配气机构由哪些零部件组成,其功用如何?

答　配气机构由凸轮轴、挺柱、推杆、摇臂、气门弹簧、气门和气门导管组成。其功用是按柴油机各缸的工作过程和顺序,定时开启和关闭进、排气门,保证供给足够的新鲜空气,并及时排除废气;当活塞处于压缩和膨胀行程时保证气门的密封性。

配气机构有顶置式和侧置式两种。农用车和拖拉机用的柴油机上普遍采用顶置式。

顶置式配气机构由正时齿轮和凸轮轴组成的驱动组,以及由挺柱、推杆、摇臂、摇臂轴所组成的气门传动组和由气门、气门弹簧、导管、弹簧座、锁片等组成的气门组构成。

气门在气门弹簧的作用下,紧贴在气门座上。当曲轴转动时,通过正时齿轮使凸轮轴转动,当凸轮凸起部分顶着挺柱时,挺柱推动推杆上行,推杆推动摇臂,摇臂绕摇臂轴摇动,压缩气门弹簧使气门打开。当凸轮的凸起部分转过之后,推杆上的力消除,气门在弹簧的作用下,随即紧闭(图 5-13)。

54. 气门漏气会出现什么问题,漏气的原因是什么?

答　柴油机由于气门漏气而起动困难。起动后,工作过程中敲缸,排气冒黑烟,功率下降。分析原因是:

(1)气门头上与气门座配合锥面积炭、烧蚀、剥落,或被杂物堵住,使气门关不紧而漏气。

(2)气门间隙过小,受热膨胀后使推杆、摇臂在压缩行程顶开气门而漏气。

(3)气门杆弯曲或气门头变形、倾斜,使气门头与气门座配合不紧密。

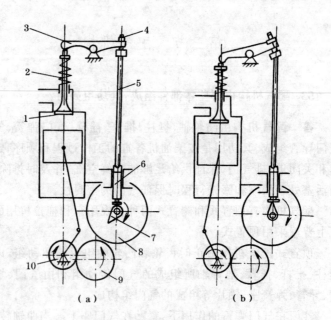

图 5-13 顶置式配气机构

(a)气门关闭　(b)气门打开

1. 气门　2. 气门弹簧　3. 摇臂　4. 调整螺钉　5. 推杆　6. 挺杆

7. 凸轮　8. 凸轮轴定时齿轮　9. 中间齿轮　10. 曲轴正时齿轮

(4)气门杆与气门导管因长期磨损间隙变大,使气门关闭时产生倾斜;或因此间隙过小,使气门杆在导管内卡滞,导致气门关不严。

(5)发动机处于高速、高温下工作时间过长,气门弹簧变弱,使气门头不能压紧在气门座上。

(6)减压机构失灵,使气门关闭不严。

55. 怎样排除气门漏气故障?

答　(1)发现气门头与气门座配合锥面有积炭、烧损和剥落问题,轻微时可对气门与气门座进行手工研磨;若用研磨方法不能恢复气门密封性时,可先铰修气门座,再研磨气门与气门座;严重损坏时,应予更换。

(2)间隙过小是调整螺钉松动引起的,应定期检查、调整。

(3)气门杆与导管配合间隙大,气门杆弯曲或气门头变形,均需换用新件。

(4)气门杆在导管内若因积炭卡滞,可清除积炭后用汽油洗净,装复再用。气门杆与导管配合间隙变大,可调整到规定间隙值。

(5)机车作业不猛轰油门和频繁变速,以延长气门弹簧使用寿命,弹簧过软或折断须换用新品。

(6)注意检查减压机构,看工作是否正常。

56. 气门开度变小会出现什么问题,气门开度变小的原因是什么?

答 气门开度变小,会造成进气量少,燃烧不完全,排气冒黑烟,发动机工作无力。气门开度变小的原因:

(1)由于正常磨损,使定时齿轮齿侧间隙和凸轮轴轴承间隙加大,配气凸轮、挺杆、推杆、摇臂等传动机件接触部位外型尺寸缩小,最终影响配气正时,使气门开度变小。

(2)因调整不当,使该气门变大,使摇臂打开气门的时间延迟,造成气门开度不足。

(3)摇臂轴支架紧固螺栓松动。当配气凸轮通过挺杆、推杆顶转摇臂时,因摇臂轴移动无力或以很小的力顶气门末端,气门开度减少,甚至不能开启。

57. 怎样排除气门开度变小故障?

答 (1)配气机构正常磨损无法避免,但应通过改善润滑条件等保养措施,以延长正常磨损时间。如机油保持清洁、适量、牌号对路,定期对润滑系统进行调整、保养。

(2)定期检查、调整气门间隙、确保配气正时。

(3)发现摇臂轴支架紧固螺栓松动,及时拧紧。

58. 气门积炭、烧损会出现什么问题,产生的原因是什么?

答 气门积炭或烧损使气门关闭不严,发动机工作无力、排气冒黑烟。若进气门烧损,用手摸进气管感到烫手。在压缩过程中,因气门积炭或烧损与气门座贴合不紧,不减压就能轻松摇转曲轴,且进、排气管处可听到"嗤、嗤"漏气声。分析其原因:

(1)空气滤清器储油盘或油底壳油存量过多、过稀,或缸套、活塞、活塞环严重磨损,使机油经常窜入气缸燃烧,引起气门积炭。

(2)气门间隙过小或气门弹簧变软,气门杆与导管配合间隙过大,使气缸作功后的高温高压废气经常从气门与气门座配合的缝隙处窜出,增加气门积炭。

(3)柴油雾化不良,供油量过大或供油过晚,使气缸内燃烧时间延长,排气时温度急升,灼热气流极易烧坏排气门头部,有时会使排气门和导管咬死,进而引起推杆顶弯、摇臂折断和气门头被活塞顶死等恶性事故。

59. 怎样排除气门积炭、烧损故障?

答 (1)向空气滤清器储油盘加入机油量,要略低于储油盘"油面"标记;向油底壳加入机油量,要在油尺上、下刻线之间,不能多加。

(2)气门间隙过小,须重新按规定值调整;气门弹簧变软或折断,气门杆与导管配合间隙过大,应换用新件。

(3)因柴油雾化不良引起气门积炭,应对喷油器进行检查、喷油压力调整和喷油质量检查;同时,拖拉机要避免长时间超负荷作业,因长期人为加大供油量,不完全燃烧的积炭就会积少成多,另外,未燃烧的可燃混合气还会在排气管内继续燃烧,极易烧坏排气门。对供油过晚,应检查调整供油提前角。

60. 你知道柴油机气门间隙值吗？

答 不同型号柴油机有不同气门间隙值，见表 5-6。

表 5-6 冷车时柴油机气门间隙值（毫米）

柴油机型	4125A	4115T	495A	485	2100	295	S195	170F	165F
进气门间隙	0.30	0.30	0.25～0.30	0.30	0.30	0.30～0.40	0.35	0.20	0.05～0.10
排气门间隙	0.35	0.35	0.30～0.35	0.35	0.35	0.35～0.45	0.45	0.25	0.10～0.15

61. 怎样检查调整气门间隙？

答 调整气门间隙应在冷车时，活塞处于压缩上止点位置进行。现以上海 50 型拖拉机的 495A 型柴油发动机两次调整法为例说明：

先找一缸（靠近风扇皮带的那只缸）压缩上止点：摇转曲轴，当看到四缸进气挺杆开始动的瞬间，即停转曲轴，此时即为一缸压缩上止点或上止点附近位置。然后按进、排气排列编号（见表 5-7）顺序进行调整。

5-7 495A 型柴油机气门排列顺序和编号

缸 号	一缸	二缸	三缸	四缸
气门排列顺序	进排	进排	进排	进排
气门排列编号	1 2	3 4	5 6	7 8

第一次先调编号为 1、2、3、6 的四个气门的气门间隙，再摇转曲轴一圈，使四缸处于压缩上止点或上止点附近位置，第二次便可调编号为 4、5、7、8 的四个气门的气门间隙。调整时用厚薄规分别塞入进、排气门杆末端与摇臂头之间来回抽动，以能轻松抽动又稍

感阻滞为宜。否则,可拧松挺杆上调整螺母,旋动调整螺钉进行调整。直至调整到机型规定的气门间隙值。

62. 怎样调整 S195 型柴油机气门间隙?

答 调整 S195 型柴油机气门间隙步骤如下:

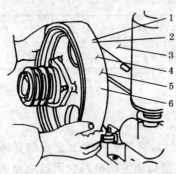

图 5-14 使飞轮的上止点刻线对准水箱上的刻线

1. 供油刻线 2. 进气门开刻线 3. 水箱刻线 4. 上止点刻线 5. 排气门开刻线 6. 飞轮

(1)拆下气缸。

(2)盘动飞轮,使飞轮上的"上止点"刻线对准水箱红刻线,置活塞于压缩上止点(图 5-14)。

(3)松开锁紧螺母,用旋具旋动调整螺钉,同时将厚薄规插入气门杆端与摇臂打头之间(进气间隙为 0.35 毫米、排气间隙为 0.45 毫米)进行调整(图 5-15)。

(4)调整时的松紧程度,用手指可以转动推杆,但不能过松。调整正确后,将锁紧螺母拧紧,以免运转时自行松动。

(5)抽出厚薄规,再复核一次。

63. 怎样研磨气门?

答 先清除气门和气门座积炭,并擦洗干净,再进行工作面的检查,如发现下陷较严重,就必须经过磨光或成套换用新件,然后再进行研磨。一般研磨步骤如下:

先用气门粗砂在气门工作面上均匀地放几小点,然后放进气门导管内,用橡皮碗吸住气门大头平面,进行有节奏的转磨,一般用粗磨须连续研磨二到三次,但每次换新粗砂都要洗清残留粗砂;再用气门细砂,同样方法研磨 2~3 次;最后用新鲜机油涂在气门工作表面上,连续转擦几次后用纱头或布块擦抹干净,观察其工作表

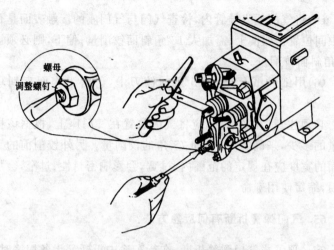

螺母

调整螺钉

图 5-15　气门间隙的检查和调整

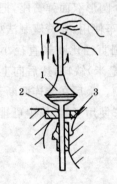

图 5-16　手工研磨气门

1. 气门捻子　2. 气门　3. 气门座

面是否磨出了一条细平灰白色环形带状口线,如出现了说明基本磨好(图 5-16)。

64. 怎样正确铰削气门座?

答　正确铰削气门座是保证气门密封和延长气门座的工作寿命的关键。铰削时,要用 45°、15°和 75°三种型号的气门铰刀。其铰削步骤如下:

(1)用 45°铰刀粗铰。

(2)用 15°铰刀铰削气门座上口,以缩短气门座上方的斜面宽度。

(3)用 75°铰刀铰削气门下口,以缩短气门座下方斜面的宽度。

(4)用 45°细铰刀,轻轻地铰削其工作斜面。

（5）将气门插入导管内,检查气门与气门座的接触表面是否处于中间位置。如偏上,需加大 15°角斜面铰削量;偏下,则必须加大 75°角斜面铰削量。

（6）用细砂纸套垫在 45°角的铰刀上,研磨工作面直到乌亮色。

必须注意:在铰削前,应将气门放置在气门座上,根据该机下陷量的多少,来确定 15°角和 75°角的铰削量。另外铰削前的工作斜面的宽度应在规定的范围内。过宽,会影响密封性;过窄,会加快磨损,缩短使用寿命。

65. 气门弹簧折断有何应急方法?

答 顶置式气门弹簧折断,在行车途中折断又无备用簧时,可利用一块厚 1.0~1.5 毫米的铁皮做一个圆形双面弹簧座,把两断簧装在两面,使其成为一个整体,然后装车使用。弹簧座制法如下:外圆直径比断簧直径大 6~8 毫米,内圆直径比断簧直径小 4 毫米,圆片外缘每隔 6~8 毫米剪成 4×4(毫米)缺口,然后向上向下间隔折叠边缘,使圆片形成双面弹簧座槽。最后在装连两断簧时,可视情况考虑断簧调头或不调头,再装车使用可靠,途中可排忧解难。

66. 排气管为何冒黑烟?

答 发动机工作中长期冒黑烟会导致功率下降。分析其原因有:柴油质量差,喷入缸内不能完全燃烧,排出黑烟;供油时间过早,喷入气缸的大量油雾在短时间内燃烧不完全,一些未燃油气被废气包围,形成黑色小炭粒随气排出,若个别缸供油过早,则出现周期性冒黑烟;供油时间过晚,后来喷入气缸的柴油在工作中来不及燃烧,即排出机外会冒黑烟;超负荷作业时,调整器发挥作用,使供油量增加,但此时空气进量并未增加,导致混合气过浓,燃烧不完全而冒黑烟;空气滤清器堵塞,使新鲜空气不能充分被吸进气缸,在喷油泵工作正常情况下,混合气过浓,出现冒黑烟;喷油泵调整不当,供油量过大,排气冒黑烟;喷油泵调压弹簧弹力不足或调压螺钉松动,喷油压力下降,雾化质量不好,使喷入气缸中颗粒较大的油滴米不及燃烧,排出废气便呈黑色。其他如气门间隙过大进气不足,气缸压缩不良,柴油自燃时间延迟,燃烧不完全,也会导致冒黑烟(柴油机带负荷运转时,排气烟色一般为淡灰色)。

67. 怎样消除排气管冒黑烟问题?

答 应选用规定使用的柴油牌号,且经过48小时以上沉淀后再用。供油时间过早或过晚均须调整。经常保持空气滤清器清洁,在尘灰较多的地方工作,每班须进行保养,使过滤和通风道经常畅通。工作中应尽量避免突然加大油门。喷油泵供油时,若拉杆上调节叉松动会导致供油过多,多缸发动机可用隔断法查出个别缸供油太多后予以检修。喷油器喷油压力降低和雾化不好,可重新检查调整或换新品。气门间隙过大,应重新调整。气缸压缩不良,可从气门是否漏气、活塞与缸套磨损是否严重、气缸垫是否烧损等方面去检查排除。

68. 排气管为何冒白烟?

答 柴油中有空气,油供不上,因缺油排气冒白烟;柴油中有水,吸入气缸内影响燃烧,使水呈蒸气状排出,出现白烟;柴油预热温度不够,缸内温度低,柴油自燃过程慢,来不及燃烧的柴油呈微小油粒状态排出而冒白烟;气缸压缩不良,缸内压力低和温度低,冒白烟;供油时间过晚,部分柴油在气缸内未燃烧,就形成白色油雾状从排气管排出。

69. 怎样解决排气管冒白烟问题?

答 柴油中有空气,及时排净空气。柴油中有水,可先放掉油箱底部沉底的水,再使用上层柴油。冷车起动后,可适当延长预温时间,向水箱加热水预热发动机,起动后待水温达到正常时,白烟自然消失。供油时间过晚、气缸压缩不良引起冒白烟,均应及时排除故障。

70. 排气管为何冒蓝烟?

答 油底壳机油过多或过稀,在高温下工作,尽管缸套与活塞间隙不大,但机油仍易窜入燃烧室内燃烧,排气冒蓝烟;空气滤清器储油盘机油过多,吸入缸内燃烧,排气冒蓝烟,甚至引起"飞车";其他如缸套与活塞磨损严重,活塞环开口间隙或边间隙过大,气门杆与导管间隙过大,都易使机油窜入气缸燃烧而冒蓝烟。

71. 怎样排除排气管冒蓝烟?

答 油底壳机油过多时,应放出机油使油面至油尺上、下刻线之间,并根据气温和季节选用牌号相适合的机油,冬季一般应用号数较低(黏度低)的机油,高温季节应用号数较高(黏度高)的机油;空气滤清器储油盘内机油应保持在标定标记的油面位置;缸套与活塞磨损严重,可更换加大尺寸的活塞,并镗缸;活塞环开口间隙或边间隙过大,气门杆与导管间隙过大,则予更换。

72. 平衡轴为何断裂?

答 单缸柴油机平衡轴断裂究其原因有:

(1)装配错误 在柴油机拆装、维修过程中,有时装正时齿轮时把正时标记装错位,这时平衡轴不仅不能起平衡作用,反而会引起更大的振动,从而造成平衡轴的断裂。

(2)转速剧变 当柴油机转速急剧变化时,离心力骤然增大,如遇"飞车"事故或有猛轰油门时,均会使平衡轴受比平时大若干倍的惯性力,极易造成平衡轴断裂。

(3)轴承松旷 引起轴承座孔不正常磨损,平衡轴两端座孔同轴度超过许可极限或轴向游动量过大时,运转的平衡轴受过大的冲击负荷,导致轴断裂。

（4）齿轮啮合不良　平衡轴相啮合的齿轮中轴线平行度超差,在传动过程中发生卡滞,使平衡轴受到周期性的弯曲应力,从而导致平衡轴疲劳损坏。图 5-17 为 S195 型柴油机双轴平衡机构。

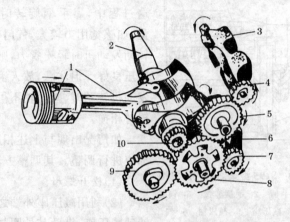

图 5-17　S195 柴油机双轴平衡机构

1. 活塞连杆组　2. 曲轴　3. 上平衡轴　4、7. 平衡轴齿轮　5. 起动齿轮
6. 下平衡轴　8. 调速器齿轮　9. 凸轮轴正时齿轮　10. 曲轴正时齿轮

73. 怎样巧装调速器钢球?

答　安装发动机调速器钢球时,由于驱动盘无法呈水平位置,为了使钢球在盖上滑动盘之前能粘在槽内,通常是用黄油涂在钢球上装入。这种办法黄油涂多了不利于调速器正常工作,涂少了又粘不住钢球。现介绍一简便装法:

将调速器驱动盘转到两对称钢球长槽处于水平位置,这样水平方向及上方的四条槽的钢球就可以放上去了。另外下方的两个调速钢球可以用左手食指和中指分别托入槽中,右手将调速滑盘轻轻推进,当滑盘边沿接触到手指时,顺势抽出手指迅速将滑盘盖卜即可。

74. 怎样调整 S195 型柴油机减压器？

答 调整 S195 型柴油机减压器的方法如下（图 5-18）：用左手顺时针方向转动减压器手柄，在这过程中，靠手柄旋转时手的感觉，如感觉用力较大，气门被压下，转动发动机时轻松省力，则减压器减压良好。但注意，放入手柄后在发动机转动时，减压轴不得与气门摇臂相撞。

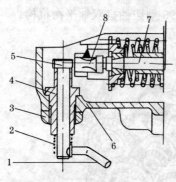

图 5-18 S195 型柴油机减压机构
1. 减压手柄 2. 手柄弹簧 3. 锁紧螺母 4. 减压座 5. 减压轴 6. 气缸盖罩 7. 进气门 8. 气门摇臂

如情况出现与上述相反现象，都应进行调整。其调整方法如下：

（1）松开螺母。

（2）利用减压座外端之"扁势"转动减压座，借助其外圆与内孔之偏心调整减压器。如减压时太松，则将减压座顺时针方向转动一个角度，太紧则相反，直至调整到符合上述要求时为止。

调整减压机构应掌握的前提条件是：配气相位正确；活塞处于上止点位置；气门完全关闭；气门间隙调整正确之后再进行。

第四节 燃油系统、润滑系统和冷却系统

75. 燃油系统由哪些零部件组成，其功用如何？

答 燃油系统由油箱、输油管、柴油滤清器、输油泵、喷油泵、调速器、高压油管、喷油器组成。其功用是将清洁的柴油按时、定量、定压地以雾状喷入各气缸燃烧室。

如农用车发动机的燃油系统分为低压油路与高压油路两大部

分。低压油路包括燃油箱、输油泵、滤清器和低压油管。高压油路包括喷油泵、高压油管和喷油器等,如图 5-19 所示。

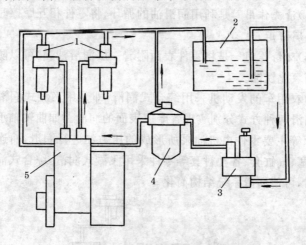

图 5-19　柴油机燃油系统示意图

1. 喷油器　2. 油箱　3. 输油泵　4. 柴油滤清器　5. 喷油泵

发动机工作时,输油泵从油箱吸取洁净的柴油输送到柴油滤清器,滤洁的柴油流向喷油泵,由于输油泵的供油量比喷油泵的需要量大得多,过量的柴油便经回油管流向油箱。喷油泵输出的高压柴油,经高压油管导向各缸的喷油器喷入燃烧室,多余的柴油从回油管流回油箱。

76. 润滑系统由哪些零部件组成,其功用如何?

答　润滑系统由油底壳、机油泵、油管和油道组成。其功用是向各摩擦表面输送清洁的润滑油,起润滑、冷却、清洗、密封和防锈作用。

(1)润滑作用　是将零件间的直接摩擦变为间接摩擦,减少零件磨损和功率损耗。

(2)密封作用　是利用润滑油的黏性,提高零件的密封效果。如活塞与气缸套之间保持一层油膜,增强了活塞的密封作用。

（3）散热作用　是通过润滑油的循环，将零件摩擦时产生的热量带走。

（4）清洗作用　是利用润滑油的循环，将零件相互摩擦时产生的金属屑带走。

（5）防锈作用　是将零件表面附着一层润滑油膜，可以防止零件表面氧化锈蚀。

如农用车的发动机采用综合式润滑，即采用飞溅式润滑和压力式润滑两种方式分别实现各摩擦表面的润滑。如曲轴轴承及连杆轴承等主要零件由机油泵所形成的压力油进行润滑，而连杆小头、活塞、气缸套、各种衬套等零件采用飞溅式润滑。综合式润滑工作可靠，可使润滑系统结构简化。

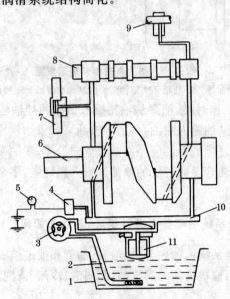

图 5-20　润滑系统的构造与润滑油路示意图

1. 油底壳　2. 吸油管　3. 机油泵　4. 机油压力表　5. 机油压力警示灯
6. 曲轴　7. 中间齿轮　8. 凸轮轴　9. 摇臂轴
10. 主油道　11. 机油滤清器

润滑系统主要由油底壳、机油泵、滤清装置、限压阀、压力表、机油尺、油道及油管等组成(图 5-20)。发动机工作时,机油泵将机油从油底壳吸入,并压送到机油滤清器,经滤清后的机油流入主油道,然后分别流入各曲轴轴承、凸轮轴轴承、惰轮轴轴承、连杆轴承等处,最后又重新回到油底壳。

77. 冷却系统由哪些零部件组成,其功用如何?

答 柴油机冷却系统按散热方式不同可分为空气冷却和水冷却两种。

拖拉机和农用车都采用水冷却。水冷却又分压力循环式冷却、自然循环式冷却和蒸发式冷却三种型式。

水冷却系统一般由风扇、散热器、水泵、水温表、调温器、水套、配水管、放水栓等组成。其功用是把柴油机燃烧过程中传递给零件的部分热量及时散发到大气中去,以保持柴油机的正常工作温度。

如农用车的冷却系统广泛采用压力循环水冷却方式,其组成如图 5-21 所示。

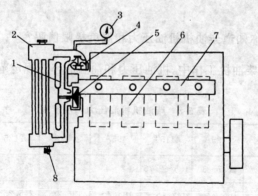

图 5-21 农用车的冷却系统

1. 风扇 2. 散热器 3. 水温表 4. 节温器
5. 水泵 6. 水套 7. 配水管 8. 放水阀

发动机工作时,风扇和水泵旋转,冷却水在水泵的作用下,由配水管进入缸盖和水套;吸热后,经缸盖水套出水管和节温器进入散热器的上部,然后经散热器芯流向散热器下部;在此同时,热量传给了散热器芯和散热器片,由于风扇的旋转,空气从散热器吹过,将热量带走,使水温降低,被冷却后的水由水泵重新压入水套进行循环。冷却水套中最适宜的温度为75～95℃。

78. 你知道柴油机燃油供给的途径吗?

答 柴油发动机供给燃油的途径是:

79. 你知道柴油机机油压力和温度极限值吗?

答 柴油机工作中,机油压力和油温应小于规定范围最低值,见表5-8。

表5-8 柴油机机油压力和温度表

机 型		4125A	4115T	495A	485	2125	S195
机油压力	公斤/厘米²	1.7～3	1.5～2.75	2～4	2～4	2.5～3.5	2.5～3.5
	千 帕	166.77～294.3	147.15～269.7	196.2～392.4	196.2～392.4	245.25～343.35	245.25～343.35
机油温度℃		70～90	70～95	≤97	≤97	60	60

80. 怎样调整机油压力？

答 多缸柴油机的机油滤清器上设有一个调整阀。由钢球、弹簧、调整螺栓、锁紧螺母等组成。其作用不仅控制了主油道的工作压力，而且还限定了机油泵的工作压力，使其稳定在规定范围内，以保证有关零件的润滑良好。

当机油压力偏低时，可松开锁紧螺母，拧进调整螺栓，增加弹簧的预紧力，提高调压阀的开启压力，使机油压力升高；当机油压力偏高时，可采取上述相反方向调整。

调整时，应将柴油机固定在中油门位置，拧紧调整螺栓，观察机油压力表上压力变化，调到规定压力值为止。

若机油压力在调整时无变化，则说明原因不在调压阀，应将调压螺栓调到原来位置，再找其他方面原因：如机油泵的泵油量减少，轴承间隙大，漏油等引起油压偏低；机油黏度大、油道局部阻塞等引起油压偏高。其次，检查调压阀是否失灵，如钢球与阀座的密封不良，会导致泄油使油压不能升高。

81. 机油温度为何过高？

答 柴油机工作中机油温度超过机体冷却水最高极限温度（可从机油温度表和水温表的读数得知，一般机油温度应比水温低 5～10℃），机油将会氧化变质或被烧焦，黏度和机油压力随之下降，润滑性能变差，造成此故障原因是：

(1)润滑系统自身的原因 带有油温转换开关的机油滤清器，因开关位置不对或开关不严密，或因机油滤清器堵塞、安全阀关闭不严，使全部或部分机油不经散热器而直接进入主油道；机油散热器内部被油泥堵塞或外部被杂物缠绕，机油散热器下部集流室隔板开裂漏油，影响机油散热；机油泵因内部磨损而泵油不多，或油底壳机油存量很少，不利机油循环散热。

(2)其他原因 冷却系统故障，如风扇皮带过松、机体水套中水垢太多等,由于水温过高引起机油温度过高;压缩系统漏气,高温气体窜入曲轴箱,使油底壳机油温度急升;发动机长期超负荷作业,造成机油温度上升。

82. 怎样预防和排除机油温度过高故障?

答 机油滤清器油温转换开关位置不对时,可根据季节选择适宜位置。开关不严,应予检修或更换。机油滤清器堵塞、机油泵磨损应检修或更换。机油散热器被污物堵塞时,先卸下清理外部,再用清洁柴油清洗内部,最后用打气筒吹洗疏通。油底壳机油不足,应按规定加足。属于冷却系统、压缩系统故障引起的机油温度增高,应查明原因后排除。发动机不宜长期超负荷作业。

83. 机油耗量过大的原因是什么?

答 柴油机工作中机油量逐渐被消耗是正常的(机油正常消耗率因机型而不同)。超量消耗,排气冒蓝烟,甚至排气管向外喷机油,造成发动机工作无力,机油压力下降。分析其原因有:

(1)油底壳中机油太多,或机油温度和压力过高,发动机在高速运转时,飞溅到缸臂的机油增加,窜进气缸燃烧的机油也增多。

(2)活塞环开口间隙或边间隙过大;油环回油孔槽被积炭堵塞;各活塞环开口方向对齐;活塞环弹力减退;活塞与气缸套发生偏磨而使配合间隙过大;气门杆与气门导管间隙过大。这些都有可能使大量机油窜入气缸燃烧,机油耗量增加。

(3)曲轴前、后油封损坏,油底壳与气缸体下平面纸垫损坏;或连接机油散热器的油管破裂、油管接头松脱,引起漏油,使机油超量消耗。

84. 怎样预防和排除机油耗量过大?

答 (1)向油底壳加机油时应适量,加至油尺上、下刻线之间即可。机油温度和机油压力过高,很可能是机油牌号不合要求。因此,要根据季节选用牌号对路的机油,如 8 号柴油机机油适于北方冬季使用,11 号柴油机机油适于北方夏季和南方冬季使用,14 号柴油机机油适于南方夏季和磨损较严重的柴油机使用。

(2)活塞环开口间隙和边间隙过大、活塞与气缸套发生偏磨使配合间隙过大,应检修更换零件加以排除,使机器保持良好技术状态。

(3)曲轴油封、油底壳与气缸体下平面纸垫损坏,应更换。为防止连接机油散热器的油管破裂而漏油,安装时可适当增加油管固定点,其他部分不要和机体接触,以免振坏油管。油管破裂须更换,油管接头松脱可重新拧紧螺母。

85. 油底壳机油面为何升高?

答　冷车时,用机油尺测量油底壳油面,油尺上的油迹超过上刻线。若油尺上附有水珠,说明机油中渗有水分;若油尺上无水珠,可能是柴油混进。分析原因:

(1)湿式缸套的阻水圈、缸垫损坏,或缸盖、缸体水套有裂缝、冷却水漏进油底壳。

(2)Ⅰ号喷油泵柱塞定位螺钉处紫铜垫片密封不良;Ⅱ号喷油泵凸轮轴前油封损坏;分配泵花键轴套漏油,均会使柴油漏入油底壳。

(3)供油量过大、喷油器滴油、供油时间过晚等引起不完全燃烧;气门间隙过大、摇臂轴支架固定螺栓松动,使个别缸气门打不开,喷入气缸的柴油不能燃烧;低温起动或供油时间过早,气缸内喷油器虽然照常喷油,却不着火。这些,将使未燃烧的柴油沿缸壁流入油底壳。

86. 怎样预防和排除油底壳机油面升高?

答　发现油底壳油面升高,若松开放油螺栓后,有较多的水流出,应检查冷却系统有无漏水部位;若放出的机油很稀,应从柴油渗漏方面找原因,再分别情况,予以修复或更换零件。低温起动,在减压预温阶段可试着供油起动,若供油后排气冒白烟仍不着火,应立即停止供油、继续预热,以免未燃烧的柴油积少成多地流进油底壳。

87. S195 型柴油机油底壳为何会渗进柴油?

答 柴油机油底壳进柴油,降低了机油的润滑性能,使曲轴、轴瓦、凸轮轴、机油泵、气门等运动部件磨损加快,缩短机器的使用寿命。柴油主要是从高压油泵和机体上盖渗入,分析柴油渗漏的原因是:

(1)出油阀紧座松动。因柱塞台阶与泵体的贴合面密封性能丧失,造成紧座松动;在拆卸高压油管时也会造成紧座松动。因此,在拧紧高压油管前,一定要检查紧座是否松动。

(2)泵体与柱塞套的加工精度不够,粗糙度过大。当出油阀座拧紧后,也避免不了此处柴油渗漏。换上泵体和柱塞套的精品,故障可排除。

(3)柱塞套在泵体内位置装偏,定位螺钉未进入定位槽而顶到柱塞套的表面,使套在定位螺钉上的铜垫片不起作用,从而造成泵体定位孔处渗漏,须重新安装柱塞套在泵体内的位置。

(4)柱塞磨损后柴油从柱塞套与柱塞之间泄漏进入油底壳,需要更换柱塞。

(5)机体上盖的螺钉松动渗漏,须拧紧上盖螺钉。

88. 怎样用胶粘补油箱、水箱和油底壳裂纹?

答 油箱、水箱、油底壳漏了施焊很麻烦,焊不好,漏得更厉害。如果采用胶粘补就省事多了。如胶粘补油箱,油箱内部不用洗,只要放出油,找到漏的地方,在外面擦净油污,用细砂纸擦出新金属面,采用抚顺合乐化学有限公司生产的"哥俩好"牌 HL-301 型胶粘剂、双组分,配比按胶的说明方法配,配好后涂在油箱的漏处,一般在常温下 8～20 分钟定位,50 分钟即可达到使用强度,24 小时后可达到最高强度即可加油使用,通常油箱不拆卸就可修理,修理费也很便宜。用同样方法,可以补水箱和油底壳的裂纹。

89. 怎样安装喷油嘴耦件?

答 在实际工作中,安装喷油嘴耦件,先要松开调整螺栓固紧螺母,再拧松调整螺栓,然后才能把耦件装紧。不然的话,喷针座的环形油道的上平面,易被顶杆顶紧,影响喷油器固紧螺母进扣,使之不能很好地与喷油器体的下平面贴合,造成两平面之间泄油,使喷油雾化不良。

90. 喷油嘴为何早期损坏?

答 在机车使用中,喷油嘴的正常使用寿命都在一年以上,但由于驾驶员不懂实用技术,使用不到 2～3 个月就早期损坏,究其原因一般有:

(1)新买的喷油嘴,有的驾驶员不加清洗就急于安装,致使喷油嘴内部的防锈油受热结炭而"卡死"。

(2)有的驾驶员从节油角度出发,在机车高温运转后急于停车。这样由于冷却水停止循环,机体温度继续升高,使喷油嘴内的残油受高温影响,引起喷油嘴粘胶,严重时"卡死"喷油嘴。

(3)喷油压力过低时不及时调整。压力过低,柴油雾化差,造成燃烧不完全,产生积炭,引起喷油嘴局部高温,从而烧坏喷油嘴。

(4)柴油清洁度差是造成喷油嘴早期损坏的主要原因。如滤芯堵塞、容器不清洁,对用油就更谈不上沉淀等,从而加剧了喷油嘴的早期磨损。

91. 怎样预防喷油嘴早期损坏?

答 喷油嘴的正确使用方法是:换装新喷油嘴前应将其放在柴油里加热,除去内部的防锈油,或用柴油清洗后再装用;在机车高温运转需停车时,采用小油门,空负荷低速运转片刻,然后熄火;喷油压力过低时,起动发动机则发出均匀连续不断的"嘶嘶"声,并伴有黑烟,高压油管脉动无力或感觉不出,此时应及时调整喷油压力;做好使用柴油的防尘、沉淀、过滤等基本环节,堵塞的滤芯应及时清洗或更换。

92. 你知道喷油器喷油压力和喷雾锥角吗?

答　不同的柴油机用不同的喷油器,不同的喷油器也就有不同的喷油压力和喷油锥角。见表 5-9 和图 5-22 所示。

表 5-9　喷油器压力和喷雾锥角

柴油机型	喷油器型式	喷油压力		喷雾锥角
		千克力/厘米²	兆　帕	
4125A	油针式	125±5	12.2±0.5	15°
4115T	油针式	125±5	12.2±0.5	15°
495A	油针式	175±5	17.2±0.5	12°
485	油针式	135±5	13.2±0.5	12°
S195	油针式	125±5	12.2±0.5	15°

喷油器的喷雾质量与喷油压力有很大关系。喷油压力过低,雾化不良,柴油机不易起动,耗油量增高,排气冒黑烟,针阀下端易积炭,功率下降。反之,喷油压力过高,则会加速喷油器、喷油泵零件的磨损,减低使用寿命。由于燃烧室不同对喷油器的喷射压力也不一样。135 系列柴油机、495A 型柴油机的长形孔式喷油器喷射压力定为(17.2±0.5)兆帕(175±5 千克力/厘米²),S195 型柴油机的油针式喷油器喷射压力定为(12.2±0.5)兆帕(125±5 千克力/厘米²),可用压力表检查(图 5-23)。

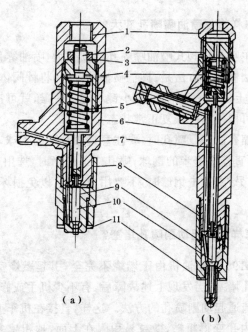

（a）

（b）

图 5-22　喷油器（喷油嘴）总成

（a）油针式　　（b）长型孔式

1. 喷油器帽　2. 喷油器调压螺钉　3. 锁紧螺母　4. 紧母　5. 调压弹簧

6. 喷油器壳体　7. 喷油器顶杆　8. 紧固螺套　9. 针阀体　10. 针阀　11. 垫圈

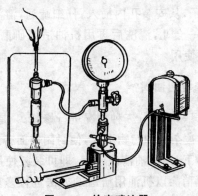

图 5 23　检查喷油器

93. 怎样修复喷油嘴喷孔变大？

答 单喷孔针阀式喷油嘴喷孔磨损变大，喷油雾化不良时，可采取缩孔法修复。方法是：拆下喷油器针阀，将针阀体喷孔朝上放平，在喷孔上放一个小钢球，用小锤子轻轻一敲，就可把喷孔缩小。这种方法可以使喷孔恢复正常状态。

使用缩孔法修复喷孔时，要注意选用合适的钢球，喷孔 0.1 毫米时，选用直径 3 毫米的钢球；喷孔 1.5 毫米时，选用直径 3.5～4 毫米为宜。另外，敲击钢球时，不要用力过猛，以免损坏喷油角度和雾化程度。

94. 怎样修复起动副喷孔堵塞？

答 S195 型柴油机由于燃烧不完全，引起燃烧室积炭，导致起动副喷孔堵塞。当发现上述故障后，有不少机手或修理工采取在发动机上疏通起动副喷孔的方法。这样，直接在机车上疏通，使起动副喷孔内孔变得粗糙，微粒易积附在上面，越积越多，最后造成副喷孔堵塞；有时用较粗的金属丝或较粗的金属锥子疏通时，易将副喷孔扩大，造成起动困难。

正确方法是：拆下气缸盖和喷油器总成，然后用直径 3 毫米的细钢丝磨成锥子，从安装孔内插入，仔细疏通，清洁后用气门砂涂在疏针上研磨一会儿，清洗后再用机油适当研磨，最后彻底清洗后，安装上即可使用。

95. 怎样修复出油阀？

答 出油阀一般可分三种情况进行修复。一是，由于燃烧柴油不干净，出油阀被杂物和污物卡死，使封闭锥面密封不严而引起漏油时，应将其拆下，用汽油清洗干净，即可装复使用；二是，如出油阀磨损轻微，可稍涂以机油用研磨的方法进行修复；三是，如出油阀磨损严重，密封锥面出现沟痕、斑迹、表面粗糙度增大，密封锥面接触环节过宽,若达到0.4~0.5毫米时,可采用镀铬研磨方法修复。图5-24、图5-25分别为齿杆式喷油泵和出油阀耦件。

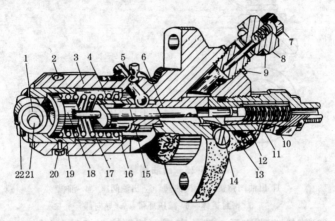

图 5-24 齿杆式喷油泵

1. 滚轮衬套 2. 卡簧 3. 泵体 4. 调节齿轮 5. 调节齿杆

6. 柱塞套 7. 放气螺钉 8. 进油管接头螺栓 9. 垫圈

10. 出油阀紧座 11. 出油阀弹簧 12. 出油阀 13. 出油阀座

14. 定位螺钉 15. 柱塞 16. 弹簧上座 17. 柱塞弹簧

18. 弹簧下座 19. 推杆体 20. 导向螺钉 21. 滚轮轴 22. 滚轮

96. 怎样拔出针阀?

答 喷油嘴烧死以后需拔出针阀时,应将喷油嘴放在盛有机油的容器中,加热到130~150℃(如果用柴油只加热到沸腾即可),这时阀体已受热开始膨胀,但针阀的温度还不太高,迅速将喷油嘴取出。用两把平钳分别夹住阀体和针阀,旋转拔出。或把阀体用软物包住夹在台虎钳上,再用一把手钳夹住针阀,转动拔出。

97. 怎样调整 S195 型柴油机供油提前角?

答 调整 S195 型手扶拖拉机发动机供油提前角方法如下:
(1)拆下接喷油器一端的高压油管管接头螺母。

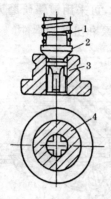

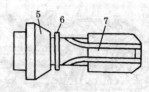

图 5-25　出油阀耦件

1.出油阀弹簧　2.出油阀　3.出油阀座　4.油槽
5.密封锥体　6.减压环带　7.导向部

(2)旋松接喷油泵一端的高压油管管接头螺母,将高压油管旋转一个位置,使高压油管接头喷油器端的口向上,再将该管接螺母旋紧,然后用泵油手柄将高压油管内的油泵满。

(3)扳动飞轮,当看到柴油从油管口开始冒出时,立刻停止扳动,并观察飞轮上供油刻线位置是否对准水箱上的红刻线。如果相差较大(记下供油提前角是早还是晚),则应调整,步骤如下:

①关闭油箱开关。

②将齿轮室上的观察孔盖板拆下,并将调速把手置于中间位置。

③拆下喷油泵上的进油管。

④旋下喷油泵固紧螺母,拉出喷油泵。

⑤增加或减少垫片进行调整。如提前角比要求要早,则应增加垫片,提前角比要求的晚,就减少垫片。

⑥将喷油泵装上,并拧紧固紧螺母。装上喷油泵时,应特别注意,将调节臂圆球嵌在调速杠杆的槽内。喷油泵装好,还须通过观察孔检查一次,以免差错而造成"飞车"等事故。

⑦调整完毕后,校核飞轮上供油刻线位置是否对准水箱上的

红刻线，如不符，需重新调整（供油提前角出厂时已精心调整，在一般情况下供油提前角不易走动，用户在使用中切忌任意增减垫片，以免影响发动机正常工作）。

98. 怎样调整 495A 型柴油机供油提前角？

答 柴油机运转如发现有不正常噪声、起动困难、功率下降等现象，可能是供油提前角有问题。其检查调整方法如下：

因喷油泵各缸出油相位在制造时已保证，故只需检查调整第一缸的供油提前角。方法是：旋出拧在油底壳左侧凸缘上供油提前角检查孔；旋松气缸盖罩壳上的 4 个螺母，使气缸盖罩开启 5 毫米左右缝隙，顺时针转动起动爪，当看到第三缸进气挺杆开始上升时，表示第一缸即将进入压缩行程位置；继续顺时针转动起动爪，用外径 6 毫米的铁棒插入供油提前角的检查孔中，使一端抵住飞轮端面，当转至铁棒能插入飞轮上相对孔中时，表示第一缸处于压缩上止点前 25°～27°，若此时又能在喷油泵出油管口看到油面波动，说明供油提前角正确；如果供油提前角不正确，可旋松喷油泵连接板上的 3 只紧固螺母，旋松油管接头螺母，转动喷油泵壳体，朝外转供油提前角变大，朝里转供油提前角变小，直至调整符合 25°～27°要求后再固紧螺母。

99. 你知道常用柴油机供油提前角是多少吗？

答 不同型号的柴油机有不同供油提前角，见表 5-10。

表 5-10 部分柴油机供油提前角

柴油机型号	供油提前角（度）	配套机车
4125A	15～19	东方红-75 型
4115T	15～18	铁牛-55 型

柴油机型号	供油提前角(度)	配套机车
495A	25～27	上海-50 型
485	19±3	四轮农用车
2125	10～14	东方红-28 型
2105	23～27	东方红-28 型
2100	22～26	四轮农用车
295	15～19	四轮农用车
285	20～24	四轮农用车
S195	15～18	东风-12 型
X195	16～20	东风-12 型
L195	16～20	三轮农用车
R175	20～24	三轮农用车
170F	22～25	水田耕整机
165F	20～24	水田耕整机

100. 你知道柴油机的润滑方式和润滑路线吗?

答 不同的发动机有不同的润滑方式和润滑路线。如 165F、170F、175F 型与水田耕整机配套的小型柴油机,是采用飞溅式润滑;4125A 型与东方红-75 型拖拉机配套的柴油机,是采用复合润滑方式。这两种不同机型其润滑路线也各有不同。图 5-26 为165F、170F、175F 型柴油机飞溅式润滑;图 5-27 为 4125A 型柴油机复合润滑方式。

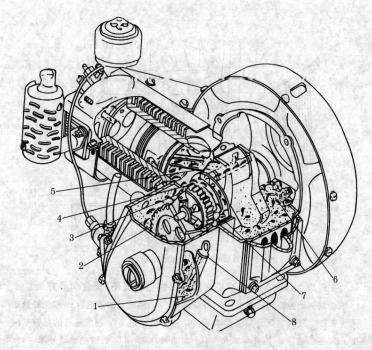

图 5-26　165F、170F、175F 型等柴油机飞溅式润滑

1. 机油　2. 凸轮轴正时齿轮　3. 曲轴正时齿轮　4. 甩油圈

5. 曲轴　6. 308 轴承　7. 208 轴承　8. 油尺

165F、170F、175F 型柴油机的润滑路线如下：

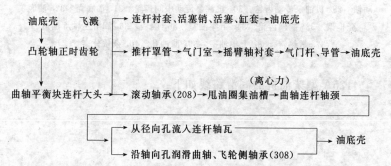

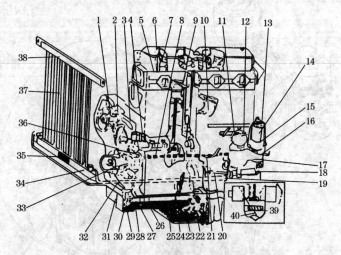

图 5-27　4125A 型油机润滑系统的结构简图（复合润滑方式）

1. 喷油泵驱动齿轮润滑油道　2. 外装油管　3. 惰轮润滑油道　4. 凸轮轴脉动供油槽　5. 气缸盖到气门摇臂油道　6. 摇臂轴油道　7. 润滑推杆的摇臂喷油孔　8. 主油道　9. 连杆深油孔　10. 加油管总成　11. 机油细滤器外罩　12. 转子细滤器　13. 机油粗滤器外罩　14. 内滤芯　15. 外滤芯　16. 机油温度表感温塞　17. 机油滤清器底座　18. 机油散热器进油管　19. 机油散热器出油管　20. 机油泵出油管　21. 机油压力表接头　22. 机油泵　23. 带滤网的收油器　24. 机油尺总成　25. 花键轴　26. 花键轴联轴节　27. 传动轴支架　28. 传动轴　29. 机油泵传动齿轮　30. 机油泵传动中间齿轮　31. 油底壳　32. 油底壳框架　33. 曲轴齿轮　34. 下集油室　35. 隔板　36. 润滑主轴承油道　37. 散热管　38. 上集油室　39. 滤油孔　40. 杂质分离管

4125A 型柴油机的润滑路线如下：

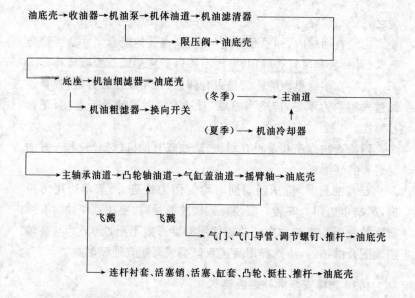

101. 怎样修复高压油管锥孔缩变？

答 高压油管的孔径缩变时对发动机的动力性和经济性影响很大。当高压油管锥孔缩变超过规定技术要求时，可采取以下方法修理：

（1）对变形不大的锥孔，可用直径 2 毫米的钻头进行扩孔修理，使其恢复到原来的尺寸和几何形状。

（2）对锥头变形、孔径缩变较大的油管，可再车制一个锥头（要求表面光洁、无裂纹、锥孔符合标准），将锥头的中心与油管的中心对正焊好即可，其中心偏移量不得超过 0.25 毫米。

102. 怎样安装油封？

答 驾驶员在安装油封时往往使油封损坏或出现漏油现象，怎样正确安装油封呢？一般应做到"四查四看"：

一检查油封是否有灰尘、杂质、泥沙；看一看油封橡胶有无龟裂之处。

二检查油封内、外径和高度与转轴、座孔的配合尺寸是否符合要求;看一看宽度是否够用,宽度不够可剪毡垫或石棉纸垫补充。

三检查油封里面的弹簧是否有弹性、松紧度是否合适,弹簧过长过松箍紧力不足,应适当缩短;看一看油封橡胶是否老化,是否有弹性。

四检查轴或座孔是否有划伤、锈蚀或其他机械损伤;看一看油封是否有变形。

安装油封时,应从四周同时均匀用力推进,严禁单边用力推进,严禁单边用力安装。安装骨架橡胶油封时,要注意使油封有弹簧圈的一面朝来油方向。油封使用温度一般不超过 95℃,与高转速轴配合的油封,应选择用高速双口型或高速普通型油封。

103. 怎样安全焊补燃油箱?

答 焊补燃油箱时,如处理不当易发生燃烧或爆炸事故,现介绍两种安全焊补法:

(1)清洗燃油箱后焊补法 先找准油箱漏油处,做上标记,将燃油放净后,拆下油箱内粗滤器。随之装入碱水或金属清洗剂混合液摇晃,清洗内外部油垢,反复清洗数次到无油污为止,然后打开油箱所有孔盖,将油箱放到通风处静放 10 小时左右,方可施焊补漏。

(2)燃油箱充水焊补法 按上述方法洗净油箱后,再装满清水,盖紧箱孔,以免水流失,将需焊补部位转至易焊处施气焊,或将清洗干净的油箱装水浸入水池中,露出待焊部位后施焊。

104. 怎样锡焊油顶杆?

答 把划伤的油顶(也叫油缸)拆下来,用细齿锉锉去被液压油里杂质划伤的毛刺,用汽油或酒精将其洗干净晾干或擦干,用汽焊枪或喷灯或火烙铁加热需加工的部位,把锡和焊料填在被划伤的部位,继续加温至锡化焊牢为止,冷却后用锉或砂布加工到标准尺寸即可不漏油。

105. 高压油管漏油怎么治漏?

答 高压油管长期使用,接头锥面可能会磨损,引起密封不严漏油。当一时无新高压油管更换时,可采取以下临时措施:在高压油管锥面与锥孔的配合处垫一段长 1~2 毫米、直径约 5 毫米的塑料管,或者垫一个内径略大于油管内径、外径适当的紫铜垫圈即可根治。

106. 润滑油管破裂后漏油怎么治漏?

答 柴油机上润滑系统的铜管如果拆装不当或受外力,弯曲处常会破裂而漏油。此处采用电焊不易修复;采用锡焊强度不够,会因机油压力或工作时的振动而重新破裂。因此宜采用铜焊:将焊补填充材料白铜和破裂的油管放在炉内加热,直到油管呈现鲜红色取出,并在破裂处撒上一层硼砂,当硼砂熔化时,马上将已加热的白铜在裂缝处用力涂抹,冷却后油管破裂处即可补好。

107. 柴油箱漏油怎么治漏?

答 机车在运输途中,若发现油箱漏油,应急措施是:在油箱漏油处用布擦干净,然后用肥皂涂在油箱漏油处,这样可以大大减轻漏油程度,能维持 1 天,回去以后再彻底加以根治。

108. 高压垫漏油怎么治漏?

答 4115、4125 等型柴油机的 Ⅱ 号喷油泵高压垫易漏油,应及时检查和排除,其方法是:

柴油机熄火后,拆下高压油管,如果出油阀紧座向外溢油,说明该分泵的高压垫损坏,必须换用新品(也可以用铝饭盒制作)。如果用手油泵泵油后,出油阀紧座才有轻微的溢油现象,说明该分泵的出油阀紧座不紧或高压垫薄,可紧一下出油阀紧座或在原垫上增加一个用牙膏皮自制的薄片,拧紧出油阀紧座不得超过 49 牛·米的力矩,再用手油泵泵油观察出油阀紧座,直到不溢油为止。

109. 低压油管接头处渗漏油怎么治漏?

答 柴油机此处漏油大多是因铜垫或铝垫凸凹不平,或是油管接头不平所致。可将垫圈或油管接头平面放在细的钢锉上或"0"号砂布上、或涂有气门砂的玻璃板上进行研磨,直到整个平面无凹痕即可使用。也可在垫圈的两侧接头螺栓上,均匀地缠绕适当的棉丝,拧紧后也可临时防漏。

110. 怎样巧洗油箱?

答 油箱使用时间长了,箱内污垢太多,怎样也抠不干净。其实只要把油箱卸下,加入适量的柴油和干净的小卵石子,然后晃动油箱,靠小卵石子对油箱内壁的冲刷,便可将油污洗净。

111. 怎样巧集油底壳底部铁屑?

答 可将一块磁铁固定在发动机油底壳底部,这样可使润滑油中的铁屑被吸附在磁铁上。不少驾驶员使用实践证明,效果良好,能减轻机油的污染和机油滤清器的负担,减轻各运动件的磨损,延长机车使用寿命。

112. 怎样巧修油箱开关处漏油?

答 将开关卸下,取出填料,用耐油橡胶片做两个外径大于开关壳体孔 1 毫米,内径小于手柄螺杆 2 毫米的垫圈;再做两个外径比壳体孔大 1.5 毫米,内径比手柄螺杆大 1.5 毫米的圆钢垫,把橡胶垫夹在钢垫中间;然后一同套在手柄螺杆上,拧紧后压紧装置即可不漏油。

113. 怎样巧弯油管？

答 紫铜油管材质较硬，不便弯曲安装，可将需要弯曲的部位用炭火烧红，立即放到水中冷却，就会变得柔软易弯了。

114. 怎样巧排机油泵内空气？

答 S195 型柴油机的转子式油泵，若因泵内空气没排净，出现不泵油的故障，解决的窍门是：用一医疗废针管吸满机油，向泵的进油口处注油并转动机油泵，使出口出油，即可排除空气。

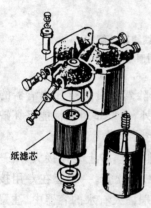

纸滤芯

图 5-28　495A 型柴油滤清器

115. 怎样巧除铁质滤芯污物？

答 空气滤清器的铁质滤芯，用柴油很难洗净。若滤芯蘸上柴油，可点火燃烧，待火熄灭后，用木棍轻敲滤芯，使烟火脱落，就可彻底清除滤芯内外的污物了。

图 5-28、图 5-29 和图 5-30 分别为柴油机柴油滤清器、柴油细滤器和机油滤清器。

116. 怎样简易测试空气滤清器？

答 柴油机经常在条件恶劣环境中作业，如果空气滤清器性能不好，尘土进入缸筒内，就会加速缸筒、活塞、活塞环等零件的磨损，缩短拖拉机使用寿命。经测试表明：柴油机如不装空气滤清器作业，活塞、缸筒的磨损将增加 3～5 倍，活塞环的磨损将增加 8～10 倍。因此，柴油机都必须装上阻力小、过滤性能高的空气滤清器。

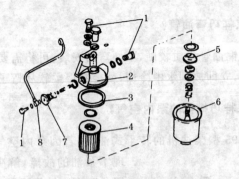

图 5-29　S195 型柴油细滤器分解图

1. 管接头螺栓　2. 滤座　3. 密封圈　4. 滤芯　5. 托盘

6. 壳体　7. 单向阀座　8. 回油管

目前空气滤清器使用、保养不当除驾驶员对空气滤清器的构造特点不太清楚、作用原理不大了解外,主要是对其性能好坏缺少测试手段。现介绍一种简易测试方法:

利用发动机进气支管壁上的预热塞孔,拧上专用接头,用一根内径为 8～10 毫米、长 1500 毫米的塑料软管,一端套在专用接头上,用 18 号铁丝捆实确保密封;另一端插入有水的容器中(注意不要插到底部,也不能浮出水面)。起动发动机,盛容器的水沿塑料管上升,上升的高度即为该空气滤清器的过滤阻力,通常以"毫米汞柱"表示。测试的空气滤清器阻力应不大于 600 毫米汞柱。否则,必须对空气滤清器进行保养检修。

图 5-31、图 5-32 分别为东风-12 型手扶拖拉机发动机空气滤清器和湿式空气滤清器。

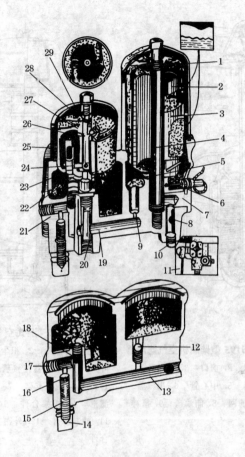

图 5-30　4125A 型柴油机机油滤清器

1. 机油粗滤器外壳　2. 内滤芯波纹筒　3. 外滤芯波纹筒　4. 滤清器轴　5. 内外滤芯密封圈　6. 机油温度表感温塞　7. "冬""夏"转换开关　8. 油道　9. 节流孔　10. 放油螺塞　11. 从滤清器到散热器之油管　12. 安全阀　13. 水平油道　14. 锁紧螺母　15. 回油阀调整螺钉　16. 回油阀钢球　17. 散热器到滤清器之油道入口　18. 油孔　19. 油道　20. 进油口　21. 机油滤清器壳体　22. 喷嘴　23. 转子螺栓　24. 收油管　25. 转子壳体　26. 转子轴　27. 转子顶盖　28. 止推环　29. 机油细滤器外罩

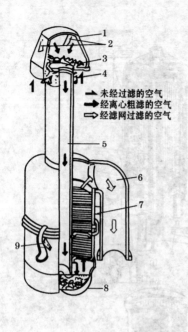

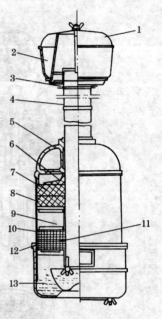

图 5-31　S195 型柴油机空气滤清器

1. 进气罩　2. 窗口　3. 导向叶片
4. 夹紧圈　5. 中心管　6. 出气管
7. 金属丝滤网　8. 储油盘　9. 搭襻

图 5-32　湿式空气滤清器

1. 粗滤帽合件　2. 积尘碗　3. 粗滤器
叶片　4. 粗滤器连接管合件　5. 壳体
合件　6. 滤芯支架　7. 上滤芯　8. 下
滤芯　9. 托架合件　10. 内密封圈
11. 滤芯合件　12. 外密封圈　13. 油盆
合件

图中文字说明（图 5-31 右侧）：

➡ 未经过滤的空气
➡ 经离心粗滤的空气
⇨ 经滤网过滤的空气

117. 柴油机水温过高的原因是什么？

答　水温过高是指柴油机工作中水温表指针读数超过水温适宜范围的最高值,见表 5-11。

5-11 柴油发动机适宜水温 （℃）

机　型	4125A	4115A	495A	485	2125
水　温	75～85	80～95	75～95	70～95	75～95

这时水箱内水沸腾,大量热气从水箱中喷出,排气管冒黑烟,发动机功率下降。分析其原因是：

(1)未加足冷却水,或冷却系统漏水而耗水过多,水温明显升高。

(2)未按规定清洗冷却系统,因水垢积累太多或杂物堵塞水箱散热器芯管,冷却水得不到冷却。

(3)风扇皮带太紧或损坏,或风扇叶片变形使输风量不足,降低风冷效果;或风扇皮带打滑导致水泵轴转速减慢,泵水量不足或不泵水。

(4)水泵内局部堵塞或磨损过度漏水。

(5)节温器膨胀筒损坏,节温器失效。

(6)发动机保温帘或百叶窗未开启妨碍散热。

(7)发动机超负荷工作,引起水温过高等。

118. 怎样排除柴油机水温过高？

答　排除柴油机水温过高的方法如下：

(1)冷车起动前应向水箱内加足干净冷却水。

(2)按规定清洗冷却系统,如散热器芯管被杂物堵塞应及时排除。

(3)风扇皮带太紧,可采取移动支架上发电机位置的方法进行调整,调整松紧可用手指按皮带施 30～50 牛的力,使皮带中部位移 10～20 毫米为宜;风扇皮带沾油打滑应更换;风扇叶片变形应校正。

(4)水泵内被污物阻塞须清除,磨损应修复。

(5)节温器失效可拆下;放在盛水容器内加热,用水温表测量,当水温达(70±2℃)时,节温器应开始膨胀,达(83±3℃)时,完全胀开,否则节温器应予修复或更换。

(6)根据气温开闭保温帘和百叶窗,以改变水箱散热器芯管周围空气流量。

(7)尽量避免发动机长时间超负荷作业。一旦发动机水温过高应停机,在水温下降后再作业,若水箱缺水则应加足。图 5-33 为4125A 型柴油机冷却系统。

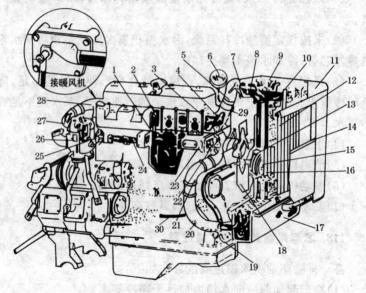

图 5-33 4125A 型柴油机冷却系统

1.气缸体水套 2.气缸盖水套 3.气缸盖出水管 4.张紧轮调整螺栓 5.散热器进水管 6.水温表 7.风扇护罩 8.通气管 9.水箱盖 10.散热器芯子 11.上水室 12.机油散热器 13.张紧轮 14.保温帘 15.风扇驱动皮带轮 16.风扇皮带 17.下水室 18.风扇 19.放水开关 20.散热器出水管 21.柴油机进水管 22.水泵 23.分水管 24.分水孔 25.起动机进水管 26.起动机气缸体水套 27.起动机气缸盖水套 28.柴油机缸盖进水管 29.水温表感温塞 30.暖风机出水管

119. 怎样清洗冷却水套内水垢？

答 机车在工作 1000 小时左右应清洗冷却水套内水垢。方法是：放尽冷却水后将开关关闭，取出节温器（S195 型柴油发动机无节温器），用配制好的清洗液（10 升水中加苛性钠和 450 克煤油）倒入水箱，起动发动机中速运转 5～10 分钟，熄火后停放 10～20 小时；第二次再起动中速运转 5～10 分钟后熄火，然后放净清洗液，注入清水；第三次起动发动机，换水清洗 2～3 次，直至放出的水清洁为止。最后装复节温器，加满清水。

120. 怎样清洗润滑油道？

答 清洗润滑油道应遵循以下程序：

（1）拖拉机熄火后，立即趁热从油底壳中放出废旧机油。

（2）向油底壳中加入清洗油（柴油或 1/3 机油与 2/3 柴油的混合油），其数量一般达油底壳容量的 1/3～1/2。起动发动机怠速运转 3～5 分钟。此时应严密注视机油压力表（其读数不得小于 5.88×10^4 帕），如果压力太低，应立即停车。清洗后，从油底壳、机油过滤器及散热器中放出清洗油，盛于干净容器内，沉淀后仍可使用。

（3）卸下机油过滤器，清洗壳体及滤芯。装回时，必须在滤清器内注入新机油。清洗加油口滤网和通气孔，用机油润滑通气孔填料。最后加入新机油到规定刻度。

（4）起动前要摇转曲轴，直到机油压力表显示出压力后再起动发动机，以免发动机开始工作时，造成半干摩擦，引起机件烧坏。

第六章　底盘的使用与维修

第一节　传动机构

1. 传动机构由哪些零部件组成，其功用如何？

答　传动系主要由离合器、变速箱、中央传动和最终传动四部分组成。主要功用：

(1)传递动力、改变转速、改变转矩以改变车辆的速度。

(2)切断动力或接合动力以实现车辆的停车、起步、前进或倒退。

目前，农用车广泛采用机械式传动，后轮驱动方式。传动系统主要由离合器、变速器、万向节传动装置和驱动桥(包括减速器、差速器和驱动半轴等)四大部分组成，其布置形式如图 6-1 所示。发

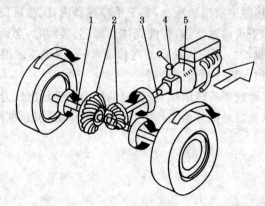

图 6-1　农用车的传动系统

1. 驱动半轴　2. 差速器　3. 万向传动装置　4. 离合器　5. 变速器

动机产生的动力经离合器、变速器、万向节传动装置、减速器、差速器和驱动半轴,最后传给驱动轮,以驱动农用车行驶。

2. 变速箱为何挂档困难?

答 挂档时变速箱内发出打齿声,或扳不动变速杆,挂不上档。分析其原因:

(1)离合器分离间隙、踏板自由行程(手扶拖拉机为离合、制动手柄自由行程)调整不当,或离合器踏板未踩到底,离合器分离不彻底,使分离时离合器轴仍在传动,传到变速箱不能完全切断,导致挂档时变速箱内打齿。

(2)变速箱内主、从动齿轮的轮齿端面碰毛,或挂档时主、从动齿轮的齿顶侧面正好处于相碰位置,无法移动而挂不进档。

(3)拨叉变形或固定拨叉的螺栓松动。当拨动拨叉轴时,拨叉移动量很小或无移动,或拨叉轴弯曲变形,使拨叉轴难以移动挂档困难。

(4)变速箱花键轴上的花键被磨成台阶,或花键轴沾脏物,轴上的滑动齿轮难以移动,挂档很困难。

3. 怎样排除变速箱挂档困难?

答 变速箱挂档困难,可采取下列方法排除:

(1)换档时,应将离合器踏板踩到底,使离合器处于完全分离状态,以免移动齿轮时打齿硬碰。离合器调整间隙不当,应重新调整。

(2)有时挂不上档,可先分离一下离合器,让齿轮稍移动一下(避免齿顶侧面互碰),再挂档。变速箱内齿轮端面有毛刺时,可拆下用油石磨修。结构完全相对称的齿轮,当轮齿单面磨损后,可调换位置使用(如东方红-75型拖拉机的一档和三档从动齿轮)。

(3)拨叉轴上固定拨叉的螺栓松动可拧紧。拨叉轴上定位槽、锁定销(或钢球)磨损严重,应拆下焊修或更换。拨叉、拨义轴弯曲变形不严重,可拆下校正,变形严重则应更换。

(4)变速箱花键轴磨出毛刺或台阶,可用细油石磨修。磨损量超过 1 毫米时,无法修复,应更换。

4. 变速箱为何自动脱档或乱档?

答 拖拉机在行驶中,变速箱主、从动啮合齿轮自动分离,自行停车称为脱档;拖拉机同时挂上两个档,不能前进或倒退,发动机冒黑烟,极易打坏变速箱齿轮称为乱档。分析其原因:

(1)拨叉轴上定位槽、锁定销磨损严重,锁定弹簧折断或弹性减弱,锁定效果差,拨叉轴定位不牢,运转中拨叉轴便在机身振动和齿轮轴向推力作用下产生轴向窜动,造成自动脱档。

(2)拨叉上固定螺栓松动或拨叉折断、弯曲,使滑动齿轮失去控制或拨不到全啮合位置,加上工作中受负荷振动,滑动齿轮自动脱位。

(3)变速箱内齿轮轮齿严重磨损,形成锥形,即使锁定正常,有时滑动齿轮在锥形齿较大的轴向推力作用下,也会自动脱开。

(4)锁定装置失效,拨叉轴自动移位,滑动齿轮不仅会自动脱离啮合,而且有可能在已经挂上档的情况下又挂上另一档。

(5)操作不当,变速杆没有推到底,齿轮没有完全啮合而逐渐脱开。

5. 怎样排除变速箱自动脱档或乱档?

答 变速箱自动脱档或乱档,应采取下列方法排除:

(1)拨叉轴上的定位槽、锁定销严重磨损,应焊修或更换,锁定弹簧太软或折断应换新。

(2)拨叉上的固定螺栓必须拧紧。拨叉折断不仅使齿轮失去控制和拨不到位,而且会打坏齿轮箱,应及时更换。拨叉弯曲可拆下校正。

(3)齿轮啮合表面磨损后可进行堆焊处理,再用机械加工方法修复,无修复价值应换新。结构完全对称的齿轮磨损后,可调位使用。

(4)发生乱档,应立即熄火停车排除故障。

(5)挂档时,变速杆须挂到底,使齿轮完全啮合(图6-2),以免轮齿磨成锥形而产生自动脱档。

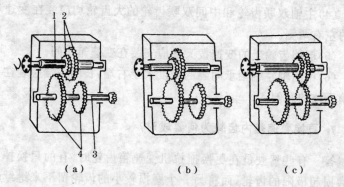

图6-2 变速箱变速原理

(a)空档位置 (b)不完全啮合 (c)完全啮合

1. 主动轴 2. 主动齿轮 3. 从动轴 4. 从动齿轮

6. 装配手扶拖拉机变速箱应注意些什么?

答 东风-12型手扶拖拉机变速箱主要由5根轴、12只齿轮、3根拨叉轴、3只变速拨叉和轴承、壳体等组成,有经验的修理工在长期实践中,认为装配手扶拖拉机变速箱有以下几点应特别注意:

(1)一倒档拨叉轴和快档拨叉轴容易混装,绝不能互相装错,装错挂不上档。因一倒档拨叉轴上的空档定位槽至一倒档定位槽的距离大于快档拨叉轴上空档位置槽至二、三档定位槽的距离。

(2)一倒档拨叉轴和快档拨叉轴的安装方向不能装反,装反了会脱档。因为空档定位槽至倒档定位槽的距离大于倒一档定位槽的距离。距离大的一端应装在变速箱内左侧,否则定位销不能锁入定位槽,起不到定位作用而脱档。同样,因快档拨叉空档定位槽至高档定位槽的距离大于至低档定位槽的距离,距离大的一端应装在变速箱内右侧(左右方相对手扶拖拉机正常工作位置而言)。

(3)主轴双联齿轮与中间双联齿轮从外形上看很难分辨出来。它们主要区别是:主轴双联齿轮两齿间的距离大于中间双联齿轮两齿轮间的距离,所以绝不能装错。

(4)主轴双联齿轮和中间双联齿轮的大齿轮均应装在变速箱内的左右两侧。

(5)倒档齿轮上的变速拨叉槽应安装在变速箱中间。

(6)中间轴左端轴承间隔的长度大于右端,长的一端应装在变速箱壳体的左侧。

7. 更换变速箱内齿轮为何要成对?

答 有些驾驶员在更换拖拉机变速箱齿轮时,有的只换掉一个磨损超极限的齿轮,而将另一个磨损较小的齿轮留下来继续使用,认为能省就省。其实,由于新旧齿轮的齿廓形状不一样,啮合时间隙加大,不能平稳接触而造成撞击,不仅降低了齿轮的传动效率,也增加了对齿面的冲击载荷,损坏齿面的润滑油膜,反而加速新、旧齿轮的磨损。因此,驾驶员或修理工在更换齿轮时须成对更换,千万莫为小失大。

8. 怎样目测齿轮表面硬度?

答 农用车、拖拉机变速箱中的齿轮,通常使用寿命为6000～8000小时。驾驶员在没有锉刀锉试和硬度计检测齿轮的情况下,怎样判断齿轮的质量呢?现介绍一种简易目测法:经渗碳淬火的齿轮,在喷丸和喷砂后,可以从齿顶表面粗糙度及颜色初步判断其硬度高低。

如果齿顶上仍留有车削刀痕,并呈现灰色且有光泽,则硬度一般较高,在HRC 58以上;假如齿轮处车削刀痕不复存在,或出现粗糙凹坑,并呈米白色,则有不同程度的脱碳,硬度一般较低,在

HRC 57 以下。

购买齿轮时,一定要检查齿轮端面上是否有齿轮厂标记,以防假冒伪劣产品。

9. 拆装传动齿轮有何要领？

答 在拆装传动齿轮过程中,不可猛打硬敲,以防齿轮碰损、变形。如果齿轮与轴是静配合,拆卸时须用拉轮器,安装前先在机油或水中加热。往花键轴上安置齿轮时,应及时装配轴用挡圈,防止齿轮发生轴向窜动。齿轮必须安装到位,并尽量靠在轴的台肩上。对于齿轮组(例如定时齿轮),要打印啮合标记,以免改变正确的传动关系。认清倒角,有的齿轮的轮齿或者内花键上加工有倒角,此倒角一般应朝向滑动齿轮或者对着花键轴的插入方向。

为了使传动齿轮获得良好的啮合质量,待齿轮安装后应进行检查:用百分表检查齿轮的径向跳动和端面跳动量;用涂色法检查齿面啮合印迹,在齿高方向接触斑点应为 30%～50%,在齿长方向接触斑点应为 60%～70%;用被压扁的铅片测量齿侧间隙。以上检查结果均应符合使用说明书的规定。

10. 怎样维护保养传动齿轮？

答 应按时检查齿轮箱内的润滑油面及油质,防止润滑失效,减少齿轮的磨损;换档、高速应平稳,避免冲击载荷;当齿轮磨损超限,一般应成对更换,以保证齿轮副啮合的准确性;当对称性齿轮的一个工作面损坏后,可以翻转 180°安装,利用齿轮的另一个工作面继续工作(如飞轮齿圈);避免超负荷作业损坏齿轮。

11. 怎样巧拆减速齿轮外弹力挡圈？

答 东风-12 型手扶拖拉机变速箱内减速齿轮的外弹力挡圈,拆除非常困难。可用一根细铁丝,一端穿过挡圈上的小孔后拧紧;另 端用旋具绕好,紧紧拉住,然后前后转动几下驱动轮,挡圈便可拆下。

12. 怎样检查调整后桥小圆锥齿轮轴承预紧力？

答 以上海-50 型拖拉机为例，用千分表测得主动小圆锥齿轮轴向游隙超过 0.10 毫米时，应予调整。调整时，拆下小圆锥齿轮总成（包括齿轮、轴承及座），松开小圆锥齿轮轴上锁紧调整螺母的止退垫圈，拧动调整螺母，当用手稍用力能转动小圆锥齿轮，松手后小圆锥齿轮又不会借惯性继续自转时，认为预紧力矩合适（此时约为 1.57～2.35 牛·米），再用止退垫圈锁紧调整螺母。

13. 怎样检查调整后桥大圆锥齿轮轴承预紧力？

答 以上海-50 型拖拉机为例，用千分表测得大圆锥齿轮轴向游隙超过 0.15 毫米时，应予调整。方法是：同时等量地减少左、右短半轴轴承座上的调整垫片，把左、右短半轴轴承座用螺栓压紧在后桥壳体上，拆除上圆锥齿轮总成及两侧最终减速大齿轮，当用手稍用力能扳转大圆锥齿轮，松手后大圆锥齿轮又不会借惯性自转时，认为预紧力矩合适（此时约为 1.96～2.94 牛·米）。

14. 怎样检查调整后桥盆角齿的齿侧间隙？

答 以上海-50 型拖拉机为例，用长为 15～20 毫米、宽 5 毫米、厚 0.5 毫米的三块铅片，沿齿轮大端圆周均匀地放置在大、小圆锥齿轮未啮合的轮齿齿面之间，转动齿轮后取出铅片，用千分尺测量铅片靠齿轮大端处被挤压后的厚度，三块铅片挤压后厚度的平均值即为齿侧间隙，此间隙以 0.20～0.35 毫米为宜（其他车型齿侧间隙：东方红-75 型 0.20～0.55 毫米、铁牛-55 型 0.25～0.50 毫米、丰收-35 型 0.20～0.35 毫米、东方红-28 型 0.15～0.50 毫米），如不符合，可增加或减少小圆锥齿轮轴承座处及左、右短半轴轴承座处的调整垫片。

15. 怎样检查调整后桥盆角齿的啮合印痕？

答 以上海-50型拖拉机为例,在大圆锥齿轮凹、凸面上均匀抹一薄层红铅油(拖拉机前进时,小圆锥齿轮凹面受力,红铅油涂在大圆锥齿轮凸面上;倒退时,小圆锥齿轮凸面受力,红铅油涂在大圆锥齿轮凹面上),转动齿轮后留在小圆锥齿轮啮合齿面上的印痕长度不应小于50%齿长,高度不应小于40%齿高;印痕应在齿面中部稍靠小端,距端边不小于5毫米。如不符合,可增或减小圆锥齿轮轴承座处及左、右短半轴轴承座处的调整垫片。

16. 后桥过热的原因是什么？如何排除？

答 拖拉机后桥壳体有手烫感,即为过热。其现象发生在新的或刚修理过的拖拉机,往往是中央传动大、小圆锥齿轮啮合的齿侧间隙太小或轴承装配过紧引起。对于长期使用的老车,齿轮油油面过低、油质不合要求也会导致后桥过热。

排除方法:检修拖拉机时,应对中央传动轴承预紧力、齿侧间隙、啮合印痕认真检查、调整;齿轮油不足应及时补充;油质变稀、变脏应更换新油,必要时应清洗后桥内腔;若因中央传动及最终传动装置漏油而引起后桥过热,则先要消除漏油因素(如拧紧紧固螺栓、更换垫片或油封等),再加注新齿轮油。图6-3为轮式拖拉机后桥布置型式。

17. 维修装配后桥盆角齿有何窍门？

答 在维修装配盆角齿时,确实保证角齿与盆齿之间的间隙,可延长其使用寿命。

在拆卸分解后桥总成时,首先在角齿中任选一个齿,用红漆做上标记,盆齿上与其啮合的左右相邻两个齿也做上标记,复装时,按标记装配就能保持原来的啮合位置不变,能延长使用寿命。这是因为原装配的齿轮啮合位置经较长时间的磨合后,接触面积已达

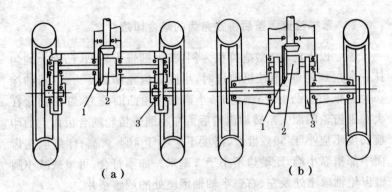

图 6-3 轮式拖拉机后桥布置型式
1. 中央传动 2. 差速器 3. 最终传动

到 60%～70%，啮合间隙也比较均匀；如果重新装配时调换位置，在新的啮合中，接触面积会大大减少（小于 40%），由于改变了啮合关系，齿部表面容易拉毛、脱皮，降低齿轮的使用寿命。

18. 怎样判断与排除后桥异响的故障？

答 后桥是拖拉机的重要组成部分，起着传递动力，差速转向等重要作用。

当机车在行驶中出现"咣当"、"咣当"的撞击声时，一般是齿隙过大。停车后可拆下后桥盖，用铁棍拨动圆锥被动齿轮检查，如活动量过大，就是间隙过大，应予调整，拆下检修。

如车辆在行驶中出现"咕咚"、"咕咚"的响声，就检查中间轴两端的轴承盖是否松动，轴承盖接合面是否有漏油现象。若有，多为中间轴两轴承座不同轴，使轴承转动时有较大阻力，引起齿轮啮合时移位而发出响声。应分解并检查轴承座孔的同轴度，如超过了 0.3 毫米应焊补并镗孔修复。

若车辆在低速直线行驶时有较低的"咔吧"、"咔吧"声，转弯时尤为显著，高速行驶时消失，这多半是差速器行星齿轮啮合间隙过大或半轴齿轮及键槽磨损所致。如响声不严重、润滑良好，可继续行驶;否则,应立即停车检修。

19. 分离轴承为什么会损坏? 如何修复?

答 踩下离合器踏板,离合器体内有"吱吱"异响声,松开离开器踏板,响声消失;离合器分离时,换档有打齿现象,甚至挂不上档;长时间使用离合器,分离轴承处发热冒烟。从故障现象分析是分离轴承已损坏。

(1)分离轴承损坏原因 离合器踏板的自由行程调整不当,离合器分离杠杆的头端与分离轴承之间的间隙过小,使分离轴承在分离杠杆上长时间旋转,以致烧坏分离轴承;操作使用不当,经常把脚放在离合器踏板上,用半接合半分离的方法来控制车速,使分离轴承长时间滑转而损坏;保养不当,使用中未按规定对轴承进行润滑,使其长时间在干摩擦状态下工作。

(2)排除方法 拆下分离轴承用汽油浸泡和彻底清洗后晾干,重新加注润滑油,若能圆滑转动可继续使用,否则应更换;正确调整轴承位置和离合器踏板的自由行程,使分离轴承与分离杠杆之间保持正常的间隙。

20. 怎样巧装轴承?

答 将轴承放在机油中加热到 60~90℃(轴承滚珠夹圈是塑料的除外),迅速取出,及时用木锤轻轻敲到准备的轴颈上;用一盏100~200 瓦灯泡,放在轴承内圈上,接通电源加热到 60~90℃,迅速把轴承安装在轴颈上。采用上述两种方法还可防止安装过程中损坏轴承。

21. 离合器为何会打滑?

答 离合器打滑的故障原因有:

(1)因曲轴箱油封损坏而漏油,或在对离合器进行保养时内部的清洗油未晾干,导致离合器摩擦片和飞轮、压盘的接合平面沾油污,离合器内压紧平面相互之间摩擦力减小,引起打滑。离合器常见故障部位,如图6-4所示。

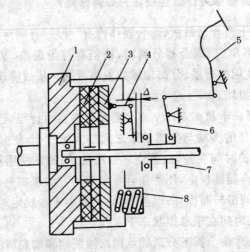

图6-4 离合器常见故障部位示意图

1.飞轮(与从动盘接触表面油污) 2.从动盘(翘曲变形或摩擦片破碎、铆钉外露、过厚或过薄、钢片与齿毂断脱) 3.压盘(翘曲或油污) 4.分离杠杆(折断、变形或调整不当) 5.离合器(工作行程不足或无自由行程) 6.分离叉(位置调整不当) 7.分离套筒(移动不自如) 8.离合器压紧弹簧(压紧弹簧折断、过软或高低不均)

(2)因摩擦片严重磨损,使铆钉头露出接合平面,或因偏磨,使摩擦面缩小、摩擦力也减小,造成摩擦片与接合平面之间打滑。

(3)因调整不当或连接、接触件之间的严重磨损,使离合器的分离间隙、踏板自由行程太小或消失;工作中离合器分离杠杆紧靠分离轴承,经常处于半离半合状态,不仅导致打滑,而且将进一步加速摩擦片的磨损。

(4)离合器压紧弹簧弹性减弱或折断,使摩擦片飞轮摩擦面、压盘接合平面之间压紧力不足或不均匀,引起打滑,甚至烧损摩擦片。

(5)离合器回位弹簧弹性减弱或折断,当离合器分离后再欲接合,分离轴承便不能自动回位,而仍与分离杠杆端头处于接触状态,引起打滑。

(6)驾驶员经常把脚放在离合器踏板上,人为地造成半离半合状态,造成离合器打滑。

22. 怎样判断与排除离合器打滑?

答 判断离合器打滑的简便方法:起动发动机,拉紧手制动器、慢松离合器踏板,徐徐加大油门起步,若车身不动,发动机继续转动不熄火,说明离合器打滑;或将发动机熄火后,挂上档,拉紧手制动,松开离合器踏板,再用摇把转动曲轴,若能传动,也说明离合器打滑。

排除离合器打滑的方法和步骤:

(1)首先检查离合器踏板的自由行程,如不符合规定,应予调整。

(2)若行程正常,应拆下离合器检视孔盖,查看离合器是否有油污。如有,应进行清洗:起动发动机,以怠速运转,并在不断踩入和松开离合器踏板的同时,用洗枪将汽油注入离合器的主、从动盘之间,进行清洗。

(3)清洗后如仍打滑,则要检查离合器与飞轮之间是否有调整垫片,若有,将其拆除后再拧紧。

(4)如无垫片,则拆下离合器检查摩擦片的技术状态。若有油污,应用汽油或碱水清洗并阴干或吹干;如断裂或磨损过薄,铆钉外露,就须更换摩擦片。如有烧蚀、硬化现象,轻者用砂纸打磨,除去烧蚀硬化表层,重者更换。

(5)如摩擦片完好,应检查压盘弹簧的弹力,如弹力太小,就更换弹簧。

(6)如上述各项检查均无问题,则要检查压盘与飞轮的摩擦表面。若有伤痕和台阶,应在车床上精车平整;如压盘翘曲,须更换。

23. 离合器沾油怎样清洗？

答 离合器沾油后，应先查明油源予以消除，如东方红-75、铁牛-55、上海-50、丰收-35、东方红-28等型拖拉机曲轴箱或变速箱油封损坏，油会漏进离合器壳内，应先更换油封，再根据不同情况进行拆卸或不拆卸清洗。其方法是：

（1）拆卸清洗方法 将离合器拆下，分解壳体内零部件，用煤油或汽油将所沾油污洗净，晾干后装复即可。

（2）不拆卸清洗方法 向离合器内加灌适量煤油（以淹没飞轮1/3为宜），起动发动机，在离合器分别处于接合和分离状态下各运转2～3分钟，熄火后放出全部清洗油；然后再用适量的煤油按前法清洗2～3分钟，再熄火彻底放净离合器内清洗油，使其在分离状态下晾干1小时左右，晾干后再拧复放油螺塞。

24. 离合器为何分离不彻底？

答 离合器踏板踩到底，来自发动机曲轴的旋转动力不能切断、挂档困难或挂不上档，变速箱内发出打齿声，甚至打坏齿轮，分析其原因：

（1）离合器调整间隙（分离间隙、踏板自由行程）太大，或三个分离杠杆内端与分离轴承之间的间隙不一致，或个别压紧弹簧弹力不足、折断，使分离时压盘歪斜，当踏板踩到底后，摩擦片与飞轮摩擦面、压盘平面之间的接触不能完全脱开，动力不能被彻底切断。

（2）摩擦片翘曲变形，或压盘不平，飞轮摩擦面烧损变形，使离合器即使处于分离状态，压紧平面之间仍有部分接触，仍然传递动力。

（3）离合器轴花键部分磨损或前后轴承磨损严重，分离时，摩擦片偏摆，导致分离不清。

（4）新换摩擦片厚度太厚或装反，主、从动部分的动力传递不易完全切断。

25. 怎样排除离合器分离不彻底故障？

答 （1）按规定检查调整离合器分离间隙或踏板自由行程，并使三个分离间隙值完全一致，个别压紧弹簧弹性减弱或折断应予更换。

（2）摩擦片翘曲变形，可用蒸气或放入开水中加热后压平，若已破碎应换新品；发现飞轮摩擦面或压盘平面烧损变形，可拆下送厂车削，装复时需再在离合器压紧弹簧处加适宜厚度的垫片，以弥补飞轮和压盘变薄后压紧弹簧的压紧力相应减小的不足。

（3）离合器轴及从动盘花键部分或前、后轴承磨损严重、应予更换。

（4）正确安装摩擦片，摩擦片太厚应予更换。

图 6-5、图 6-6 为东方红-75 型拖拉机离合器间隙、离合器小制动器间隙检查调整示意图。图 6-7 为上海-50 型型拖拉机双作用离合器。

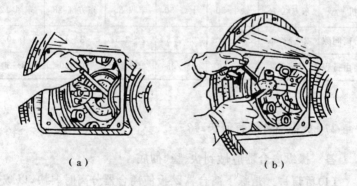

（a）　　　　　　　　　（b）

图 6-5　东方红-75 型拖拉机离合器间隙检查调整

(a)测量处　(b)调整处

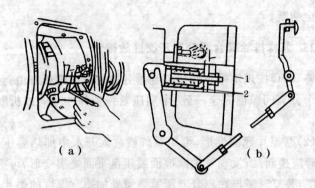

(a)　　　　　　　　　　(b)

图 6-6　东方红-75 型拖拉机离合器小制动器间隙检查调整

(a)离合器接合时　(b)离合器分离时

1. 制动压盘　2. 耳环

26. 离合器分离间隙与踏板自由行程是多少？

答　离合器分离间隙和踏板行程见表 6-1。

表 6-1　离合器分离间隙和踏板自由行程　　（毫米）

机　型	东方红-75	铁牛-50	上海-50	丰收-35	东方红-28	东风-12
分离间隙	2.5～3.5	2.5±0.5	2～2.5	2～2.5	3～4	0.4～0.7
自由行程	30～40	30～50	25～35	15～25	40～50	25～30

27. 操纵离合器有何诀窍？

答　操纵离合器应做到快、稳、彻底。

（1）所谓快　是踩下离合器踏板使离合器分离时要快，以减少主、从动盘之间滑摩时间，避免压紧弹簧长时间承受比接合时还要大的压力，造成弹簧弹力减弱或折断；松开踏板使离合器接合前 2/3 行程时要快，因这时主、从动盘开始接触，虽然滑摩速度较大，但因两盘之间压力较小，滑摩时间短，故磨损不严重。

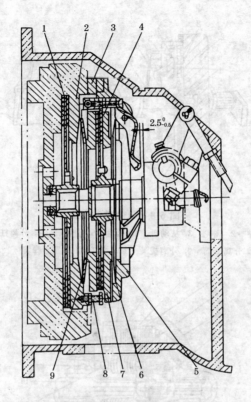

图 6-7 上海-50 拖拉机双作用离合器

1. 主离合器从动盘 2. 前压盘 3. 隔板 4. 副离合器从动盘 5. 离合器盖
6. 碟形弹簧 7. 后压盘 8. 分离螺钉 9. 碟形弹簧

(2)所谓稳 是松开踏板的后 1/3 行程要稍慢,以防离合器接合过猛,同时稍加油以保发动机不熄火,使车辆平稳起步。

(3)所谓彻底 是踩下踏板时要踩到底;松开踏板时要使踏板回至最高位置,在行驶中脚勿放在踏板上,以避免发生滑摩损坏。

图 6-8、图 6-9 为摩擦式离合器和转向离合器。

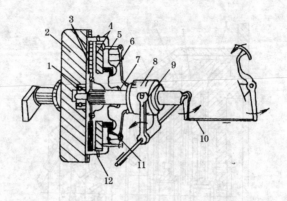

图 6-8 摩擦式离合器

1. 离合器轴 2. 飞轮 3. 从动盘 4. 压盘 5. 分离杆 6. 分离杠杆 7. 分离轴承 8. 分离套筒 9. 分离拨叉 10. 拉杆 11. 压紧弹簧 12. 离合器盖

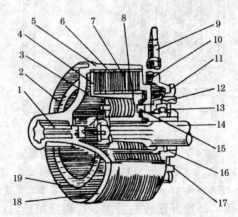

图 6-9 东方红-802 型拖拉机转向离合器

1. 主动轴 2. 从动鼓轮毂 3. 锁瓣 4. 主动鼓 5. 从动鼓 6. 从动片 7. 主动片 8. 压紧弹簧 9. 分离叉 10. 压盘 11. 分离拨圈 12. 分离轴承座 13. 分离轴承 14. 后桥轴 15. 弹簧销钉 16. 螺母 17. 挡圈 18. 紧固螺钉 19. 锁片

28. 如何调整手扶拖拉机离合、制动手柄自由行程？

答 操作离合、制动手柄在开始分离之前所移动的一段距离称为自由行程。自由行程过大，会导致离合器分离不彻底，因此也要调整合适。东风-12型手扶拖拉机离合、制动手柄的自由行程为25～30毫米。调整时，可松开锁紧螺母，调节离合器杠杆的长度，使离合、制动手柄自由行程符合要求。

29. 如何调整手扶拖拉机离合器分离间隙？

答 为了保证离合器内从动片和主动片之间完全接合和彻底分离，离合器在接合状态时，分离杠杆球头与分离轴之间要保持一定间隙，这个间隙为离合器分离间隙。

调整方法：先将离合、制动手柄放在"合"的位置，把厚薄规塞入分离杠杆球头和分离轴承之间进行检查。要求其间隙为0.4～0.7毫米，同时三个分离杠杆的头部应在同一旋转平面上。调整时，松开调整螺钉上锁紧螺母，将调整螺钉向外或向内旋转，向内旋转间隙变小，反之变大，一直调到符合上述要求为止。然后再将锁紧螺母锁紧，最后检查一遍分离间隙。

30. 手扶拖拉机离合器如何使用与保养？

答 离合器是个易损件，为了延长其使用寿命，合理使用和保养是重要环节。

(1)离合器的合理使用 接合离合器时，应缓慢放松手柄，以免在起步时受到很大冲击，引起传动部分的零件损坏；分离离合器时，要迅速、彻底，禁止用离合器控制拖拉机行驶速度，以免离合器长时间处于半分离状态，加速摩擦片的磨损；拖拉机停车后，应将离合、制动手柄放在"合"的位置，以免离合器弹簧长期处于压缩状态，使弹性变弱。

(2)离合器的保养 若分离轴承润滑不良，必须及时清洗，并

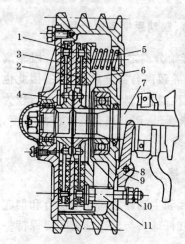

图 6-10　手扶拖拉机离合器

1.皮带轮　2、3.从动盘　4.主动盘
5.弹簧　6.压板　7.离合器轴
8.销轴　9.分离杠杆　10.螺母
11.调整螺钉

加注黄油,使离合器在接合状态时,分离轴承不旋转;当离合、制动手柄拉到离的位置,离合器仍然旋转,拖拉机仍能缓行,挂档时,变速箱发出打齿声,除及时调整离合器分离间隙和离合、制动手柄自由行程外,还须注意清洗保养摩擦片;若从动摩擦片翘曲变形,应检查更换。图 6-10 为手扶拖拉机离合器。

31.手扶拖拉机传动箱内敲击声怎样排除?

答　原因是链条磨损伸长,导致链条在传动箱内传递动力时晃动,敲击传动箱而产生此敲击声。遇此情况,调整链条张紧板使链条松边呈被压状态。如果张紧机构已调到极限位置,仍有敲击声,则应更换链条。

32.手扶拖拉机有哪些零件不能装反?

答　(1)油封不能装反　在最终传动驱动半轴上装有两个油封,一个是骨架自紧油封,一个是骨架橡胶油封。两个油封应背靠背地安装,骨架自紧油封应朝向最终传动箱体,以防止箱内的齿轮油外漏;骨架橡胶油封向外安装,以防止外界泥水渗入最终传动箱里。

(2)拨叉轴不能装反　快档拨叉轴及一倒档拨叉轴的左右方向容易装反。正确的安装方向是:快档拨叉轴定位槽间隔带窄的一端朝左侧传动箱安装;一倒档拨叉轴定位槽间隔带宽的一端朝左侧传动箱安装。如果装反,拨叉不能正确锁定在所需要位置,会造成乱档现象。

(3)离合器从动片不能装反 里面一片从动片花键毂凸肩向里,外面一片向外,装反了摩擦片打滑,不能工作。

(4)离合器左端的 60204 轴承不能装反 有铁皮防尘圈一面朝向摩擦片一侧,装反了轴承里的黄油会流入离合器内沾污摩擦片,并使轴承缺油而烧坏。

(5)传动箱链条的接头锁片不能装反 接头锁片的开口应与链条的旋转方向相反。否则,锁片容易脱落,造成接头脱开、链条断裂、挤坏传动箱的不良后果。

33. 手扶拖拉机链条滚子破裂和链条断裂是何原因?

答 链条磨损伸长后,如未及时调整张紧机构,在拖拉机受到较大的负荷时,就会产生链条折断和链条滚子破裂现象。链条断裂时,传动箱内突然发生敲击声,此时应紧急停车,进行检查。如果使用不长时间的链条折断,可换上几节继续使用;链条严重磨损应换用新件。

34. 链条链节松动有何修理方法?

答 链条链节的松动,主要是套筒和销轴磨损后出现间隙造成的。修理方法如下:

(1)套筒松动的修理 将链条清洗干净,用小圆冲把销轴冲出,取出修理一节的内链节,使其侧向压在铁砧上,用一只制成凸肩的圆冲(小头能插入套筒孔内),对准套筒端面进行冲铆。先冲铆套筒一端面,冲到一定紧度为合适。然后把内链节翻转 180°,再冲铆套筒另一端面,如此一节节地把套筒两端面全部铆紧。铆紧后把各销轴装上,把链条整体装好。

(2)销轴松动的修理 将链条侧向放好,一端面朝下压在铁砧上,用木锤子轻轻敲击销轴朝上的一端面(也可以用圆冲冲击)。铆好后把链条翻转 180°,再铆紧销轴另一面。如此一节节地把销轴两端面全部铆紧。但铆击时不要把内、外链板压得太紧,否则转动不灵活。若个别链节出现过紧,可在链条上涂些机油,正面放置于平板上摆直,用木锤轻轻敲击过紧链条,直至达到全部转动灵活为止。

35. 磨损的链条怎样进行翻新?

答 翻新的方法,是将链条的销轴和套筒全部旋转 90°,把磨损变形的位置转到不受力的位置,使链条各节距恢复正常长度。步骤如下:

(1)将链条清洗干净,把各链节的销轴全部冲到一边外链板的端面上,然后用钢丝钳夹紧销轴,逐根旋转 90°方位。

(2)将内链板下面垫高,但留出套筒下端面空间位置,用平头小圆冲把套筒冲到一边内链板的端面下,再用钢丝钳子夹紧套筒,逐个旋转 90°。

(3)安装链节时,按拆卸的相反顺序进行。即先拆的后装,后拆的先装。并把套筒和销轴的两端面全部铆紧,但不要把内、外链板压得过紧,否则链节转动不灵活。

(4)装配好后,在链条上涂些机油,逐节转动检查。如链节过松,应重复加以铆紧;如有过紧的现象,把链条平放在铁板上摆直,用木锤轻轻敲击过紧的链节,使整根链条转动灵活为止。

实践证明:磨损的传动链条经过翻新,完全能够与链轮啮合好用,可降低使用成本。

36. 农用车装配传动轴应注意什么?

答 农用车传动轴技术状态的好坏与装配质量关系较大。传动轴总成是经过动平衡试验的,为保证传动轴在维修拆卸再装配时位置不变,传动轴新件都画有箭头记号,所以在拆卸前必须做好标记,避免装错。修理工有时只注意传动轴两端的万向节叉在一个平面,而不注意传动轴花键槽和伸缩节叉原来配合的位置,就有可能相差 180°。这就容易失去平衡,使传动轴发生抖动。

37. 怎样防止传动轴振抖?

答 农用车传动轴振抖是因为传动轴本身不平衡。不平衡的传动轴在旋转中产生离心力,而离心力过大时,使传动轴的轴心线偏离其旋转轴中心线而产生振抖。严重振抖会使万向节机件很快损坏。为防止其振抖,驾驶员在使用和维修时,必须防止传动轴变形,保证装配时伸缩节叉与轴管对正记标,动平衡片不脱落,焊修传动轴时不要歪斜;检修万向节时,注意各轴颈与轴承的配合,并以相同的力矩拧紧各轴承的固定螺栓。否则,十字轴晃动,也会使传动轴振抖。

38. 组装农用车十字万向节应注意什么?

答 组装十字万向节应注意:

(1)将零件在清洁的油中洗净吹干后,再次检查十字轴轴颈、轴承、油封等零件表面,不应有任何缺陷。

(2)将十字轴装入万向节叉时,应注意十字轴上装有油嘴的一面朝向传动轴,以便保养时注油润滑。

第二节　行走系统

39. 行走系统由哪些零部件组成,其功用如何?

答 行走系统的主要功用是:将发动机传到驱动轮上的转矩变成车辆的驱动力,使车辆平稳行驶,支承车辆的重量。

轮式拖拉机行走系统一般由前轴、前轮(导向轮)和后轮(驱动轮)组成。

农用车行走系统一般由车架、车桥、车轮和悬架组成(图 6-11)。

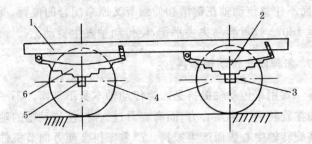

图 6-11 行走系统的组成

1. 车架 2. 后悬架 3. 驱动桥 4. 车轮 5. 从动桥 6. 前悬架

40. 怎样预防拖拉机轮胎早期磨损？

答 拖拉机驾驶员操作、停放、保管机车不当,会使轮胎过早磨损、老化、腐蚀、变质。为了防止轮胎早期磨损,延长使用寿命,应定期对前轮前束进行检查,使拖拉机前轮保持正确的行驶方向;按规定充足轮胎气压,左右轮胎气压要一致。如轮胎气压过高,增加了轮胎单位面积承受压力;如轮胎气压过低,增加了胎面与地面的接触面,都会导致轮胎早期磨损;尽量避免急转弯、转小弯和打死转向盘,在不平路上行驶应减速慢行,并注意避让尖硬物体;不要让轮胎长期停放在阳光下曝晒,防止轮胎沾酸、碱、柴油、汽油、润滑油或其他石油制品、化学制品,不慎沾油及腐蚀性物质时应及时清除。

41. 怎样拆装拖拉机内、外轮胎？

答 轮胎的拆装,应在干燥、平坦、无油污和坚硬地面上进行。拆卸时,应放净内胎空气,将外胎内缘从钢圈平面压入钢圈中间凹槽,从气门嘴附近开始,把一边的外胎内缘撬出钢圈外,再用两根撬棒交替撬出整个外胎内缘,使气门嘴脱出钢圈上的气门嘴孔,取出内胎后,然后撬出另一边外胎内缘,取出外胎。

安装时,应先清洗钢圈上铁锈、油污及脏物。检查外胎表面是否干净,有砂粒应清除。最好在外胎和内胎表面涂一薄层滑石粉。用撬棒先将外胎内缘的一边撬入钢圈内,将内胎放入外胎内展开放平,使气门嘴插入钢圈气门嘴孔中,不得歪斜。然后将外胎内缘另一边用撬棒撬入钢圈内,外胎内缘与钢圈贴实后,按规定气压充气。充到正常气压一半后,敲击外胎表面数次,将气稍放一些,重新充气至规定值,以使内胎正常扩胀,消除褶皱。向车上安装驱动轮时,注意轮胎花纹不要装反。

42. 怎样识别国产轮胎标记?

答 轮胎标记一般在外胎侧面用凸形字标出来。外胎侧面的标记识别如下:

(1)商标 说明生产单位及厂牌,如上海轮胎一厂双金钱牌。

(2)层数与层级 层数用汉字"层"字或字母"P"表示,如 10 层或 10P,是指用 10 层帘布(棉帘布)制成;层级用汉字"层级"或字母"P·R·"表示,如 10P·R·即表示 10 层级。层级是指帘布公称层级,它与帘布的实际数并不相符。

(3)最大负荷 指设计所允许的最大载荷,如 9.00—20,10 层级尼龙帘布轮胎,负荷在 1800 千克。

(4)相应气压 指设计的标准充气压力,如 9.00—20,10 层级尼龙帘布轮胎,充气压力 5.6 千克/厘米²。

(5)生产编号 指制造年、月和生产序号,如 N99085303,N 表示轮胎帘车种类为尼龙,前两位表示制造年为 1999 年,三、四位表示月份为 8 月,以后几位数为生产序号。

(6)帘布种类代号 以汉语拼音字母为代号表示,如棉线用 M、钢丝用 G、人造丝用 R、尼龙用 N、钢丝子午线用 GZ 表示,字母一般放在生产编号前面。

(7)行驶方向 通常用箭头表示规定滚动方向。

(8)品种代号 有的轮胎还用代号把品种表示出来,如子午线轮胎用 Z、丁苯橡胶用 D 表示。

(9)其他标记　汽车用高速胎,还标有平衡点,用贴在胎侧上的□或◇或▽形的彩色胶片标示。安装时,应将内胎气门嘴装在标记的对称位,以求轮胎平衡。

43. 农用轮胎分为几类?

答　农用轮胎按用途可分为:

(1)拖拉机及农业机械轮胎,导向轮、驱动轮(包括水田、旱田专用)轮胎,农用挂车轮胎,联合收割机轮胎,农用汽车轮胎等。

(2)马车轮胎。

(3)软边及硬边力车轮胎,手推车轮胎,三轮车轮胎,自行车轮胎等。

44. 你知道外胎胎面花纹的种类及用途吗?

答　外胎胎面花纹有条形花纹、八字形越野花纹、人字花纹、普通花纹等四种形式。各种外胎胎面花纹形状如图 6-12 所示。不同花纹外胎用途,见表 6-2。

（a）　　　　　（b）　　　　　（c）　　　　　（d）

图 6-12　外胎胎面花纹的种类

(a)条形花纹　(b)八字形越野花纹　(c)人字形花纹　(d)普通花纹

表 6-2　各种花纹的外胎特点及用途

种　类	特　点　及　用　途
条形花纹轮胎	具有纵向几条环状凸筋,能防止侧向滑移并保持机器行走方向端正,常作为拖拉机的导向轮。带浅沟的平滑胎面条形花纹轮胎,压入土壤均匀,机器转向灵活,常用作农机具的导向轮。条形花纹的缺点是耐磨性较差

种 类	特 点 及 用 途
八字形越野花纹轮胎	具有八字形较高的凸筋,能防止纵向和横向打滑,附着的泥土较易脱落,适于松土路、泥雪路或较松软泥泞地面行驶,常用作拖拉机、自走式联合收割机的驱动轮
人字形花纹轮胎	具有人字形较高的凸筋,能防止纵向和横向打滑。与八字形越野花纹相比,人字形花纹连续、滚动平稳,胎面磨损较小,但不自行脱泥,附着性能较差。适用于松土地面行驶,常用作拖拉机驱动轮
高花纹轮胎	是八字形花纹轮胎的变型,它的特点是较普通花纹凸筋更高 1~2 倍,花纹块分布较稀、间距较大,轮胎断面较宽,轮胎气压较低,能增加对土壤的作用面积和抓着能力,防止打滑,特别是在泥泞地面能抓着硬底层而发挥牵引力作用。主要用在水田拖拉机的驱动轮上
普通花纹轮胎	纵向横向都有浅沟,对地面接触面积较大,滚动阻力较小。适用于一般土壤或较硬的路面上,多用在牵引式农机具、运输机械和工程拖拉机上

45. 你知道轮胎规格尺寸表示方法吗?

答 轮胎的规格以外胎的外径 D、轮辋直径 d、断面宽 B 及断面高 H 的公称尺寸,并以英寸为单位来表示。一些引进汽车的轮胎有用毫米表示的。为了区别低压或高压轮胎,在其规格尺寸数字中采用"—"或"×"符号表示。"—"表示低压轮胎,"×"表示高压轮胎。常用国产轮胎的规格表示方法见表 6-3。

表 6-3　常用国产轮胎的规格表示方法

轮胎类型	代　号	示　例　及　含　义
载重车轮胎	$B-d$ （低压轮胎）	7.50—20 表示轮胎断面宽 7.5 英寸，胎圈内径（即轮辋直径）为 20 英寸的低压轮胎
乘用车轮胎	$B-d$ （低压轮胎）	8.90—15 表示含义同上
拖拉机轮胎	$B-d$ （低压轮胎）	4.00—19 表示含义同上 11.2/10—28 是一种加宽轮胎，第一组数字的分母表示轮胎原断面宽为 10 英寸，分子表示外直径不改变，加宽后的轮胎断面宽为 11.2 英寸，胎圈内径（即轮辋直径）为 28 英寸的低压轮胎
马车轮胎	$D×B$ （高压轮胎）	32×6 表示外胎的外径为 32 英寸，轮胎断面宽为 6 英寸的高压轮胎
力车轮胎	$D×B$ （高压轮胎）	$26×2\frac{1}{2}$ 表示含义同上
拱形轮胎	$D×B$ （高压轮胎）	1140×700 表示含义同上，但其单位为毫米
园艺轮胎	$D×B-d$	20×8.00—10 表示外径为 20 英寸、断面宽为 8 英寸、内径为 10 英寸的园艺拖拉机轮胎

注：园艺拖拉机轮胎是充气轮胎，它的特点是轮胎的断面高与断面宽的比值比一般轮胎小得多，以保证作业时对地面有较大的接触面积。

列举一些拖拉机、微型汽车、轻型及载货汽车、农用车的轮胎规格、层级、标准轮辋、气门嘴型号及适用车型，见表 6-4。

表 6-4　汽车、农用汽车轮胎

	轮胎规格	基本　参　数			适用微型汽车、轻型及载货汽车、农用汽车型号	气门嘴型号
		层级	标准轮辋	允许轮辋		
微型汽车	4.50—12	4、6、8	3.00B	$3\frac{1}{2}$ J3.00D、 3.50B	重庆长安、昌河 GH1010、松花江 WJ1010	TZ2—36
	5.00—10		3.50B	3.00D、3.5D		TZ2—36
	5.00—12			3.00D、 3.00B、4J、 $3\frac{1}{2}$J、 4.00B	天津大发 TJ1010	TZ2—36
轻型及载货汽车	6.00—12	6、8	$4\frac{1}{2}$J	4J、5J	夏利 TJ7100	TZ2—36
	6.50—16	6、8、10	5.50F	5.00E、5.00F	北京 BJ212、北京 BJ130	TZ2—36
	7.00—20	8、10、12	5.5	5.50S、6.0、 6.00S	NJ131	TZ2—36
	8.25—20	10、12、14	6.5	6.50T、7.0、 7.00T、 7.0T5	解放 CA141	TZ1—101
	9.00—20	10、12、14	7.0	7.00T、 7.0T5、7.5、 7.50V、6.5	解放 CA10B、CA15、CA141（选装）、东风 EQ140	TZ1—114
	175R16				依维柯 40B	
	185/70SR13				桑塔纳	
	185/70SR14				奥迪	
	215/75R15				北京切诺基吉普 BJZJ—213	

续表 6-4

轮胎规格	基本参数			适用微型汽车、轻型及载货汽车、农用汽车型号	气门嘴型号
	层级	标准轮辋	允许轮辋		
农用汽车 5.50—13	4、6、8	4J	$4\frac{1}{2}$J、4.00B、4.50B、5J	农用运输车 TY1105、TY1608	TZ2—36
6.50—15	6.8	4.5E	$4\frac{1}{2}$K、5K、5.50F、$5\frac{1}{2}$K	南岳 HT2015、HT2815	TZ2—36
6.5—16	6、8、10	5.50F	5.00E、5.50	福建龙马 LM1110、LM1815	
导向轮胎 4.00—8				东风-12尾轮	
4.00—12				长城-12、泰山-12、东方红-150、江苏-150	
4.00—14	4	3.00D	2.50C	金马-160、丰收-180、东方红-180	Z1-02-1 或 Z1-02-2
4.00—16				泰山-25、神牛-25、奔野-25、金马-180	
4.00—19					
5.00—15		4J	4.00E、3.00D		
5.50—16			4.5E		
6.00—16	6 8	4.00E	4.50E、5.00F、5K	上海-50、江苏-50、江苏-6541	

轮胎规格	基 本 参 数			适用微型汽车、轻型及载货汽车、农用汽车型号	气门嘴型号
	层级	标准轮辋	允许轮辋		
5.00—12	4	4.00E	3.50D	丰收-184(前)	
6.00—12	4 6	4.50E	5.00F	东风-12、工农-12、东风-61	Z1-02-1 或 Z1-02-2
6.00—16				奔野-254(前)	
6.50—16		5.00F	4.50E、5.50F	东方红-LF60・90(前)	
7.50—16	6	5.50F	5.00F、6LB	长城-12、泰山-12、东方红-150、江苏-150	
7.50—20			5.00F、6.00F	东方红-180	
8.3—20	4 6	W7	W6	丰收-184、丰收-180、金马-160、-180、上海-504(前)	Z1-03-01
8.3—24	6				
9.5—24	4 6	W8	W7、W8H	泰山-25、神牛-25	

驱动轮胎

46. 轮胎层数越多越好吗?

答 有的驾驶员购买维修轮胎时,认为轮胎的层数越多越好,其实不然。从减少轮胎的滚动阻力和节油的角度考虑,在满足承载能力的前提下,轮胎的层数较少更为有利。据试验,汽车输出的功率30％～40％消耗在轮胎滚动阻力上,而克服滚动阻力的能量损失是由轮胎的变形及路面变形造成的。另有资料表明,在车速50千米/小时时,4层帘布轮胎比6层帘布轮胎的滚动阻力小6.5％。

因此,为了节约燃料消耗,在同一层级(承载能力相同)下,应选用强度较高的粘胶帘布、合成纤维帘布或钢丝帘布,这样可以减少帘布的层数,使轮胎的变形损失减少。另外,应尽量采用子午线轮胎,这种轮胎的帘线呈子午线布置,帘线层数比普通轮胎减少 40%~50%,其滚动阻力比普通轮胎小 25%~30%,因而可节油 5%~10%。

47. 内胎气门芯粘连在气门嘴上怎么办?

答 车辆内胎气门芯粘连在气门嘴上,难以用扳手取出。这时,可用竹棍或铁丝缠上棉纱,滴上少许汽油或机油,点燃后,烘烤气门芯杆,使其受热,然后再用气门芯扳手,即可取出粘连在气门嘴上的气门芯。

48. 水田型轮胎为何不能用于长途运输?

答 拖拉机水田专用轮胎的花纹比旱地轮胎花纹深得多,如果在硬基公路上行驶,滚动阻力很大,其纹齿冲击路面产生跳动,此时纹齿的移动性也大,容易磨损和掉块,所以水田高花纹轮胎禁止从事运输作业。

49. 常用轮胎的充气气压和载重负荷是多少?

答 轮胎的充气气压和载重负荷见表 6-5。轮胎的气压和负荷应按规定数值进行充气和负载。否则,会缩短轮胎的使用寿命。

表 6-5　部分轮胎气压与负荷表

参　数	层级	材料	新　胎		标准轮辋 (Rin)	气压 (kg/cm²)	负荷 (kg)
			断面宽 (mm)	外直径 (mm)			
9.00—20	16	N	250	1018	6.00T	6.7	2200
9.00—20	14	N	250	1018	6.00T	6.7	2200

参　　数	层级	材料	新　胎		标准轮辋 (Rin)	气压 (kg/cm²)	负荷 (kg)
			断面宽 (mm)	外直径 (mm)			
9.00—20	12	N	250	1018	6.00T	6.0	2050
9.00—20	10	N	250	1018	6.00T	5.6	1800
9.00—20	14	N	259	1018	7.00	6.7	2200
8.25—20	14	N	235	974	6.0	6.3	1850
8.25—20	14	N	235	974	6.5	7.4	1970
8.25—20	12	N	235	974	6.5	6.3	1770
7.50—20	14	N	215	935	6.0	7.4	1630
7.50—20	10	N	215	935	6.0	5.3	1350
7.50—16	14	N	220	810	6.00G	6.5	1300
7.50—15	10	N	220	785	6.00G	5.3	1205
7.00—20	10	N	200	904	5.5	5.6	1250
7.00—16	12	N	200	780	5.50F	5.3	1100
7.00—15	10	N	200	750	5.50F	5.3	1040
6.50—16	10	N	190	755	5.50F	5.3	975
6.50—16	8	N	190	755	5.50F	4.2	725
6.00—14	8	N	156	626	41/2T	4.2	686
6.00—16	6	R	170	730	5.50F	3.2	635
6.70—13	6	N	170	658	41/2T	2.1	485
6.00—13	6	N	170	655	41/2T	3.2	555

参　　数	层级	材料	新　胎		标准轮辋 (Rin)	气压 (kg/cm²)	负荷 (kg)
			断面宽 (mm)	外直径 (mm)			
5.50—13	8	N	156	618	4T	4.2	565
6.50—14	8	N	166	650	41/2T	4.2	690
6.00—14	8	N	156	626	41/2T	4.2	686
8.30—20	4	M	210	895	W7	1.5	530
11—28	4	M	305	1315	W10	1.4	1000
6.00—16 导向	6	M	160	740	4.00E	3.1	530
6.00—12	4	M	165	640	4.50E	1.8	310
6.00—12	4	R	165	640	4.50E	1.4	300
5.00—12	4	M	145	590	4.00E	2.0	255
4.00—19	4	M	110	720	3.00D	3.3	300
4.00—14	4	M	110	590	3.00D	3.3	265
3.75—19	4	M	99	687	2.5×19	4.2	400
3.72—16	4	M	89	585	2.15×16	1.9	165

50. 同一车上的轮胎磨损量为何有差别？

答 这是由于安装位置和承受负荷不同。后轮承受的负荷更大，而且在行驶中常有滑转现象发生，所以后轮磨损量比前轮大20％～30％。对于并装的双轮胎，由于车辆经常在拱形的公路上行驶，所以内侧轮胎的磨损大于外侧轮胎。另外，车辆会车都靠右侧通过，所以右轮磨损大于左轮。因此，必须按规定的行驶里程进行轮胎前后、左右换位，以延长轮胎使用寿命。

51. 两只轮胎并装时应注意什么?

答 同一辆车至少同一轴上的轮胎厂牌、规格、气压及磨损程度应一致；如果磨损不一样，应将直径较大、磨损较轻的一只装在外侧，以适应拱形路面行驶的需要；两轮的制动蹄间隙检查孔应错开；两只轮胎上的气门嘴应对称排列，以便检查调整；高压胎与低压胎不可混装。

52. 子午线轮胎如何维护保养?

答 轮胎的结构主要有斜交和子午线之分。子午线胎比斜交胎在耐磨、节油、防刺性等方面优越，寿命延长 30%～50%，它将是农用机车升级换代的产品。其维护保养方法是：

轮胎要定期按交叉换位法换位，以保证整车轮胎磨耗均匀；胎冠部刺伤要及时修整，以防水分渗入胎体锈蚀钢丝帘线而早期损坏；建立经常的查气、补气制度，确保轮胎气压经常处于正常状态，避免超载运行以延长轮胎使用寿命；子午胎越到后期，其磨耗性能越好，在正常情况下，子午胎翻新前应保证剩余胎纹深度 2.5～3.0 毫米为好，这样可保护带束层，又可延长使用里程；子午胎最好有专门存放架，切勿穿心悬挂和叠放堆压，以防胎体钢丝帘线和带束钢丝帘线过早弯曲变形，同时要防止长期靠近热源，要防潮、防油、防酸以及其他化学腐蚀物质的侵蚀。

53. 怎样延长拖拉机轮胎使用寿命?

答 (1)要经常保持轮胎的正常气压。在使用中，轮胎应按规定气压充气。气压过高或过低都会直接影响轮胎的使用寿命。轮式拖拉机在田间作业时，气压比在公路上行驶低 20%～30%。常用东风-12 型拖拉机轮胎的规定气压，前后轮 2.5 公斤/平方厘米；25 马力拖拉机轮胎的规定气压前轮 1.8～2.0 公斤/平方厘米,后轮胎 1～1.2 公斤/平方厘米;上海-50 拖拉机轮胎气压前轮 2～3 公斤/平方厘米,后轮胎 0.8～1.0 公斤/平方厘米。

(2)拖拉机起步要平稳,高速行驶中少用制动器或尽量减少急刹车,行驶中要选择合适的速度和较好的路面。

(3)不要超负荷载运货物。装货时避免偏载,使轮胎受力平衡。机车长时间停放,应将车身架起,使胎面离开地面,以减轻轮胎的负荷,避免变形。

(4)要勤检查,及时清除轮胎上的石块、钉子、玻璃、铁屑和油污,以保持轮胎清洁。发现轮胎有局部的磨损、起鼓、变形等不正常现象,应及时找出原因加以修复。

(5)轮胎在使用中,胎面花纹出现磨损,要定期换位、换边使用,防止偏磨。在拆装轮胎时,要用专用工具,切忌乱撬、用大锤乱敲。

(6)通过障碍物或碎石、瓦块、炭渣、坑洼较多的路面,不得快速行驶。

(7)不要使轮胎长时间滑动,防止轮胎胎体分层、胎面剥离、外胎断裂。

(8)长期不用的备用胎,应放在通风、干燥的库房内木架上保管,并每隔 1～2 个月转动一次支撑点,以防变形。胎面不要接触酸、碱化学物品,并要远离火炉和避免阳光曝晒,内胎可以稍充气后放在外胎内保存。图 6-13、图 6-14 为上海-50 型拖拉机前、后轮组成和东风-12 型手扶拖拉机驱动轮。

54. 为什么翻新轮胎不能用于前轮?

答 农用车和拖拉机的前轮是导向轮,在高速行驶中,如果前轮发生爆裂,将引起方向失控,进而产生严重后果。翻新轮胎质量不可靠,当车辆转弯时,翻新轮胎的花纹受力容易产生剥落,造成轮胎损坏。所以,翻新轮胎不可装在前轮上。

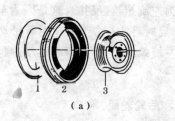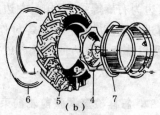

（a）　　　　　（b）

图 6-13　上海-50 拖拉机前、后轮组成

(a)前轮　(b)后轮

1.导向轮内胎　2.导向轮外胎　3.钢圈总成　4.辐板　5.驱动轮外胎

6.驱动轮内胎　7.轮圈

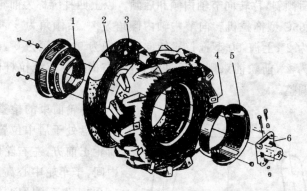

图 6-14　东风-12 型手扶拖拉机橡胶轮胎驱动轮

1.主钢圈　2.气门嘴　3.内胎　4.外胎　5.副钢圈　6.车轮毂

55. 安装车轮如何保持平衡？

答　车轮是作高速运转的部件，为了保持它的平衡，安装时应注意：外胎内不要垫胶皮，不能打补钉；使气门嘴位于外胎上的平衡标记处；双轮并装时，两轮的气门嘴应错开 $180°$。

56. 轮毂螺栓为什么要采用反螺纹？

答　农用车、拖拉机和挂车的轮毂螺栓一般制成"右正左反"，即右边为右旋螺纹（正扣），左边为左旋螺纹（反扣）。这是因为车辆在前进时，左边车轮上的螺母作反时针方向旋转，有逐渐松动趋势，所以特意将左边的螺栓制成左旋螺纹，这样螺母在运动中越旋越紧，不容易松动。

57. 怎样检查调整前轮前束和后轮轮距？

答 为保证轮式拖拉机直线行驶的稳定性和转向操纵灵活，减少轮胎磨损，前轮并不与地面垂直，其上端略向外倾斜，称前轮外倾；前端略向里收拢，称前轮前束；转向节主轴上端略向里倾斜和向后倾斜，称转向节轴内倾和后倾。以上四种统称为前轮定位。铁牛-55C 型拖拉机转向节主轴内倾角为 7°、后倾角为 5°，前轮外倾角为 2°；上海-50 型拖拉机转向轴内倾为 9°，后倾为 0°，前轮外倾角为 2°，前轮前束则需通过调整左、右横拉杆或纵拉杆的长度进行调整。

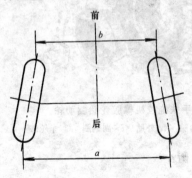

图 6-15　前轮前束

前轮前束的检查调整：转向盘处于居中位置时，在前轮正前方，左右轮胎胎面中间，于车轮中心高度处做一个"＋"字，测取两标记的距离为 b，然后将该标记转到正后方同样高度位置，再次测取标记间的距离为 a，$a-b$ 即为前束值（图 6-15）。铁牛-55 型拖拉机和上海-50 型拖拉机前束值分别为 7～13 毫米和 4～12 毫米。如不符合要求，前者通过调节转向梯形的横拉杆，后者通过调节左右纵拉杆的长度来调整。

后轮轮距的调整：通过改变轮毂在半轴上的位置和安装方向及轮辐安装方向进行调整。铁牛-55 型拖拉机调整范围为 1200～

1800 毫米;上海-50 型拖拉机为有级式调节,可调节为 1346 毫米、1392 毫米和 1498 毫米三种轮距。

58. 怎样巧修气门芯?

答 拖拉机的轮胎漏气,有时是由于气门芯上的阻气胶圈老化、萎缩、变形而引起的。遇到这种情况,可采用下列方法修复:

拆除气门芯的阻气胶圈,用 2~3 毫米的自行车气门芯用的乳胶管,套在轮胎气门芯的阻气圈上,这样可以有效地防止漏气,使旧气门芯得到再生。

59. 怎样修复前轮胎气门损坏?

答 在拆装拖拉机前轮胎时,常从钢圈小孔中拉出气门嘴,容易因用力过猛而使嘴、胎分家,致使一只完好的内胎报废,为此,可用大号胎气门嘴修复。其修理方法是:用刀削去胶皮嘴的残余部分,使其同内胎表面基本平齐;用肥皂水作润滑剂,将大号胎气门嘴圆头压入内胎里;套上气门嘴套盖,拧紧螺母即可。

60. 怎样修复内胎气门芯阻气圈老化?

答 内胎气门芯漏气往往是由于阻气圈老化引起的。修理方法:可采用 2~3 毫米长的胶管(自行车气门芯用的乳胶管)套在阻气圈上,有效地阻止漏气。

61. 怎样巧拆锈死轮胎?

答 拖拉机轮胎在车上用久了,外胎锈死在钢圈上,修理时很难更换。如果将轮胎与钢圈接合面处洒上水,使水往轮胎内流入,再用大锤敲击四周,边敲边洒水,轮胎就比较容易拆下来了。

62. 怎样巧治轮胎慢漏气?

答 取两汤勺滑石粉,拔下气门芯,放净胎内空气,用硬纸做成一漏斗插在气门上,将滑石粉灌入胎内。灌不进时,可取下漏斗,转动一下轮子再灌,直到灌完为止,然后装好气门芯充足气。充气后,滑石粉在胎内散开,呈弥漫状附在内胎壁上,就可阻挡微小气孔漏气。

63. 农用车行走系统出故障对行车安全有何影响?

答 行走系统故障主要表现为:轮胎突然爆裂、轮胎飞出、前轮定位失准、前桥零件损坏或变形。其影响是:

(1)车辆在快速行驶时,轮胎飞出或车轮爆裂,造成侧行阻力增大、方向跑偏,失去控制而发生交通事故。

(2)前桥零件损坏或变形,前轮定位失准,会使前轮摆动,前轮飞脱,转向沉重,直线行驶稳定性变差而影响交通安全。

64. 农用车怎样巧换轮胎?

答 农用车驾驶员在路上行车时,难免遇到轮胎泄气、扎钉或爆胎,需要尽快修理。如何做到又快又好呢?

(1)首先要分清车轮紧固螺栓螺纹的旋向。为了防止螺母在运行中自动松动,一般右侧车轮的螺母制成右旋螺纹,左侧制成左旋螺纹。因此,拧松左侧车轮螺母时,应顺时针方向用力;拧紧时,则应反时针方向用力。

(2)无论拧紧还是拧松螺母,都要采用对角、交叉,分3~4次拧动的方法,以防轮盘变形及作用力集中在个别车轮螺栓上。

(3)拆卸时,先用套筒扳手拧松车轮螺母,暂不取下,再用千斤顶顶起车桥,直到轮胎稍离开地面,然后再拧松螺母,抬下轮胎。

(4)安装时,可以在螺纹上涂抹钙基润滑脂,以减少滑扣的可能性;抬上(下)车轮时要对准螺栓孔,以免撞坏螺栓丝扣。先用手拧紧,然后用专用扳手拧到车轮不松动时,解除千斤顶,让车轮落地,再用 400 牛·米力矩交叉拧紧各车轮螺母。

(5)安装轮胎总成时,应将轮胎的气门嘴对在制动鼓的斜面上。

（6）对于双胎并装的后轮,应注意以下几点：

①如果两轮胎的磨损程度不一样,应将直径较大、磨损较轻的一只装在外侧,以适应在拱形路面行进的需要。

②如果仅更换外侧轮胎,要先拧紧内侧车轮的内螺母,然后再安装外侧车轮。

③两只轮胎同时更换时,要用千斤顶分两次顶起车桥,分别安装内、外轮胎。

④两只车轮上的制动蹄间隙检查孔应错开。

⑤内外两轮胎的气门嘴应对称排列,以利于检查和调整内胎气压。

65. 延长农用车轮胎使用寿命有何方法？

答 延长轮胎使用寿命方法是：

（1）起步平稳 无论是空车还是重车,在起步时,一定要缓抬离合器,避免轮胎打滑。车辆上坡时,应根据发动机动力情况,及时变换档位,千万不要待车辆无力停下来后才重新起步。

（2）慎用制动 个别驾驶员平时喜欢开快车,一遇紧急情况,便用紧急制动,造成轮胎磨损。要保持车辆尽量在路上直线行驶,避免车辆"蛇行"。装货物时,要合理装载,防止超载。

（3）定期换位 轮胎使用一段时间后,必须定期换位,改变滚动方向,保证胎面摩擦均匀。换位可采取循环法、交叉换位法和混合法。换位时,要相应调整轮胎气压,以保证适当标准,才能延长行驶里程。

（4）适时翻新 轮胎按规定平均行驶 11 万公里,必须适时对轮胎进行翻新,这样才能延长轮胎使用寿命,也具有明显的经济效益。

第三节 转向系统

66. 转向系统由哪些零部件组成,其功用如何?

答 转向系统由转向机构和传动机构两部分组成。其功用是改变和纠正车辆的行驶方向,保证车辆平稳、安全、正确行驶。

图 6-16 为轮式拖拉机转向系统示意图。

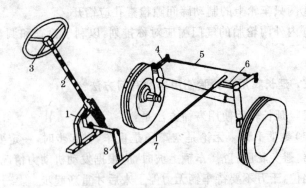

图 6-16 单拉杆式转向系统

1. 转向器 2. 转向轴 3. 转向盘 4. 转向臂 5. 横拉杆
6. 转向节臂 7. 纵拉杆 8. 转向垂臂

(1)轮式拖拉机转向系统的功用是通过操纵转向盘使两前轮偏转,并使两前轮偏转角保持一定的关系,以改变和控制拖拉机的行驶方向并减少因前轮侧滑而引起的磨损。

转向系统主要由转向盘、转向器和转向传动杆系统等组成。

根据转向传动杆系统布置的不同,转向系统分为单拉杆式和双拉杆式两类。单拉杆式转向系统(见图 6-16)只有一根纵拉杆 7,由横拉杆 5,左、右两转向臂 4 和拖拉机前轴一起组成转向梯形。转向梯形有前置和后置之分。在前置梯形中,横拉杆在前轴的前方,较前轴长;在后置梯形中,横拉杆在前轴后方,比前轴短。铁牛

-55C 型拖拉机的转向系统属于这种类型。在双拉杆式转向系统中,有两根纵拉杆而没有转向梯形。拖拉机的两前轮分别由两根纵拉杆带动偏转,并靠各传动杆件的合理长度和位置满足无侧滑滚动要求。上海-50 型拖拉机采用的是这种类型的转向系统。

(2)农用车广泛采用机械式转向系统,它由转向盘、转向器和传动机构组成(图 6-17)。

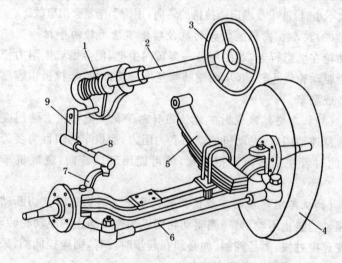

图 6-17　农用车的转向系统

1. 转向器　2. 转向轴　3. 转向盘　4. 车轮　5. 钢板弹簧

6. 横拉杆　7. 转向节臂　8. 直拉杆　9. 转向摇臂

转向系统的工作过程是:当转动转向盘,经过转向轴、转向器带动转向摇臂前后摆动,再经过纵拉杆(又称直拉杆)、转向节右臂、转向节主销,使右前轮偏转。同时,经过转向节臂、横拉杆、转向节左臂使左前轮偏转相应的角度。从而使农用车达到转向的目的。

67. 怎样使用手扶拖拉机的转向手把?

答　手扶拖拉机的许多翻车事故,都是因为驾驶员未能正确使用转向手把造成的。为了避免翻车事故,驾驶员使用手把应注意以下几点：

(1)机车上下坡不能用转向手把 上坡用转向手把转弯时,被切断动力的驱动轮滚动阻力大、减速快、短时间内就变为静止,而未切断动力的驱动轮继续向前运动,且转弯速度很高,拖拉机容易跑偏出事故。在下陡坡时,发动机的动力起制动作用,而拖拉机的重量成为驱动力,这时用左转向手把,拖拉机向右转,反之则向左。当坡度不大不小时,就很难确定拖拉机的转向,用错手把就会出事故。

(2)机车在高低差较大的坑洼路上不能用转向手把 当一侧驱动轮在坑道行走,若使用另一侧转向手把,便会因坑道阻力使另一侧驱动轮停止转动,从而使转弯速度突然加快,拖拉机很容易跑偏造成翻车。

(3)机车突然减速时不能使用转向手把 拖拉机大油门突然改为怠速油门时,发动机的动力变为阻力,而机车的惯性力变为动力,此时若使用转向手把转弯,就可能出现反转向,造成机车翻车。

(4)机车刚起步时不能使用转向手把 因为这时被切断动力的驱动轮静止不动,另一侧驱动轮则以加速绕静止的驱动轮转动,转变速度过快,不易控制。如必须在起步时转弯,则应挂低档,采用半接合离合器的办法配合转向。

(5)机车经过街道闹市不能同时使用两个转向手把 不少驾驶员为了图省事,在机车经过闹市区时,不减油门不换低档,而采用同时使用两边转向手把的办法来控制降低车速,往往容易造成机车高速急转弯而发生车祸。

68. 轮式拖拉机转向困难的原因是什么?

答 轮式拖拉机因调整不当或使用中润滑不良,使转向器轴向间隙、蜗杆滚轮或螺杆螺母啮合间隙、纵拉杆和横拉杆上球头销及销座配合间隙变大,导致转向盘自由行程过大,转向困难;拖拉机经常在不平道路上高速行驶,或经常猛急转弯,或过沟、翻越田埂时未降速行驶,使转向节主销弯曲或推力轴承磨损,导致转向困难;转向系统以外的因素,如前轮胎气压过低,使轮胎与地面接触面积增大,从而增加了转向的阻力;差速锁处于锁定状态时将无法转向;转向节的主销内倾过大,前轮无外倾,都将导致转向阻力增大而产生转向困难。

69. 怎样排除轮式拖拉机转向困难?

答 当轮式拖拉机处于直线行驶位置,转向盘自由行程向左向右超过一定转角(铁牛-55、上海-50型拖拉机转向盘自由行程各为±15°,东方红-28型拖拉机为25°)时,应重新调整。现以上海-50型拖拉机为例说明调整方法。

(1)转向器轴向间隙调整 发现转向盘有明显轴向窜动,说明轴向间隙过大,可拆下转向盘(用拉力器,严禁敲打),拧松转向轴上锁紧螺母,用扳手拧动转向轴滚珠上座,直至转向轴无轴向窜动感觉且又转动灵活时,再将转向轴上锁紧螺母拧紧,装好保险垫片,装复转向盘。

(2)转向螺母与螺杆啮合间隙调整 使用中由于磨损,会引起转向螺杆与其下部配合的转向螺母之间的间隙增大,从而增大转向盘自由行程,调整时可松开转向螺母上固定销两侧的固定螺栓,抽出适量调整垫片,直至转向螺母无明显晃动又转动灵活为宜。

(3)转向拉杆接头间隙调整 球头销的球头与座磨损严重时,使转向盘自由行程加大,可先取下接头密封盖上的开口销,再将密封盖拧到底,以碰压球头销的球头,再退回1/4～1/2圈,从而保证球头与座的正确配合。

另外,在使用保养方面,应定期向转向关节各球头和活动部位加注黄油;在不平路上行驶应减速;差速器未打开不准转向操作;经常保持前轮前束正确和左右轮胎气压一致。

70. 轮式拖拉机前轮左右摇摆的原因是什么?

答 拖拉机在行驶中两前轮摇摆,车速越快,左右摆动速度越快,反映在转向盘上有左右晃动难以控制的感觉。分析其原因是:

因长期使用,或使用、保养不当引起机件早期磨损,使转向节主销与衬套配合间隙增大,前轮轴承间隙增大,转向关节各球头配合间隙增大,转向器轴向间隙或传动副啮合间隙增大,导致拖拉机在行驶中前轮左右摇摆。还有轮胎气压不一致,前轮前束调整不当,也会产生前轮左右摇摆。

71. 怎样排除轮式拖拉机前轮左右摇摆?

答 应定期对转向机构润滑部位进行润滑和对转向盘自由行程进行检查调整。转向节主销衬套、转向垂臂轴轴套、转向关节球头磨损严重应换新。铁牛-55、上海-50、东方红-28型拖拉机前轮轴承间隙均为 0.1~0.2 毫米,不合要求应调整。其调整方法是:将前轮顶离地面,用手轴向推动前轮,如感到有轴向晃动,可拧下前轮轴罩盖,取下开口螺母上开口销,将开口螺母拧到底后再退回 1/15~1/7 圈,退回圈数以前轮轴向无晃动又能灵活转动为准,最后将开口销插入,锁紧开口螺母,装复前轮轴罩盖。

72. 链轨式拖拉机转向困难的原因是什么?

答 链轨式拖拉机将转向操纵杆拉到底、制动器踩到底,仍很难转小弯,分析其原因是:

(1)转向操纵杆自由行程太大,或转向离合器主、从动片翘曲而使离合器分离不彻底,即使将转向操纵杆拉到底,分离叉也不能有效地使转向离合器分离,导致转向困难。

(2)由于转向离合器摩擦片沾油(最终传动齿轮轴上的自紧油封损坏,后桥轴轴座孔严重磨损,使中央传动室中的齿轮油进入转向离合器),或转向离合器摩擦片严重磨损,转向离合器弹簧压紧力减弱,使转向离合器打滑,影响转向。

(3)制动带间隙过大或沾油污,磨损严重,造成制动不灵,不能很好地配合转向。

(4)操纵不当,操纵杆不拉到底,松开后又只放回一半,或先踩制动后拉转向操纵杆,使转向离合器常处于半接合状态下工作,均会加速磨损、烧坏摩擦片,引起制动带打滑,造成转向不灵。

73. 怎样排除链轨式拖拉机转向困难？

答 转向操纵杆不工作时,应紧靠在驾驶室地板的挡条上,并有 60～80 毫米的自由行程,不符合要求应调整。现以东方红-75 型拖拉机为例加以说明:

(1)松开转向操纵机构上的调整接头夹紧螺钉,转动调整接头,以改变推杆长度,直至自由行程符合要求为止。用同样方法调整另一边的转向操纵杆长度,使左、右操纵杆的自由行程一致。

(2)当因油封、毛毡垫损坏,导致转向离合器摩擦片沾油时,应更换油封、毛毡垫,必要时进行清洗。清洗方法是:放净转向离合器室内积油,分别向左、右转向离合器室各加入 2.5 千克煤油,运转5 分钟,此时不要扳动转向操纵杆,然后放出清洗油。第二次又加入 2.5 千克煤油,再运转 5 分钟,以便清洗摩擦片,最后放净脏油,将转向离合器完全分离,停车 1～2 小时,待摩擦片表面油液蒸发干透后即可投入正常工作。

(3)转向离合器内压紧弹簧的弹力减退须更换。东方红-75 型拖拉机转向离合器主、从动片各 10 片,总厚度为(104±2)毫米,当总厚度因磨损而小于 98 毫米时,要更换摩擦片,重装后应调好操纵杆自由行程。制动带沾油,可清洗制动带和制动鼓,磨损严重时,予以换新。

(4)驾驶时,不要把手老是放在转向操纵杆上。需要转向时,操纵杆要拉到底,松开操纵杆也要送到最前面。转向前,应先拉操纵杆,后踩制动踏板;转向后,要先松制动踏板,后松手,以减少转向离合器的磨损和打滑,有利于转向。

图 6-18 为东方红-75 型拖拉机转向离合器和制动器的操纵机构。

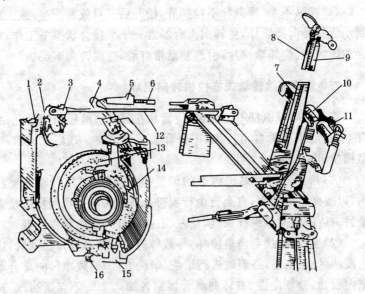

图 6-18　东方红-75 型拖拉机转向离合器和制动器的操纵机构
1. 制动带　2. 下垂臂　3. 拉杆连接叉　4. 分离杠杆　5. 调整接头　6. 推杆
7. 左制动器踏板　8. 左转向离合器操纵杆　9. 右转向离合器操纵杆
10. 右制动器踏板　11. 主离合器踏板　12. 拉杆　13. 压盘　14. 分离叉
15. 支座　16. 制动带下垂度调整螺钉

74. 农用车转向系统出故障对行车安全有何影响?

答　转向系统的故障主要表现在:转向失灵,转向盘自由行程过大、转向困难。其影响是:

(1)转向失灵的车辆就像一匹脱缰的野马,无法驾驶,横冲直撞,危害可想而知。

(2)转向盘自由行程过大会使车辆直线行驶稳定性变差,较小的转向角度需要转动较大角度的转向盘,增加方向操纵时间,使驾驶员不能及时操纵或回转转向盘而发生交通事故。

（3）转向困难，主要表现在转向沉重，转向时有卡滞，或要转向时不转向，不需要转向时自动转向，使车辆不能按驾驶员所需要的路线行驶而发生交通事故。

75. 农用车底盘安装哪种滚动轴承和油封？

答 农用车品牌和型号不同，其各部位使用滚动轴承和油封也不同。现列举龙马牌农用车底盘部位安装滚动轴承和油封的规格，见表6-6、表6-7。

表6-6 龙马牌农用车各部位滚动轴承规格表

总成名称	安装部位		轴承名称及型号	数量
发动机	见发动机使用说明书			
前轮	左右转向节		单向推力球轴承198905	2
前轮	前轮毂		单列圆锥滚子轴承7508、7305	2
			单列圆锥滚子轴承7507、7305	2
BJ130 变速器	第一轴		带防尘盖的单列向心球轴承60203	1
			单列向心球轴承209	1
	中间轴		单列向心球轴承6036	2
	第二轴		单列向心球轴承6037、6207	1
			长圆柱滚子轴承64905	1
NJ130 变速器	第一轴		单列向心球轴承209	1
	中间轴		长圆柱滚子轴承64905、6036	2
	第二轴	前	长圆柱滚子轴承64904K、64905	1
		后	单列向心球轴承307、6037、6207	1

总成名称	安装部位	轴承名称及型号	数量
后桥	主动圆锥齿轮	单列圆锥滚子轴承 7605、7607	各 1
后轮	后轮毂	单列圆锥滚子轴承 127509	4
传动轴	万向节十字轴	无内圈万向节滚针轴承	1
转向器	转向蜗杆上端	无内圈单列圆锥滚子轴承 977907	1
	转向蜗杆下端	无内圈单列圆锥滚子轴承 977907K	1
	转向摇臂轴	单列向心短圆柱滚子轴承 922205	1
离合器	分离套筒	单列推力球轴承 688808	1

表 6-7　龙马牌农用车各部位油封规格表

安　装　部　位			型　号　名　称	数量
发动机			见发动机使用说明书	
前轮毂			BJ130-3103030 前轴油封总成(或 PD52×72×12)	2
后桥	主动锥齿轮		BJ130-2402052 主动圆锥齿轮油封总成	1
	半轴		BJ130-2401034 半轴油封总成	2
转向器转向摇臂轴			骨架式橡胶油封 32×44×10	1
变速器	BJ130	顶盖	BJ130-1702095 顶盖油封总成	2
		Ⅱ 轴	BJ130-1701147 二轴后轴承盖油封总成	1
	NJ130 Ⅱ 轴		BJ130-1701140 二轴后轴承盖油封总成	1

76. 怎样识别油封标记？

答　拖拉机和农用车使用的油封，按其结构不同分为骨架式和无骨架式两大类。只有环形弹簧圈而没有金属加强环骨架的称为无骨架油封；两者均有的，称为骨架式油封。骨架式油封可分为普通型（单口）、双口型和无弹簧型三种。单口型普通骨架油封只能单向起密封作用，双口型骨架油封其主刃口防油，副刃口防尘、防水。按其适用的速度不同，又可分为低速油封（线速度在 4 米/秒以下）和高速度油封（线速度在 4～12 米/秒）两种。

油封规格一般是：首段为油封类型，用汉语拼音字母表示，P表示普通，D 表示低速，G 表示高速，S 表示双刃口，W 表示无弹簧；中段以油封的内径 d、外径 D、高度 H 这三个尺寸来表示油封规格，中间用"×"分开，表示方法为 $d \times D \times H$，单位毫米；末段为胶种代号，D——丁腈橡胶、F——氟橡胶、G——硅橡胶、B——丙烯酸酯橡胶。各类型油封的标记示例如下：

例 1. PD20×40×10　为 $d=20, D=40, H=10$ 的低速普通型油封。

例 2. PG20×40×10　为 $d=20, D=40, H=10$ 的高速普通型油封。

例 3. SD20×40×10　为 $d=20, D=40, H=10$ 的低速双口型油封。

例 4. SG20×40×10　为 $d=20, D=40, H=10$ 的高速双口型油封。

例 5. W20×35×5　为 $d=20, D=35, H=5$ 的无弹簧型油封。

77. 滚动轴承可分为几类？

答　滚动轴承通常由内圈、外圈、滚动体、保持架四个部件组成。滚动轴承分类为：

(1)按轴承所承受负荷作用力的方向分类：

①向心轴承　承受径向负荷同时承受微量的轴向负荷。

②推力轴承　仅能承受纯轴向负荷。

③向心推力轴承　承受径向和轴向同时作用的联合负荷。

④推力向心轴承　承受以轴向负荷为主，同时承受不大的径向负荷。

(2)按滚动体的形状分类：

①球轴承　滚动体为钢球。

②滚子轴承　滚动体为滚子。根据滚子形状又可分圆锥滚子轴承、短圆柱滚子轴承、长圆柱滚子轴承、滚针轴承、球面滚子轴承、螺旋滚子轴承。

(3)按装配的滚动体列数分类：

①单列轴承

②双列轴承

③四列、多列轴承

(4)按轴承构造分类：

①自动调心型轴承

②非自动调心型轴承

78. 怎样识别轴承标记？

答　滚动轴承零件少但结构变化大，型号繁多，为便于管理生产和掌握使用，采用代号表示方法。根据国标 GB272—88《滚动轴承代号表示方法》规定，滚动轴承代号是以字母数字加数字来表示的一种产品识别符号。轴承代号由前置代号□和基本代号构成，在轴承零件材料、结构、设计及技术条件改变时应增加补充代号。其排列按表 6-8 规定。

表 6-8　滚动轴承代号表示方法（GB272-88）

轴承公称内径 d(mm)	轴承代号								补充代号
	前置代号	基本代号							
		代号中的数字位置（从右数起表示）							
		七	六	五	四	三	二	一	
>10	轴承游隙	轴承公差等级	宽度系列	轴承结构型式	类型	直径系列	轴承内径		轴承零件材料、结构、设计及技术条件改变
<10						标数字"0"	直径系列	轴承内径	

（1）滚动轴承代号的首段前置代号由轴承游隙代号□和轴承公差等级代号组成。

①径向游隙是指一个套圈固定不动时，另一个套圈在垂直于轴承轴方向（径向）的移动量。轴承径向游隙代号用数字表示，分为基本组和辅助组。基本组其代号用数字"0"表示（在轴承代号中不写），在特殊条件下工作的轴承，采取辅助组游隙，其代号用数字"2"至"9"表示。

②轴承公差等级，主要是指尺寸精度和旋转精度，代号用拉丁字母表示，B、C（超精级）、D（精密级）、E（高级）、（EX）（仅用于圆锥滚子轴承）、G（普通级，在轴承代号中一般可省略），但当前面有表示轴承游隙代号时，不得省略。

（2）基本代号。轴承基本代号由七位阿拉伯数字组成，用以表示轴承的型号，其具体表示方法如下：

①轴承内容　其基本代号中用右端第一、二位数字表示。轴承内径分标准和非标准两种，其区别是非标准不是整数或 5 的整倍数。表 6-9 为常用的滚动轴承标准内径表示方法。

表 6-9　滚动轴承标准内径表示方法

轴承内径 （mm）	表 示 方 法					示　例	
						轴承型号	说　明
9 及 9 以下	在右起第一位用内径实际尺寸直接表示。内径为小数的用分数形式表示：分母为内径，分子表示轴承的尺寸系列、类型和结构型式					18 100009/1.5	内径 8mm 内径 1.5mm
10～17	内径 （mm）	10	12	15	17	100 201 302 403	内径 10mm 内径 12mm 内径 15mm 内径 17mm
	内径代号	00	01	02	03		
20～480 （22、28、32 除外）	以内径尺寸除 5 所得商数表示					308	内径 40mm （8×5＝40）
500 以上及 22、28、32	用分数表示：分母表示内径的 mm 数，分子表示轴承的尺寸系列、类型和结构型式					30031/560	内径 560mm

　　②尺寸系列　尺寸系列是直径系列（基本代号中右起第三位数）和宽度系列（基本代号中右起第七位数）的合称。直径系列是指同一内径尺寸的轴承有不同的外径尺寸。重系列外径大；中、轻系列外径小；特轻和超轻系列外径更小。以内径 17 毫米轴承为例：中系列 303 轴承其外径为 47 毫米，轻系列 203 轴承其外径为 40 毫米，特轻系列 103 轴承其外径为 35 毫米。宽度系列是指轴承内径相同，直径系列相同，但套圈宽度不同。以正常宽度系列为基准，比正常系列窄的系列称特窄系列，比正常系列宽的称为宽系列或特宽系列。内径等于或大于 10 毫米的向心轴承的尺寸系列（直径系列和宽度系列），表示方法见表 6-10。

表 6-10　内径等于、大于 10mm 的向心轴承尺寸系列

尺寸系列（左半部分）

直径系列 名称	直径系列 代号	宽度系列 名称	宽度系列 代号	代号示例
超特轻	7①	正常③	1	1000700
		特宽	3	7000800
超轻	8	窄	7	7000800
		正常③	1	1000800
		宽	2	—
		特宽	3	3007800
			4	—
			5	—
			6	—
超轻	9	窄	7	7000900
		正常③	1	1000900
		宽	2	2007900
		特宽	3	—
			4	4774900
			5	—
			6	—
特轻	1	窄	7	7000100
		正常③	0	100
		宽	2	2007100
		特宽	3	3003100
			4	4074100
			5	—
			6	—

尺寸系列（右半部分）

直径系列 名称	直径系列 代号	宽度系列 名称	宽度系列 代号	代号示例
特轻	7	窄	7	7002700
		正常③	1	1007700
		宽	2	2097700
		特宽	3	3003700
			4	—
轻	2(5)②	特窄	8	—
		窄	0	200
		正常③	1	—
		宽	0	3500
		特宽	3	3056200
			4	—
中	3(6)②	特窄	8	—
		窄	0	300
		正常③	1	—
		宽	0	3600
		特宽	3	3056300
重	4	窄	0	400
		宽	2	2086400

注：①超特轻（7）不同于特轻（7）。

②分别表示轻宽（5）、中宽（6）尺寸系列。

③宽度为正常系列在文件中可不写出。

内径等于或大于 10 毫米的推力轴承的尺寸系列(直径系列和宽度系列)表示方法,见表 6-11。

表 6-11　内径等于或大于 10mm 的推力轴承尺寸系列

尺　寸　系　列					尺　寸　系　列				
直径系列		宽度系列		代号示例	直径系列		宽度系列		代号示例
名称	代号	名称	代号		名称	代号	名称	代号	
超轻	9	特低	7	7589900	中	3	特低	7	—
		低	9	9008900			低	9	9039300
		正常③	1	1008900			正常③	0	8300
特轻	1	特低	7	7589100	重	4	特低	7	—
		低	9	9589100			低	8	8039400
		正常③	0	8100			正常③	0	8400
轻	2	特低	7	7008200	特重	5	低	9	—
		低	9	9039200	注:③高度为正常系列,在文件中可不写出。				
		正常③	0	9200					

③轴承类型　按其受力方向和滚动体的种类可分十大类,轴承的类型在基本代号中用右起第四位数字表示,其表示代号、承受负荷及主要用途见表 6-12。

表 6-12　滚动轴承类型表示法

代号	各种类型	承受负荷及主要用途
0	深沟球轴承	承受径向负荷或同时承受一定双向轴向负荷。用于汽车、拖拉机、切削机床、中小型电动机、水泵、矿车、运输机械、农业机械、农副产品加工机械等
1	调心球轴承	承受径向负荷和微量的双向轴向负荷。用于联合收割机、纺织机械、鼓风机、造纸机、中型电动机及两支承间距离大、同轴度难以保证的其他机械上

代号	各种类型	承受负荷及主要用途
2	圆柱滚子轴承	仅承受径向负荷。用于拖拉机、中小型电动机、机床
3	调心滚子轴承	承受径向负荷和一定双向轴向负荷。用于联合采煤机、载煤机、造纸机、吊车,以及长轴和受外力作用而有较大挠曲多支点轴上
4	滚针轴承(长圆柱滚子轴承)	承受径向负荷。用于汽车、拖拉机、机床的变速箱齿轮轴、齿轮油泵、船用齿轮减速箱、汽车、收割机、内燃机车的传动轴万向节及径向尺寸和体积受限制的机件上
5	螺旋滚子轴承	仅承受径向负荷。用于拖拉机、推土机、运输货车、农业机械、轧钢机运输辊、平锻机等
6	角接触球轴承	承受径向和轴向联合负荷。用于机床、磨床砂轮主轴、电钻、电动机、离心机、蜗杆减速器、内燃机车液力变速箱、汽车及拖拉机离合器、航空发动机、磁电机、柴油机、高压油泵、仪器仪表等
7	圆锥滚子轴承	承受以径向为主的径向和轴向联合负荷。用于汽车、大功率减速器、输送装置、轧钢机、重型机床
8	推力球轴承 / 推力角接触轴承	承受纯轴向负荷。用于汽车、拖拉机、机床、农业机械及农副产品加工机械
9	推力圆柱滚子轴承 / 推力调心滚子轴承 / 推力滚针轴承 / 推力圆锥滚子轴承	承受纯轴向为主同时承受大径向负荷。用于低转速重大负荷机件上,如重型机床、石油钻机、橡胶机械、轮胎挤出机、塑料机械、建材机械、船用齿轮箱、立式水泵、立式水轮发电机、联合掘进机等

④轴承结构型式 其基本代号中用右起第五位、六位数字表示。

例：150210——外圈有止动槽，一面带防尘盖的深沟球轴承，轻窄系列。

（3）补充代号。在轴承零件材料、结构、设计及技术要求改变时，按 JB2974 的规定，在基本代号的右边增加补充代号，以表示与一般轴承的区别，补充代号用汉语拼音字母标出。

例：7608E——加强型圆锥滚子轴承 7608。

（4）滚动轴承代号示例。轴承代号虽繁杂，但若掌握其规律识别代号就会容易些。一般常用轴承都是标准型号，代号为"0"，公差等级为"G"（普通级）一般可省略不写，所以轴承代号的首段一般可不写。标准型号的轴承代号多以基本代号的七位数字表示，为完整地掌握滚动轴承代号识别，现举例如下：

例 1：3G7002136（135 系列柴油机曲轴主轴承）

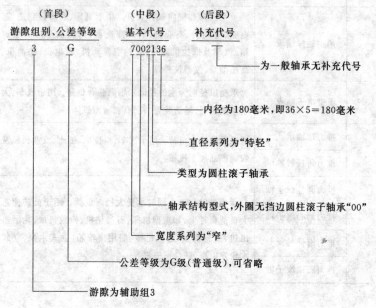

例 2：203（203 深沟球轴承）

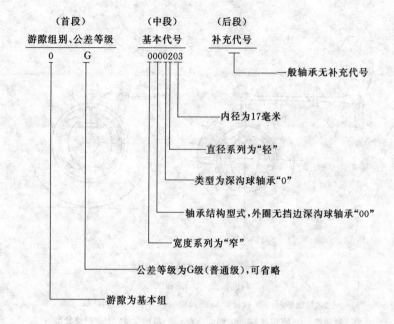

（首段）　　　　（中段）　　（后段）
游隙组别、公差等级　　基本代号　　补充代号
0　G　　　　0000203

————————一般轴承无补充代号

————————内径为17毫米

————————直径系列为"轻"

————————类型为深沟球轴承"0"

————————轴承结构型式,外圈无挡边深沟球轴承"00"

————————宽度系列为"窄"

————————公差等级为G级(普通级),可省略

————————游隙为基本组

按规定基本代号左边数字为"0"时可省去不写,故该轴承型号仅写 203 即可。

第四节　制动系统

79. 制动系统由哪些零部件组成,其功用如何?

答　制动系统由制动器和操纵机构两部分组成。

制动系统的主要功用是:人为地给车辆施加阻力,使车辆在行驶中减速、停车;保证车辆能停在一定坡度的斜坡上;拖拉机进行单边制动协助转向及配合主离合器安全可靠地挂接农具。

农用车的制动系统一般有行车制动装置和驻车制动装置(即手制动器),包括两套独立的制动装置。两者都是利用机械摩擦来产生制动作用的。制动装置均由制动器和制动传动机构组成(图6-19)。农用车普遍采用的制动器是蹄式制动器。

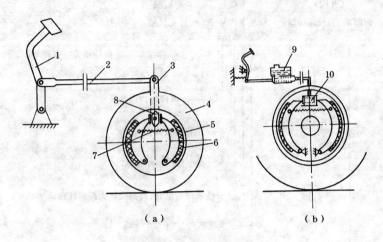

图 6-19　制动系统的基本组成

(a)机械式　(b)液压式

1.制动踏板　2.拉杆　3.制动臂　4.车轮　5.制动鼓

6.制动蹄　7.回位弹簧　8.制动凸轮　9.制动总泵　10.制动分泵

目前,四轮农用车的制动传动,广泛采用液压式制动传动机构,它由制动踏板、制动总泵、制动分泵、油管、制动液等组成。制动总泵的功用是接受踏板传来的作用力,推动活塞移动,使泵内油液压力升高,并将高压油送至各车轮分泵。制动分泵将总泵送来的高压油液压力变成推动分泵活塞的推力,迫使制动蹄向外张开,紧压制动鼓内壁而产生制动作用。为了保证制动可靠,一般农用车均采用双管路制动传动机构,即具有两种互不干扰的输油管路,当某一管路出现漏油等问题时,还有另一管路起作用,可确保行车安全。

农用车的手制动器是用来保证农用车可靠地停放,或用于坡道停车及坡道起步,在遇紧急情况需要紧急制动时,可起辅助作用。手制动器有蹄式、盘式和带式三种,农用车一般采用盘式制动器,其传动机构采用机械式传动机构。盘式制动器装于变速器后端传动轴上,故又称为中央制动。

80. 拖拉机驾驶员如何做好预见性制动?

答 拖拉机手驾驶拖拉机行驶过程中,对已发现的行人、交通情况的变化或可能出现的复杂局面,应提前做好制动准备,有目的地采取减速和停车的措施,称为预见性制动。

预见性制动步骤是:发现情况后,减少供油,利用发动机的制动作用降低车速,同时根据情况间断轻踩制动踏板,使车速降低。当车速降低到很慢时,即踩下离合器,同时轻踩制动踏板,使拖拉机平衡完全停住。

81. 你知道拖拉机制动器的种类和构造吗?

答 拖拉机的型号不同,安装的制动器也不同。拖拉机的制动器有盘式制动器、带式制动器和气动式制动系统等。图6-20至图6-22分别为上海-50型拖拉机、东方红-802型拖拉机、神牛-25型拖拉机使用的制动器。

82. 拖拉机制动器为何失灵?

答 驾驶员脚踩制动板到底,不能迅速停车,制动无力,反应迟缓。分析原因:

(1)因长期使用或调整不当,使制动器踏板自由行程变大,踏板即使踩到底,制动器摩擦表面也难以互相抱紧或压紧,制动力减小。

(2)制动器油封失效或橡胶密封圈老化、损坏,油污或泥水进入制动器内,使制动器摩擦表面打滑,降低了制动效能。

(3)制动器摩擦表面严重磨损,使各摩擦面之间间隙加大,或铆钉外露,使实际摩擦面减小,制动无力,反应不灵。

(4)盘式制动器(如铁牛-55型、上海-50型)的钢球锈蚀卡滞;带式制动器(如东方红-75型、东方红-28型)的制动鼓失圆,影响制动效果。

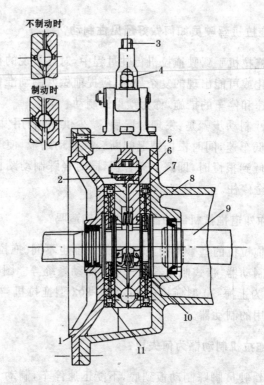

不制动时

制动时

图 6-20　上海-50 型拖拉机的盘式制动器

1. 中间盖　2. 斜拉杆　3. 拉杆　4. 调节叉　5、6. 压盘

7. 摩擦盘　8. 半轴壳　9. 半轴　10. 弹簧　11. 摩擦盘

83. 怎样调整制动器踏板自由行程?

答　不同拖拉机有不同制动器踏板自由行程,东方红-75 型为 65～85 毫米,铁牛-55 型为 70～80 毫米,上海-50 型为 90～120 毫米,东方红-28 型为 40～60 毫米,东方红-12 型手扶拖拉机以离合、制动手柄从"离"的位置拉到"制动"位置,使驱动轮不动为宜。制动器踏板自由行程调整方法说明如下(以上海-50 型拖拉机为例):

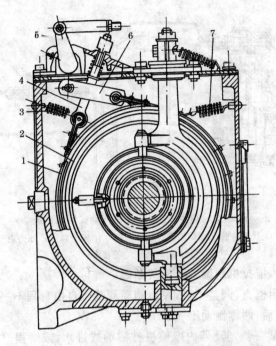

图 6-21 东方红-802 型拖拉机单端拉紧式带式制动器
1. 制动带 2. 制动鼓 3. 弹簧 4. 拉杆 5. 上曲臂
6. 连接板 7. 弹簧

(1)松开制动盘拉杆上的锁紧螺母,顺时针转动调整螺母,踏板自由行程减小;反之增大。调好后将锁紧螺母拧紧。

(2)调节拉杆长短,先松开拉杆两端连接叉处的锁紧螺母,转动连接叉而使拉杆伸长或缩短。拉杆缩短可使踏板自由行程减小,反之增大。调好后将连接叉处的锁紧螺母拧紧。

(3)检查制动器踏板自由行程,达到 90～120 毫米的规定,示为调整正常。

84. 拖拉机制动时两边驱动轮为何不能同时制动？

答 驾驶员两边同时制动时,两驱动轮在地面滑移时的印痕

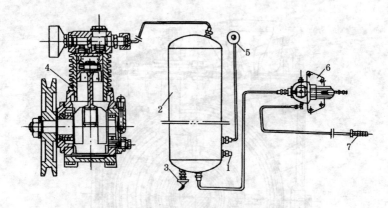

图 6-22　神牛-25 型拖拉机气动式制动系统
1. 气泵总成　2. 储气筒　3. 放气阀　4. 安全阀　5. 压力表
6. 刹车阀　7. 管接头

长度不一,拖拉机跑偏。分析其原因:

(1)因检查、调整不当,左右制动器踏板自由行程不一致,使制动有先有后,两侧制动不一。

(2)某一侧制动器内摩擦机件沾油或进水,或磨损严重,造成一侧制动不灵,一侧制动正常。

(3)左右制动器踏板没有连锁或两驱动轮轮胎气压不同,两边驱动轮就不能同时制动。

85. 怎样排除两边驱动轮不能同时制动的故障?

答　调整左、右制动器踏板自由行程时,不仅要使自由行程值符合规定,而且要使两侧自由行程值调整一致。

某一侧制动器内进油、进水或严重磨损,应按规定方法予以排除。

拖拉机进行运输作业前,必须用连锁片将左、右制动器踏板连成一体;左右驱动轮轮胎气压应符合要求并保持一致。

86. 拖拉机制动器为何产生"自刹"现象？

答 制动踏板未踩动或未踩到底（手扶拖拉机离合、制动手柄未拉到制动位置），驱动轮提早被刹住。分析其原因：

（1）制动器踏板自由行程太小或没有；制动器内摩擦表面早已抱紧或互相压紧，制动器踏板尚未踩动，驱动轮即被制动。

（2）制动器回位弹簧折断或弹性减弱，制动踏板放松后摩擦机件不能迅速回位，仍处于制动状态，行驶中便出现"自刹"现象。

（3）制动器摩擦表面之间有杂物沾粘，时而发生摩擦，使驱动轮自行刹住；制动器活动机件锈蚀卡滞，如制动踏板轴卡塞、盘式制动器钢球因锈蚀便卡死在压盘凹槽内，使驱动轮"自刹"。

87. 怎样排除制动器"自刹"故障？

答 定期检查、调整制动器踏板自由行程，使制动器踏板只有踩到底后才能实施制动。

制动器回位弹簧折断或变软，应换用新件；制动器内有杂物时，应拆卸清除；有锈蚀时，可用砂纸打光，再用汽油清洗，并仔细检查摩擦机件的磨损情况；如有损坏应换用新件。

88. 怎样排除制动器发热故障？

答 驾驶员操作不当或制动器摩擦表面经常摩擦而制动器壳体烫手，并伴随发出烧焦气味。此故障排除方法是：

（1）制动器踏板自由行程太小或消失时，应重新调整。

（2）制动器回位弹簧变软或折断，应更换。

（3）拖拉机行驶中，不要把脚常放在制动器踏板上。

（4）经常清洗制动器外壳泥污，以利散热。

89. 气压制动器为何会咬死？

答 车辆在制动减速后，松开踏板加速时，车速不能提高，停车后难起步。分析故障原因：

（1）快放阀被卡死打不开，使相应的制动气室的气体不能排出，使车轮制动器不能解除制动。

（2）踏板无自由行程，当松开踏板后主制动控制阀内的排气阀打不开，阀内的气体不能排出，使快放阀不能打开，制动气室内的气体不能排出，使制动器不能解除制动。

（3）制动装置机械传动机构中的拉臂轴或制动器凸轮轴的阻力大；制动器回位弹簧弹力过弱或折断，使制动蹄在踏板松开后不易回位或回位不彻底；不回位而使制动蹄与制动毂不能迅速完全脱离接触，或根本不能脱离接触。

（4）制动蹄与制动毂之间间隙过小，使在松开踏板后蹄毂之间仍存在摩擦阻力。

90. 怎样排除气压制动器咬死故障？

答 检查踏板自由行程。在储气筒气压足够的情况下踩下制动踏板，而后在松开踏板的同时，检查主制动控制阀的排气管口是否有气体排出。如无气排出或踏板无自由行程，说明控制阀的排气阀打不开，应调整主制动控制阀拉臂的总行程，使控制阀的活塞杆与排气阀之间获得适当的间隙，使踏板保持正常的自由行程。

如踏板自由行程正常，仍不能起步，可在松开踏板的同时，检查各制动气室的推杆能否回位。如某制动气室的推杆不能回位，即是与该气室有关的快放阀卡死。这时可用旋具从快放阀的排气口顶开快放阀。如气室内的气体很快从快放阀排出，而推杆也迅速回位，则表明此故障是由快放阀被卡死所引起；若顶开快放阀后，虽气室的气体可排出，但推杆仍不回位，应拆下推杆与制动拉臂或凸轮轴拉臂的连接销，检查拉臂轴或凸轮轴的阻力是否过大；必要时，应拆下制动毂检查蹄片的回位弹簧，如过软或折断应予更换。

91. 气压制动为何失灵？

答 车辆制动时车速不能很快降低,制动距离增长,甚至刹不住车,分析此故障原因是:

(1)储气筒气压不足 其原因是:空气压缩机进、排气阀密封不严,或活塞环与缸壁严重磨损及气缸垫不密封,使空压机工作不良;由空压机至各储气筒,再由各储气筒至主动控制阀的管道和接头漏气;主制动控制阀各制动阀的进气阀关不严等。

(2)踩下制动踏板时,制动气室气压不足 其原因有:主制动控制阀各制动阀的膜片或制动气室的膜片漏气;或各制动阀的活塞杆与排气阀关闭不严;主制动控制阀至制动气室的管道和接头漏气;因踏板自由行程过大而气压不足等。

(3)车轮制动器不能产生足够的摩擦力 其原因有:制动器凸轮轴弯曲或锈蚀,使轴转动时阻力过大;制动蹄片严重磨损铆钉露出,或蹄片烧蚀、硬化和粘有油污,使摩擦系数降低;制动蹄衬片或制动毂之间的间隙因磨损过大,使摩擦力不足,或两者接触不良使摩擦力减小。

92. 怎样排除气压制动失灵？

答 当车辆出现制动不灵故障时,可按如下步骤和方法进行检查和排除:

(1)将发动机运转数分钟后,如气压表指针为"0",可做踩下和松开制动踏板检查:如松开踏板时有放气声,说明气压表有故障,应更换气压表;如无放气声,表明空压机不工作,或空压机主储气筒的供气管漏气。此时,应检查这段管路是否漏气。如不漏气,可判定故障在空压机,应拆开检修排除。

(2)如气压表指示的气压符合要求,表明空压机以及空压机至储气筒的管路良好。这时,应检查主制动控制阀的排气管口是否有气体排出。如有气体排出,表明制动控制阀的进气阀漏气,应更换漏气的进气阀；如不排气，则踩下制动踏板，检查由储气筒至主制动控制阀，判定该阀制动气室的制动管路是否漏气，以及主制动阀的排气管口是否漏气。如漏气，应排除；如排气，表明主制动控制阀的排气阀不密封，应更换不密封的排气阀；如不漏气、不排气则进一步检查踏板的自由行程及蹄片与制动毂之间的间隙是否过大。如自由行程过大，应调至正常；如不过大，则应分解车轮制动器，检查制动蹄衬片和制动毂的技术状况，并根据需要进行更换和修复。

93. 制动气室皮碗破裂有何应急方法？

答 驾车行驶途中，若遇制动气室皮碗破裂而一时又找不到新件，这时可将旧皮碗擦洗干净，用绝缘黑色胶布紧贴于破裂处的内外面上，一般贴 2～3 层，然后重新装上使用可应急。

94. 如何检查拖拉机的制动性能？

答 拖拉机制动系统检修后需做试验，根据《机动车运行安全技术条件》规定，拖拉机在平坦、硬实、干燥和清洁的水泥和沥青路面上的制动距离，空载时不应大于 5.4 米，制动跑偏量不大于 0.8 米；驻车制动，车辆空载正反两个方向在 20% 的坡道上使用驻车制动装置（锁住停车锁）应保持固定不动。

试验时，应在沥青或水泥路面上进行，无条件的，也可以在平坦、坚硬、光洁的砂土路上进行。为测试准确，可在制动踏板下装一个喷板（或石灰包），将拖拉机以最高档、大油门直线行驶 10 米以上，然后双脚同时踩下离合器和制动器踏板（踩下制动器踏板时、喷枪或石灰就在路面喷射或撒印迹），直到机车完全停止，测量印迹两端的距离即为制动距离。测量三次，取其平均值较为准确。

95. 农用车驾驶员如何做好预见性制动？

答 驾驶员在驾驶农用车行驶的过程中，对已发现的行人，交通情况的变化或可能出现的复杂局面，提前做好制动准备，有目的地采取减速和停车的措施,称为预见性制动。

预见性制动可保证行车安全,而且可以节省燃料,避免机件和轮胎损坏。

预见性制动步骤是:发现情况后,放松加速踏板,利用发动机的制动作用降低车速,同时根据情况间断轻踩制动踏板,使车辆降低速度,当车辆速度降低到很慢时,即踩下离合器踏板,同时轻踩制动踏板,使车辆平稳地完全停住。这种制动方法好,应优先采用。

96. 农用车怎样紧急制动?

答 当农用车在行驶中突然遇到紧急情况时,驾驶员用正确、迅速的动作操纵制动器,将车迅速停住,称为紧急制动。

紧急制动对车辆的机件和轮胎产生不正常、严重的损伤和磨损。往往由于左、右车轮制动不一致,或左右车轮着地路面的附着系数有差异等原因,而造成车辆跑偏或侧滑,行驶方向失去控制。因此紧急制动只有在迫不得已的情况下方可采取。

采取紧急制动的方法是:双手握稳转向盘,迅速放松加速踏板,同时立即用力踩下制动踏板,拉紧手制动杆,发挥车辆最大制动力,使车辆紧急停住。

97. 农用车怎样利用发动机制动?

答 在离合器接合并挂着低速档行驶时,以减油的方法降低农用车行驶速度,称为发动机制动。

发动机制动是利用发动机活塞压缩行程时的反作用力降低车速的,供油越少,发动机的制动作用越大,制动力越大。发动机制动一般用于车辆下坡时降速,下坡前换入低速档,利用发动机的制动作用使车辆溜坡速度降低。档位越低,变速比越大,制动力也越大。

98. 农用车制动系统出故障对行车安全有何影响?

答 制动系统的故障主要表现在:制动器突然失灵、制动不灵、制动单边、制动器卡死。其影响是：

（1）制动器突然失灵，常造成重大交通事故。因为驾驶员都是需要在车辆急速停车或减速时，才会踩制动器，而此时突然失灵，必将肇事。

（2）制动不灵视为车辆制动效能下降，增加了车辆的制动距离，通常因不能使车辆在安全距离内停车而发生交通肇事。

（3）制动单边使车辆丧失行驶的稳定性，特别是在紧急制动时，会造成车辆急转、侧翻等现象，此时会与路上行人或车辆相撞或翻车。

（4）制动器在卡死阶段使车辆稳定性变差，车辆会自然向卡死制动器一侧的方向偏转。制动器摩擦片烧损时，制动器将失效。

99. 农用车驾驶员制动器怎样调整？

答 农用车驾驶员制动调整以 BJ130 型汽车手制动器为例，解答如下：

（1）支起后车轮，将手制动器手柄放松。

（2）用扳手旋转制动器底板下方的调整棘轮，使制动鼓以手力不能转动为止。

（3）反方向旋转调整棘轮，使棘轮转回一个牙齿，制动鼓用手应能转动。

（4）如果经上述调整后，手制动操纵手柄行程仍很大时，应对手制动操纵机构进行调整。其调整方法如下：

①手制动器操纵杆置于放松位置。

②将摇臂上的钢丝绳头锁紧螺母松开，旋紧钢丝绳螺母，调整到用力拉紧操纵杆所拉出的长度为齿条上 4～5 牙齿时旋紧螺母。

100. 农用车脚踏板自由行程怎样调整？

答 以 BJ130 型汽车液压式制动传动机构为例：踩下制动踏板时，推杆顶动总泵活塞，总泵内油压增高，制动液便从油管到各制动分泵,分泵内的活塞在油压作用下,向两侧移动,推动制动蹄与制动鼓压紧产生摩擦力,使车辆制动;放松踏板时,制动液在回位弹簧的作用下流回到制动总泵,使制动解除。

踏板自由行程应定期检查,当自由行程超过规定时,应及时进行调整。其调整方法如下:

在调整脚踏板自由行程时,先将制动总泵活塞推杆上的螺母松开,转动推杆使之加长,踏板自由行程随之减少;反之推杆缩短,踏板自由行程随之增长。调整时,用脚慢慢踩下踏板,如觉得踏板力瞬时增大,表明活塞推杆开始移动,此时踏板臂位置与原始位置的距离即为踏板自由行程。将踏板自由行程调到10～15毫米后,用脚多踩几次,自由行程无变化,则可将推杆锁紧螺母拧紧。

第五节　液压悬挂系统

101. 液压悬挂系统由哪些零部件组成,其功用如何?

答　拖拉机液压悬挂系统用于连接悬挂式或半悬挂农具,进行农机具的提升、下降及作业深度的控制。

拖拉机液压悬挂系统由液压系统和悬挂机构两大部分组成。

①液压系统　主要由油泵1、分配器3、油缸5、辅助装置(油箱2、油管、滤清器等)和操纵机构组成,如图6-23所示。

②悬挂机构　主要由提升臂10、上拉杆9、提升杆7及下拉杆6组成,如图6-23所示。

(2)许多农用车上增设了液压自卸机构,以提高运输效率、减少劳动强度。

液压自卸机构一般由油泵、分配阀、操纵杆、液压油箱、油管、液压油缸及辅助支承机构等组成(图6-24)。工作时,液压油泵由变速器的动力输出轴或其他装置驱动,从油箱泵出液压油,并将压力油经过分配器压入油缸的工作腔,使车厢抬起,实现自动倾卸;

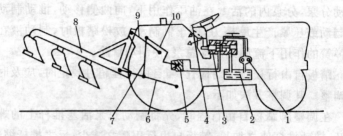

图 6-23　液压悬挂装置简图

1.油泵　2.油箱　3.分配器　4.操纵手柄　5.油缸　6.下拉杆
7.提升杆　8.农具　9.上拉杆　10.提升臂

货物倾卸完毕,操纵分配器停止向油缸供油,同时使油缸与油箱相通,车厢在自重作用下实现复位。

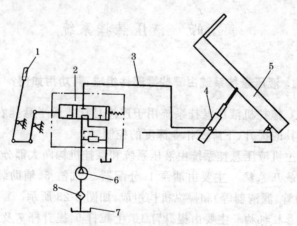

图 6-24　液压自卸机构

1.操纵杆　2.分配阀　3.油管　4.油缸
5.车厢　6.油泵　7.油箱　8.滤清器

102. 如何正确使用拖拉机的液压悬挂系统?

答　一般拖拉机的液压悬挂系统设有位调节和力调节两个控制手柄,可根据耕作条件选择使用。在地面平坦、土壤阻力变化较小的情况下,为保持一定的耕深,在不需自动调节深浅时,应使用位调节;在地面起伏不平、土壤阻力变化较大的情况下,需通过自动调节深浅,使牵引力较稳定,以保持拖拉机的稳定负荷,并使耕作农具不致因阻力过大而损坏,此时应使用力调节。应当注意:

(1)在使用力调节时,必须先将位调节手柄放在"提升"位置并锁紧,再操纵力调节手柄。

(2)在使用位调节时,必须先将力调节手柄放在"提升"位置并锁紧,再操纵位调节手柄。

(3)悬挂农具在运输状态时,应将内提升臂锁住,使农具不能下落。

(4)当不需要使用液压机构时,应将两个手柄全部锁定在"下降"位置,千万不能将力、位调节手柄都放在"提升"位置。

(5)严禁在提升起的农具下面进行调整、清洗或做其他工作。

103. 液压油缸内漏有何应急方法?

答 双作用活塞液压油缸由于高压油的作用,活塞可往复运动(图 6-25)。当活塞的 O 形胶圈磨损后,高压油会内漏,经活塞与缸壁之间流回油箱,便会造成机具升降困难。

油缸内漏的应急方法是:

(1)卸下油缸,将上、下腔内的油排净,把活塞从缸筒内取出。

(2)在没有新胶圈的情况下,可以取下旧胶圈,在活塞槽内垫上 2~3 层胶布,然后将胶圈装入槽内,这时胶圈应高于活塞约 1.5 毫米,然后将活塞压入缸筒,装复油缸即可。

104. 怎样排除拖拉机液压系统油路故障?

答 驾驶员应定期检查液压系统存油量,不足时加添至量油尺刻线;油箱盖通气孔受堵时予以疏通;油质不洁,应先放尽脏油,清洗液压系统,再换装新油;液压系统高压油管两端密封圈损坏时,必须更换。

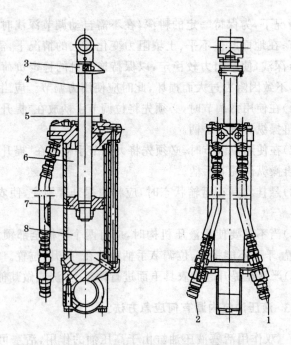

图 6-25 东方红-802 型拖拉机 YG 系列双作用油缸

1. 通下腔油管 2. 通上腔油管 3. 定位卡箍挡板 4. 活塞杆
5. 定位阀 6. 油缸上腔 7. 活塞 8. 油缸下腔

105. 怎样排除拖拉机液压系统油缸故障？

答 （1）分置式液压系统油缸与活塞轻微磨损，可更换活塞密封圈，配合间隙大于 0.20 毫米时，临时措施可用宽 10.5 毫米的牛皮纸缠绕在活塞环槽底部，以补偿密封圈的预压缩量，以恢复油缸与活塞的密封性。

（2）整体式液压系统油缸与活塞轻微磨损，可更换活塞环；配合间隙大于 0.15 毫米时，可将活塞的下环槽加深、加宽，改用耐油橡胶密封圈，恢复油缸与活塞的密封性；出现活塞粘在油缸内，必须拆卸清洗，检查油缸与活塞的配合紧度，区别情况予以修理或换新;当油缸内壁有明显划痕、磨损严重,应予更换。

106.怎样排除拖拉机液压油泵故障?

答 发现油泵结合机构未结合,应予结合;手柄销受振滑出,应予检修;CB型齿轮式液压油泵轴套与齿轮贴合端面磨损,可在轴套背端面加补偿垫片,以恢复轴套、齿轮组的总宽度。补偿垫片可用薄铜片剪成横八字形(图 6-26)。

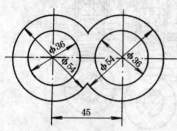

图 6-26 补偿垫片

齿轮轮齿轻微磨损,可将齿轮调面装用,严重磨损应成对更换。

油套装入时,应按一定方向插入导向钢丝,使导向钢丝的弹力能同时将两个轴套按被动轴套旋转方向偏转一个角度,从而使两个轴套平面贴紧;卸压片及其胶圈应装在进油口一侧,并保证胶圈有一定压紧量;密封胶圈老化应换新;柱塞油泵的柱塞,进、出油阀严重磨损或连接部位密封圈损坏,均应更换。图 6-27 为柱塞式液压油泵,图 6-28 为 CB-46 型齿轮式油泵。

107.怎样排除拖拉机液压系统分配器故障?

答 (1)分置式液压回油阀关闭不严,应拆洗回油阀,清除导套及阀座处脏物;若阀座锥面有轻微沟槽,可用木棒将其插入回油阀腔互研,再用煤油做密封检查,使阀与阀座密配。

(2)回油阀卡死在开启位置,可用木棒轻击,再拆卸清洗,若已损坏,必须更换。

(3)滑阀磨损后与孔的配合间隙超过 0.03 毫米应换新。

(4)安全阀关闭不严,如弹簧折断则换新,如阀座轻微磨损,可用专门工具拆下,用细研磨膏研磨,阀座重新装入时,须更换垫圈后再拧紧。

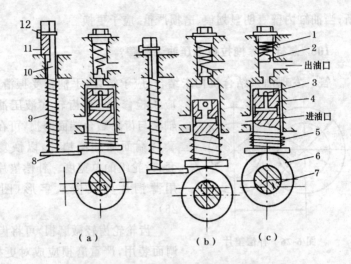

图 6-27 上海-50 型拖拉机柱塞式液压油泵

(a)分离时(油泵不工作) (b)油泵吸油 (c)油泵泵油

1. 出油阀弹簧 2. 出油阀 3. 进油阀 4. 柱塞 5. 柱塞弹簧

6. 滚珠轴承 7. 变速箱第一轴偏心段 8. 离合块 9. 油泵离合弹簧

10. 油泵离合杆 11. 油泵离合手柄 12. 销轴

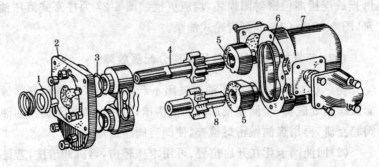

图 6-28 东方红-75 型拖拉机 CB-46 型齿轮式油泵

1. 油封 2. 前盖 3. 轴套密封圈 4. 主动齿轮

5. 轴套 6. 大密封圈 7. 壳体 8. 从动齿轮

(5)钢球磨损应换新,新球装入阀座后要轻轻敲击,使之密合。

(6)整体式液压系统控制阀卡死,可取下左、右盖板,将控制阀来回推动几次,使阀活动,如因阀杆总成与控制阀内方孔磨损,使阀难以摆动,应修整控制阀和阀内方孔,再配制相应尺寸的阀杆总成。

(7)回位弹簧折断应换新。

图 6-29 为东方红-802 型拖拉机分配器。

108. 拖拉机液压系统提升农具为何不能下降?

答 拖拉机在作业时,操纵手柄置于农具"下降"位置,农具不下降。分析其原因:多半是因液压油缸内活塞被粘卡住,控制阀在阀套内卡死而引起的。

109. 怎样排除液压系统提升农具后不能下降的故障?

答 (1)油缸内活塞被粘卡住,应拆下并清洗油缸总成,检查油缸与活塞配合紧密度,区别情况予以修理或换新,并换用清洁液压油。

(2)控制阀卡死,则清洗控制阀,或将阀来回推几次,使阀活动。

(3)若因阀杆总成磨损而使阀摆动作用削弱,可修整控制阀和阀内方孔,再配制相应尺寸的阀杆。

(4)若因外拨叉杆缓冲弹簧弹性减弱或摆动杆位置调节不正确,导致控制阀卡滞,须更换缓冲弹簧,重新调整摆动杆位置。

110. 液压装置为何不能保持作业农具所需高度?

答 拖拉机在行驶中其悬挂农具提升到作业所需的高度位置后,很快下沉,当道路不平时尤为明显。分析其原因:

(1)分配器滑阀与阀孔配合间隙因磨损增大,在运输位置时,油缸下腔的油在悬挂农具的重力作用下,从磨损的间隙处渗漏回油箱,活塞下沉,农具随之下降。

(2)油缸上定位阀未推下,油缸下腔油路未关闭,使下腔的油

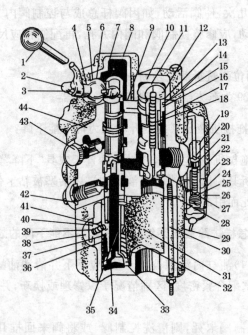

图 6-29　东方红-802 型拖拉机分配器

1. 手柄　2. 球头螺母　3. 半圆键　4. 手柄杠杆　5. 手柄杠杆防尘片　6. 密封圈　7. 手柄杠杆轴　8. 上盖　9. 上盖垫片　10. 回油阀盖　11. 回油阀弹簧座　12. 密封圈　13. 回油阀导套固定环　14. 回油阀盖垫片　15. 密封圈　16. 回油阀导套　17. 回油阀　18. 回油阀弹簧　19. 安全阀支座　20. 钢球　21. 安全阀弹簧支座　22. 安全阀弹簧　23. 螺母　24. 垫片　25. 调整螺钉　26. 锁紧螺母　27. 回油阀座　28. 下盖垫片　29. 下盖　30. 螺柱　31. 定位弹簧座　32. 滑阀弹簧　33. 止动垫片　34. 滑阀弹簧固定螺塞　35. 滑阀弹簧下座　36. 滑阀　37. 滑阀弹簧上座　38. 定位弹簧固定螺钉　39. 定位弹簧　40. 密封垫片　41. 钢球　42. 密封圈　43. 螺塞　44. 分配器壳体

经过未关闭的定位阀流回油箱,或定位阀虽推下,但因密封不严,油缸下腔油仍经定位阀流回油箱,作业农具便逐渐下降。

(3)安全阀、控制阀、出油阀密封不严而漏油,液压系统高压油管两端密封损坏而漏油,使农具稍升起后,一振动便下沉。

111. 怎样排除液压装置不能保持作业农具所需高度的故障？

答 分配器滑阀是否内漏，可先进行密封性检查：在 50℃ 温度下将农具提升到最高位置，当手柄自动跳回到"中立"位置后，观察 30 分钟内标准油缸活塞杆的沉降量（因油缸是标准的，沉降量很小，忽略不计），此时活塞杆的沉降量应符合表 6-13 规定。若超过规定极限，说明滑阀内漏严重，必须进行研磨修理或更换新件。

表 6-13 活塞杆沉降量与滑阀密封性

油缸型号	YG110 （东方红-75 用）	YG100 （铁牛-55 用）	YG90 （东方红-28 用）
标准允许沉降量 （毫米/30 分钟）	7	8	10
极限沉降量 （毫米/30 分钟）	13	16	20

悬挂农具行驶时，油缸定位必须按下。定位阀的密封性检查方法：将农具升到最高位置，将定位阀关闭，拆下通往油缸下腔的油管，观察油缸上接头孔是否漏油。如漏油，表明定位阀关闭不严，应予检修。定位阀磨损应更换，也可加工新件，安装通用的"O"形密封圈代替原来的定位阀。

油缸上、下腔密封不严，应送厂修理。检查油缸密封性方法：在定位阀密封性良好情况下，将农具提升到最高位置，关闭定位阀，纪录 30 分钟活塞杆的沉降量，如检查 YG90～110 标准沉降量 7～9 毫米，极限沉降量 13～20 毫米，若超过极限沉降量，说明油缸与活塞过度磨损。

安全阀、出油阀密封不严，予以修理或更换。控制阀磨损不太严重，可把控制阀转过 90°使用，如无修复价值，应更换。液压系统高压油管两端的密封圈损坏，应更换。

112. 拖拉机液压系统分配器手柄为何不能定位？

答 分配器手柄不易固定在某一工作位置，滑阀转动无力，且会自动上、下窜动。分析其原因：油缸定位阀卡死在阀座内，油路堵塞，油无法进到油缸下腔，农具不能固定在"提升"位置；定位弹簧折断或太软；自动回位压力太低，手柄强制在"提升"位置时农具上升，但不能定位，一松手柄即自动跳回"中立"位置；液压油温太低，黏度大，油道内阻力也大，油压相对上升，造成回油过早，手柄不能定位。

113. 怎样排除分配器手柄不能定位故障？

答 (1)定位阀卡死在阀座内，拨动定位阀即可排除。
(2)定位阀弹簧折断或过软，重新装换新弹簧。
(3)自动回位压力过低，应予调整到正常数值。
(4)液压油温太低，应继续预热后再作业。

114. 液压系统分配器手柄为何不能跳回"中立"位置？

答 当农具提升到最高或降到最低位置时，滑阀不能自动跳回"中立"位置，在分配器附近可听到嘶叫声，发动机负荷明显增加，声音低沉，似要熄火。分析其原因：
(1)安全阀开启压力低于自动回位压力，但又高于提升压力，所以能升起农具，手柄却不能回位。
(2)滑阀被脏物卡阻，或滑阀弹簧过软或被折断，使手柄无法回位。
(3)增压阀支承销松脱出，卡死在定位弹簧座套的内壁，手柄不能自动回位。
(4)液压油泵内零件磨损或密封圈损坏，使供油压力过低，建立不起自动回位的油压。
(5)液压油温过高，油质变稀，液压系统内漏油、油压不足，均使手柄不能自动回位。

115. 怎样排除分配器手柄不能跳回"中立"位置的故障？

答 （1）安全阀开启压力低于自动回位压力时，可拧紧安全阀调整螺钉，每次拧半圈（记住拧的圈数，以便恢复原位），拧紧后如能使分配手柄跳回"中立"位置，表明安全阀压力确实太低。

（2）滑阀一时卡滞，可在熄火后将分配器手柄置于"提升"、"中立"、"压降"、"浮动"几个工作位置来回推动几次，即能排除。

（3）当将手柄从"中立"向"提升"等各位置推移时，若手感毫无阻力，而从"提升"推向"中立"位置时，又无自动弹回感觉，可能是滑阀弹簧折断或变软，应予更换。

（4）用手难以推动分配器手柄，若有硬物卡塞感觉，很可能是增压阀支承销因松脱而卡死，必须拆卸检查，根据需要换装直径较大的支承销。

（5）视气温高低选用清洁的液压油，液压油泵内零件磨损或密封圈损坏，须检修更换。

116. 拖拉机液压系统高压软管为何破裂？

答 高压软管破裂原因有：

（1）使用不当。悬挂农具进行运输作业，经常使用"中立"位置进行耕地作业，遇地面起伏不平时，农具受到颠簸，高压软管内压力急剧上升，而此时安全阀油路不通，起不到保护作用，使高压软管破裂。

（2）利用"压降"强制农机入土，会使油管内压力猛增，造成高压软管破裂。

（3）由于分配器的自动回位失灵或操作不及时，当农具"提升"（或压降）到极限位置，使油路内油压增高，也会损坏软管。

（4）安全阀压力调得太高，当油路遇到阻力而使油压升高时，安全阀不能在标准压力下开启，高压软管被管内的高压油挤裂。

117. 怎样预防液压系统高压软管破裂？

答 (1)安装液压系统高压软管时,要尽量保持软管呈自由微弯状态,管身避免与金属尖、刃物接触。

(2)耕地作业中,液压系统操纵手柄应放在"浮动"位置,切忌利用"压降"强制农具入土。

(3)当拖拉机悬挂农具在不平路面上行驶时,应低速行驶。

(4)安全阀压力必须保持在正常值范围内。软管一旦破裂,要及时更换。

118. 拖拉机液压系统为何会进入空气？

答 液压油箱中泡沫增多,严重时,从加油口处溢出,提升农具时有断续抖动现象,提升缓慢,甚至不能提升。分析原因:

(1)油泵进油管接头处密封不严,或油泵自紧油封的阻油边缘磨损、老化、油封弹簧失效,当油泵工作时吸进空气,在液压油箱中形成很多小气泡。

(2)液压油箱滤清器太脏而旁通安全阀又不能及时打开,回油不通,很容易卷入空气形成气泡。

(3)液压油箱中油不足,使油箱内产生较大的真空,吸入空气而产生气泡(在油箱通气孔堵塞时尤为严重)。

119. 怎样预防拖拉机液压系统进入空气？

答 (1)油泵进油管接头处螺钉应经常处于紧固状态,在紧固状态下仍进空气,应检查油管接头的密封垫贴合的印痕是否沿圆周连续均匀地分布,如不均匀则应更换密封垫。

(2)油泵自紧油封或弹簧失效,应换新件。

(3)液压油箱滤清器脏污堵塞,必须拆卸清洗,并调整旁通安全阀开启压力。

(4)液压油箱中油不足,要及时加至规定量。

120. 怎样拆单作用油缸的活塞？

答 在维修中，可以使用以下两种简便方法：

（1）当活塞密封圈严重损坏，用压缩空气难以拆卸时，可采取将油缸口朝下，在木头上将活塞磕出的方法拆卸。

（2）利用压缩空气将活塞从缸筒内压出。压缩空气应从油缸的进口压入，一般可用自行车打气筒打气。在压缩空气时，应注意把液压输出点等孔口堵死，以防止气体从其他孔隙泄漏。

121. 农用车液压自卸机构如何使用与维修？

答 农用车液压自卸机构都是精密件，应按下列方法进行使用与保养：

（1）按规定添加液压油型号，以保证液压油质量。加注液压油后，应将液压自卸机构升降几次，以排除液压油路中的空气，然后再检查液压油面高度是否符合规定。

（2）发动机的工作状态，应将分配器的操纵手柄置于中立位置。在操纵手柄时，应正确、轻扳快推，不准滞停在各过渡位置，以免油路堵塞，或处于半开状态，使油压反常增高。在操纵分配器操纵手柄前，应将变速杆置于空档位。

（3）在使用液压顶起自卸车厢时，须待车箱的货物倾倒干净后再放平车厢，严禁在顶起中途，将负重车厢放下。

（4）液压油的温度应在 5～80℃ 范围内。经常检查各液压部件有无渗漏，如有应排除，对有润滑要求处，应经常注入润滑油。

（5）自卸液压机构不能随意拆卸，出现故障应找专业修理人员维修，在修理中须注意：

①维修齿轮油泵时，应特别注意零件的装配方向。

②更换密封圈或排除渗油故障时，所有拆下的零件要清洗干净，管接头要用干净布包好堵住，以防脏物进入管道。

③没有检查压力设备，禁止拆卸和调整安全阀弹簧，以免造成

液压系统操纵失灵和过载。

④高压软管连接应严密,不许扭转,软管外部不允许有其他产生摩擦顶撞现象。

⑤检查或排除液压系统有关故障顶起车箱后,必须支好车箱下的顶杆,以免发生意外。

122. 怎样排除农用车液压制动系统的空气?

答 制动时,踩下制动踏板,如果发生松软和弹性现象,或因更换刹车油和其他原因使管路中存在空气时,会引起制动不灵。因此需要将制动油管、制动总泵和分泵中的气体排除。其方法如下(以 BJ130 汽车脚制动器为例):

(1)从距总泵最远的分泵开始,顺序为右后轮制动器→左后轮制动器→右前轮制动器→左前轮制动器。

(2)分别取下分泵上的放气螺钉护罩,松开放气螺钉。

(3)连续踩踏板数次,放出管内空气,直到流油无气泡为止。最后一次踩踏板到底后要停住不动,随之旋紧放气螺钉,然后放开踏板。

(4)放气过程中,需要随时向储油罐中补充刹车油,以防止干底。等 4 个制动器放气完毕后,再一次加足刹车油。

123. 农用车液压制动系统使用中应注意什么?

答 (1)应经常检查液压制动管路的密封性,不得有渗漏。发现渗漏应及时排除。

(2)不使用制动器时,不得将脚放在制动踏板上,以免使摩擦面长时间摩擦发热加速磨损。

(3)使用制动器,应先分离离合器,再使用制动器。制动时,应平稳地将制动踏板踩到底,不应停留在中间位置,以防制动器早期磨损。

(4)行车前一定要认真检查制动器工作是否可靠,有无偏刹现象。如有应及时调整,以防高速行车中造成事故。

(5)经常检查制动器的密封情况,防止泥水和润滑油浸入,造成制动失灵。

(6)行驶中不得将手制动器处于制动或半制动状态。

(7)需要在坡道或场地停车,应使手制动器处于完全制动状态。图 6-30 为农用车液压制动系统常见故障部位。

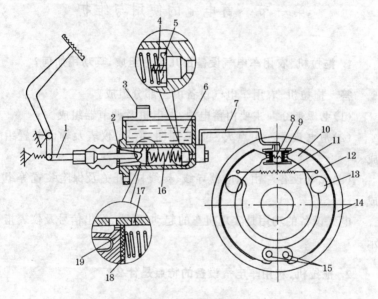

图 6-30 液压制动系统故障常见部位示意图

1. 活塞(推杆调整不当) 2. 皮圈(老化或破损) 3. 储液室(螺塞通气孔堵塞) 4. 出油阀弹簧(过软或折断) 5. 回油阀(密封不良) 6. 储液室(制动液不足) 7. 油管(凹瘪、破裂、软管老化或管路中渗入空气) 8. 分泵活塞(回动弹簧过软) 9. 分泵活塞(与缸壁磨损过量或分泵皮碗老化、破损) 10. 制动蹄(翘曲) 11. 制动蹄回动弹簧(过软或过硬) 12. 制动蹄摩擦片(与制动鼓接触的面积太小或趋于中间部位,或表面油污、硬化、铆钉外露、质量不佳) 13. 偏心(调整不当) 14. 制动鼓(磨损失圆或鼓壁过薄) 15. 调整销钉(调整不当) 16. 回劲弹簧(过软或长度不足) 17. 回油孔(堵塞) 18. 皮碗(老化或破损) 19. 活塞(与缸壁磨损过量)

第七章　电气设备使用与维修

第一节　蓄电池的使用与维护

1. 拖拉机、农用车电气设备由几部分组成,其功用如何?

答　拖拉机、农用车电气设备由三部分组成。

(1)电源部分　主要由蓄电池、发电机及调节器组成。

(2)用电设备　由点火、起动、照明、信号、仪表及辅助装置组成。

(3)配电设备　由配电器导线、接线柱、开关及保险装置等组成。

电气设备的功用是实现机车的起动、照明、发出信号及仪表指示。

2. 拖拉机、农用车电气设备的特点是什么?

答　拖拉机、农用车电气设备有三大特点:

(1)低压　机车的电源一般采用 6 伏、12 伏或 24 伏的低电压。

(2)并联　机车上多数用电设备都与电源并联连接。

(3)单线制　机车电气设备线路一般采用单线制。即电源和用电设备之间,只用一根导线;另一根则用金属导电,称为搭铁线。

如农用车上都采用低压电源(一般为 12 伏)单线制,即只用一根导线连接电源,另一根则用农用车的机体代替。人们称电源线为"火线",接机体为"搭铁"。农用车的电气系统采用负极搭铁。图 7-

1为农用车电气系统原理图。

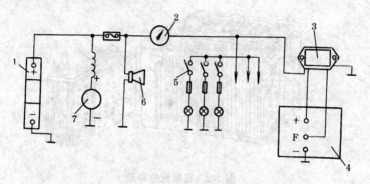

图 7-1　农用车电气系统原理图

1. 电源　2. 电流表　3. 调节器　4. 发电机　5. 开关

6. 喇叭　7. 起动机

电气系统是农用车不可缺少的组成部分。保持电气系统的正常工作对农用车的安全行驶、提高效率和降低成本有重要作用。

3. 蓄电池的功用是什么？

答　拖拉机上采用内阻小、容量大,能在发动机起动时供给大电流的铅蓄电池,这种蓄电池又叫起动型蓄电池。蓄电池的功用：

(1)在发动机起动时,给起动电动机和点火系统供电。

(2)在发动机不工作或低速时,向用电设备供电。

(3)在发电机正常工作时储存多余的电能。

(4)负载过大时,协同发电机向负载供电。

蓄电池主要由正极板、负极板、外壳、隔板和电解液等构成,如图 7-2 所示。

4. 怎样正确使用蓄电池？

答　(1)蓄电池安装要牢固　车辆在行驶过程中电池易受振松动,这样不仅会使接头松动,而且会使电池壳破裂。因此,蓄电池

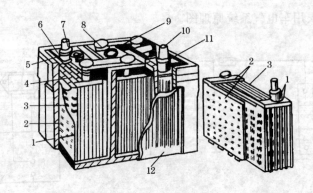

图 7-2 蓄电池的构造

1. 正极板 2. 负极板 3. 隔板 4. 护板 5. 封料 6. 盖板
7. 负极接线柱 8. 加液孔盖 9. 联条 10. 正极接线柱
11. 封闭环 12. 外壳

应垫在软质材料上为好,各部连接应紧固。

(2)正确使用起动机 为避免过度放电,起动机起动时间每次不得超过 5 秒钟;第二次起动应间隔 2 分钟;连续三次起动不了,应查原因再起动。否则,会过早损坏蓄电池极板。

(3)保持电解液液面高度 在充电时,蓄电池内的化学反映较强,温度升高,电解液蒸发,液面下降,时间长了极板就会露出与空气接触,使蓄电池缩短寿命。一般在冬季每工作 10～15 天,夏季每工作 5～6 天应检查电解液面高度,应高出极板 5～10 毫米。液面高度不足应加蒸馏水。

(4)定期检查蓄电池电液的密度和温度 一般每工作半个月进行一次电解液密度和温度检查。把用密度计和温度计测得的温度换算到 15℃ 时的密度,如密度在 1.28 时蓄电池已充足,密度在 1.24 时蓄电池放电程度为 25%,在同样温度下密度下降到 1.20 时放电程度为 50%。蓄电池冬季放电程度超过 25%,夏季放电程度超过 50%,必须进行及时充电。

(5)保持调节器充电电压 铅蓄电池一般调节器的充电电压

在 11～14 伏的范围内,不准任意调整。低了,电池长期处于充电不足状态,使极板硫化;高了,电池长期处于充电状态,使电池寿命缩短。

(6)采用原规格的蓄电池 车用蓄电池不可随意使用大容量的电池,因为车辆上的发动机功率是固定的,输出电流不可随意增大或减小,因此,车辆必须按原电气设计采用原型蓄电池。

(7)保持蓄电池外部清洁 蓄电池溢出的电解液,在盖板上堆积和灰尘、泥土混合,使正负接线柱成通路,引起自行放电。为减少自行放电,在使用过程中应用干布擦去盖板上的脏物,去掉接线柱上和接线上的氧化物,并涂上薄层凡士林或黄油。注意加液盖的通气孔畅通。

(8)停放和启用 车辆停放不用,应拆去搭铁线,以防漏电。若启用须检查蓄电池是否充足电,不足应充足。

5. 蓄电池的极板为何会硫化?

答 从蓄电池加液口或抽出极板可看到极板表面有一层白色粗晶粒霜状物质,极板孔隙堵塞,变得硬脆。正常充电时,不能完全转化为铅和二氧化铅,温度和电压迅速上升,易沸腾析出气泡。放电时,蓄电池电压迅速下降。起动时,不能供大的起动电流,不能起动,多见于极板被硫化。分析其原因:

(1)蓄电池长期在完全放电或充电不足的状态下放置,温度升高时,极板上部分硫酸铅溶于电解液中;温度下降时,电解液中硫酸铅又结晶成颗粒粗大的硫酸铅附着于极板上。

(2)电解液液面太低,极板上部长期外露受到氧化。在拖拉机行驶中,电解液液面受振动而上下晃荡,与极板氧化部分接触而生成粗晶粒的硫酸铅。

(3)电解液密度过高、不纯、放电电流过大和温度过高,使化学反应加剧,产生的硫酸铅很快沉积在极板上,促进极板硫化。

6. 怎样预防蓄电池极板硫化？

答 (1)经常保持蓄电池处于全充电状态。行驶或农田作业中发现拖拉机灯光比平时暗淡，单格电池电压下降到 1.7 伏以下，冬季放电超过 25%、夏季放电超过 50% 等情况，应及时进行补充充电。存电放尽的蓄电池，应在 24 小时内充电，以防极板硫化。

(2)极板轻度硫化，可倒出蓄电池内的电解液，灌入蒸馏水振荡洗涤，反复几次，最后灌入蒸馏水，用初充电电流充电。若密度升到 1.15 以上，可加蒸馏水冲淡，继续充至密度不再上升，进行放电，如此反复进行多次，最后一次充电时，调整电解液密度及液面高度至规定要求。对于松软、脱落和硫化严重的极板应换用新品。

(3)使用过程中，每周用电液密度计检查一次电解液密度（冬季一般为 1.285；夏季为 1.27），用玻璃管测量液面高度，液面应高出极板 10～15 毫米。检查中发现电解液密度下降，应补充充电，由蒸发引起的液面高度不足，应添加蒸馏水。

7. 蓄电池为何自行放电？

答 蓄电池在不工作情况下，存电量减少较快。蓄电池每天自行放电小于自身容量的 1%，属正常的自行放电，不可避免；若大于 1%，则为不正常的自行放电。蓄电池充电后不久便自动跑光为不正常的自行放电，致使电起动机转动无力，灯光暗淡、喇叭不响或声响薄弱。分析原因：

(1)配制的电解液或平时添加的蒸馏水不纯洁，极板材料杂质之间形成局部"小电池"，通过电解液产生局部电流，使蓄电池自行放电。

(2)隔板破裂或极板活性物质脱落过多，沉积在蓄电池底部，使极板连接而造成内部短路，导致蓄电池自行放电。

(3)蓄电池盖上沾有电解液、水或其他脏物，使接线柱正、负极间形成通路而自行放电。

(4)蓄电池静止存放时间太长,电解液中硫酸下沉,使电解液密度下部比上部大,产生电位差,蓄电池便会自动放电。

8. 怎样预防蓄电池自行放电?

答 (1)配制蓄电池的电解液或蒸馏水的容器和原料,必须保证纯洁。断定电解液已不纯时(电解液混浊),可将蓄电池完全放电,使极板上杂质进入电解液,然后倒出混浊电解液,用蒸馏水洗净,最后灌入新电解液充电。

(2)使用电起动机起动,每次起动时间不宜超过5秒钟,以防长时间大电流放电,造成大量蒸馏水蒸发而使电解液密度过大烧坏隔板。蓄电池内部放电,可抽出极板,检查木隔板是否损坏。如有穿孔,应更换。

(3)及时清除接线柱和导线接头处氧化物,并在紧固后的表面涂上一层薄润滑脂,以防氧化。经常擦净蓄电池表面灰尘污物及盖上电解液,严禁金属物品放在蓄电池上,以防止接线柱正、负极连成通路。

(4)蓄电池长时间放置不用,应每月进行补充充电一次,蓄电池存放的场所应干燥、通气,温度变化不大,以防高温或电解液蒸发而引起自行放电。

9. 配制和添加蓄电池电解液时应注意什么?

答 配制电解液时:要选用化学纯硫酸,不要使用工业硫酸;要用纯净的蒸馏水,严禁使用河水、井水、自来水;要在清洁耐酸、耐温的容器中进行,防止高温炸裂;必须将硫酸缓慢地倒入水中,并用玻璃棒搅动,严禁将水倒入硫酸中,防止引起强烈的化学反应使硫酸溅出伤人。配制好的电解液须用密度计测量是否符合要求,待电解液冷至30℃以下,再倒入蓄电池中。蓄电池中电解液减少需添加时,只能添加蒸馏水,只有当电解液密度降到1.150以下时,才需将蓄电池取下添加电解液重新补充充电;如因外溢使蓄电池液面下降,则应加密度相同的电解液;加入的电解液一般加到浸没极板顶部10~15毫米为宜。过多,电解液易外溢,腐蚀周围机件,同时还可引起自行放电;过少,会使极板裸露,导致极板硫化,从而降低电池容量。

10. 蓄电池使用中何时充电好?

答 为了延长蓄电池使用寿命,当出现下列情况,要及时充电。

当电解液密度下降到1.15以下;单格电池电压降到1.7伏以下;夏季放电超过50%,冬季超过25%;灯光暗淡,喇叭沙哑;起动发动机明显无力时,须及时将蓄电池充电。

图7-3为上海-50型拖拉机电动机起动电路图中的蓄电池。

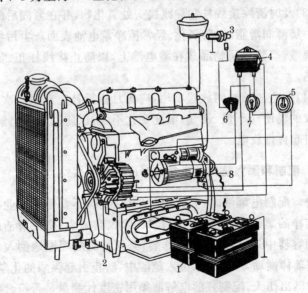

图7-3 上海-50型拖拉机电动机起动电路图中的蓄电池
1.蓄电池 2.发电机 3.电热塞 4.调节器 5.电流表
6.预热起动开关 7.电钥匙 8.起动机

11. 蓄电池应怎样安全充电？

答 给蓄电池充电不当，易发生人体中毒、烧伤或火灾事故，因此充电作业须注意：

(1)充电作业时电源插座应完好，电源线绝缘应良好。充电机机壳应不漏电并接地，严禁充电机输出端短路。充电结束时，应先切断电源线电源，然后再拆开蓄电池线路。

(2)充电作业时若采用并联充电，接入的各个蓄电池的电压必须与充电机输出电压相符。同时，并联的蓄电池个数，不能超过充电机的最大负载容量。

(3)充电作业时严禁明火或吸烟。必须打开每个单格电池的加液盖口，使气体顺利溢出。严禁用高功率放电计检查单格电池的电压，防止引起蓄电池爆炸伤人以及发生火灾。

(4)充电时操作人员应穿专用工作服，戴防护眼镜和橡皮手套。若硫酸或电解液溅到人体上，应用清水及时冲洗干净。作业结束应认真洗手、洗脸和漱口。

(5)在配制电解液时，只能将硫酸缓缓倒入蒸馏水中，绝对不准将蒸馏水倒入硫酸内；在拆换极板时，绝对不准用手与极板直接接触；当手上有外伤时，禁止对蓄电池充电作业。

(6)蓄电池充电室应单独设置，用混凝土做地面，室周多开门窗，让空气流通，室内保持清洁，有条件的充电室，应安装通风机及除尘设备。

12. 蓄电池应怎样维护保养？

答 (1)蓄电池安装要牢固。否则，在行车中，蓄电池易振动，导致外壳破裂、部件损坏。

(2)为了减轻蓄电池在车上振动，对蓄电池垫尽可能采用胶皮垫或毛毡垫。

(3)蓄电池接线柱有氧化物时必须及时刮净，保持接线紧密牢固。

（4）蓄电池盖必须旋紧，以免车辆在行进中颠簸，使电解液溅出；注液盖的通气孔须畅通。

（5）要经常检查电解液密度、液面高度，用蒸馏水调整补充，尤其是夏季应勤检查。

（6）蓄电池的负荷尽可能不要超过规定，特别是起动的时间不能过长。

（7）调压器调节电压不得任意调整。低了，电池长期充电不足，易形成不可逆硫酸盐化；高了，电池长期处于充电状态，电池使用寿命会缩短。

（8）要经常擦净电池外壳和盖上的灰尘污物。电池停放不用，时间超过一个月，必须定期检查并充电。

13. 怎样预防蓄电池爆炸？

答 蓄电池在充电时或使用不当会发生爆炸，那么，怎样预防蓄电池爆炸呢？

（1）正确使用。蓄电池要保持干燥、清洁，不可与火靠近，避免油类沾污。塞盖充气孔要畅通，及时排放可燃气体。平时保持电解液液面正常，约超过极板 10～15 毫米。

（2）对新、旧蓄电池切忌大电流长时间充电或急剧放电，以免产生大量氢气和氧气，因为氢气和氧气排放受阻会引起爆炸。

（3）蓄电池内部焊接和接线柱导线应连接牢固，避免起动电动机时因接触不良产生电弧光，或烧毁接线柱而引起爆炸。

（4）一切金属导电体切勿置于蓄电池上，人为造成"短路火花"，更不要用铁丝在蓄电池正负极连接片上"刮火"，检查蓄存电能强弱。

（5）长期存放已充电的蓄电池，最好每一个月充电一次，并置于阴凉、通风干燥处存放。

14. 农用车蓄电池在使用中应注意什么?

答 农用车使用的蓄电池型号有 6Q-120、6Q-150 型或两个 6Q-90 型串联等。使用中须注意:

(1)应经常清除外壳表面及接线柱和连接板等表面的尘土和污物,保持外部清洁和气孔畅通。检查壳体是否有裂纹和漏电现象。

(2)应经常检查电解液情况,液面必须高于极板 10～15 毫米,密度夏季为 1.26,春、秋季为 1.27,冬季为 1.28,最低不小于1.15。否则,应充电。

(3)蓄电池单格电压必须在 2.1 伏以上,接线柱两端电压必须达到 12.8～13 伏之间。

(4)蓄电池放电后,不得长期搁置,应及时充电,以免发生极板硫化。已充足电而搁置不使用的蓄电池,每月至少应补充充电一次。

(5)不得过度使用起动机,以延长蓄电池使用寿命。

第二节 发电机电气系统

15. 发电机有几种,其功用如何?

答 发电机的功用是将机械能转变为电能。它是拖拉机上的主要电源,在发动机正常工作时,发电机向除起动机以外的所有用电设备供电,并向蓄电池充电,以补充蓄电池在使用中所消耗的电能。

拖拉机上用的发电机有直流、交流及硅整流发电机等几种。用电起动的拖拉机一般采用直流发电机,同时备有蓄电池和调节器(控制发电机电枢所输出的电压,保护拖拉机上各用电设备的工作稳定),如上海-50 型、铁牛-55 型拖拉机均使用直流发电机,若只

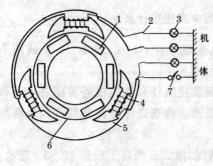

图 7-4 SFF-45 型永磁交流发电机

1. 钡氧磁体 2. 接线柱 3. 灯泡 4. 线圈
5. 定子 6. 转子 7. 开关

供拖拉机照明用电,则采用交流发电机,如东方红-75型和东方红-802型拖拉机等。

三轮农用车一般为手摇(人力)起动,故只有一个电源,即永磁交流发电机,以供各用电设备用电,其结构比较简单,如图 7-4 所示。

四轮农用车普遍采用电动机起动,则有两个电源,即蓄电池与硅整流发电机。

16. 发电机为何不发电？

答 拖拉机运转正常,但发电机不向用电设备供电,用旋具搭接电枢与磁场接线柱,无火花,分析是发电机不发电。其原因是:

(1)连接导线的接头松脱、折断或接触不良,接线柱锈蚀;炭刷卡死,磨损后变短或炭刷弹簧弹力不足;整流子表面脏污、烧损氧化、偏磨成椭圆或磨损严重,使云母片凸起。这些都是阻碍导电而使发电机不发电的原因。

(2)定子剩磁消失,如保养时对定子敲击使之退磁,激磁线圈引出线接反或长期放置不用而失磁,旋转方向搞反等,使发电机不发电。

(3)安装不当,电枢匝间短路,电枢线圈搭铁,激磁线圈匝间短路或断路,发电机温度过高而熔断接线,发电机不正常工作而不发电。

(4)拖拉机停放保管不当,使激磁线圈或电枢线圈受潮,绝缘被破坏,引起线圈短路或搭铁,发电机不发电。

17. 怎样排除发电机不发电的故障？

答 可以采取下列方法排除：

(1)发电机、调节器、蓄电池之间导线连接如有松脱、折断或接触不良，应查出重接，接牢。接线柱锈蚀、必须清除。炭刷在架内应能自由上下移动，炭刷弹簧弹力减退应换新，炭刷磨损量超过原长的 1/3 应更换。整流子表面沾污，可用汽油清洗，有烧蚀痕迹应用"00"号砂纸打磨；整流子偏磨成椭圆，可磨光或车圆；整流子有凸起云母片，将影响与炭刷接触，此时可拆出电枢，用软物垫夹在台虎钳上，用 0.4 毫米厚的钢锯条，顺云母片槽方向将云母片割深 0.5～0.8 毫米。

(2)保养时不要撞击定子。定子剩磁消失而不发电，应先接正激磁线圈引出线，再按发电机原来极性，用蓄电池充磁(时间 2～3 秒，蓄电池搭铁极性与发电机一致)。

(3)安装不当导致电枢匝间短路、电枢线圈搭铁、激磁线圈匝间短路或断路，可用仪表检测出结果后，再有针对性地修理。

(4)激磁线圈的绝缘损坏，引起搭铁短路时，应将线圈从机壳上拆下，把破旧的绝缘材料消除，换用新的白纱带，用半叠包扎法把线圈缠好，放入烘箱内烘干，而后浸渍绝缘漆，再烘干即可使用。磁极旋紧后，线圈松旷则可垫些绝缘纸使之压牢。两个线圈之间的过桥连接线，接头应紧凑，避免与螺栓搭铁短路与电枢相磨。两线圈接头开焊，可用松香作熔剂，用锡焊接。当激磁线圈烧毁，可在带有记数器的绕线机上重新绕制新线圈。电枢线圈断路，通常是整流子铜片上的嵌线槽甩锡引起，可用锡焊连。电枢线圈某一处搭铁，可把搭铁线圈两端的导线自整流子处焊脱，使之隔离，再把所焊脱的两整流子铜片另用导线跨接焊连。电枢线圈匝间短路，一般应拆除重绕。

18. 怎样检测直流发电机有无断路、短路和搭铁？

答 检查发电机有无断路、短路和搭铁的一般方法是：

(1)激磁线圈检查 如图 7-5 接线，以车用蓄电池作电源，拆下发电机和调节器电枢间连接线 F_1 短接调节器磁场与蓄电池接线柱(车上)。若电流表读数为 2 安培左右，说明激磁线圈良好；若大于 2 安培许多，说明激磁线圈匝间短路；若读数为零，说明激磁线圈断路。也可用万用表测量，把万用表旋至 R ×1 档，分别测出每个线圈的电阻值和两个线圈的总电阻值。所测电阻值小于表 7-1 规定的标准则为短路。

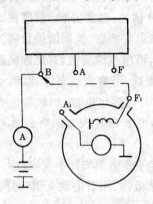

图 7-5 激磁线圈的检查

表 7-1 激磁线圈电阻值 (欧姆)

车　　型	发电机型号	每个线圈电阻值	整个线圈电阻值
铁牛-55	F33B	3.5～2	7±0.4
东方红-28	F28B	3.5±0.16	7±0.32
上海-50	F29B	3.5±0.16	7±0.32

(2)电枢线路检查 如图 7-6 接线，拆下发电机"磁场"接线 F_1 的连接线，用"电枢"接线头和调节器"电池"接线柱 B 短时碰火，同时观察电流表读数。若读数为 20～25 安培，表明电枢正常；若读数为零(无火花)，表明接线柱引线、炭刷引线及电枢线圈有断路；若读数比 20～25 安培大得多，则电枢有短路处。

(3)电枢线圈有无"搭铁"检查　如图7-7所示,用试灯法检查

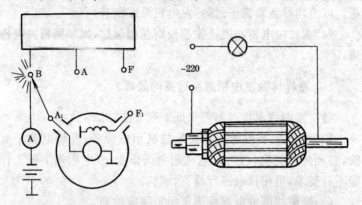

图 7-6　电枢线路的检查　　　图 7-7　电枢线圈"搭铁"检查

电枢线圈的绝缘性能,判断有无"搭铁"。拆下发电机后,在 220 伏交流电路中串联 60 瓦灯泡,一头接电枢轴,一头沿整流片滑动。若在某处灯泡发亮,表明电枢搭铁;若持续 5～6 秒钟灯泡不亮,则为绝缘良好。

19. 发电机为何温度过高?

答　发电机正常工作,但机壳体用手触摸感到烫手。分析其原因:

(1)拖拉机长时间超负荷作业,使发电机发出大电流的时间过长;或电路中有搭铁,调节器调整不当,使发电机长时间超负荷运转;或截流器白金触点烧结,不能及时打开,当发电机电压低于蓄电池电压时,蓄电池电压倒流入发电机,导致发电机过热,甚至烧毁。

(2)激磁线圈或电枢线圈匝间短路,发电机输出电流能力降低,而用电设备工作照常,造成电流供不应求,发电机温度急升。

(3)整流子表面不平或炭刷装入刷架时方向放错,炭刷因与整

流子接触不良产生火花;电枢线圈与整流子脱焊,在脱焊点产生火花。以上均导致整流子过热,发电机温度剧升。

(4)工作中电枢与磁极铁芯长期互相碰撞,因摩擦使发电机过热。

20. 怎样排除发电机温度过高的故障?

答 发电机温度过高可采取下列方法排除:

(1)作业中不得随意增加拖拉机用电设备;发现电路中有搭铁,必须停机清除,以防发电机超负荷作业;发电机调节器工作性能不合要求,可用仪表进行检测、调整。

(2)激磁线圈或电枢线圈匝间短路应检修。

(3)炭刷方向装错可掉向重装,使炭刷下方弧面与整流子弧面吻合;电枢线圈与整流子脱焊,应重新焊牢,并按短路故障修复。

(4)适时对发电机轴承进行润滑,轴承间隙过大或损坏,应更换;电枢轴如变形弯曲可拆下校直;磁极铁芯上固定螺钉、皮带轮固定螺钉、发电机支架固定螺钉松动,应重新紧固,以防止电枢与磁极铁芯长期互相碰擦造成过热。

21. 怎样调整发电机调节器?

答 发电机调节器(图 7-8)工作性能不合要求,可在拖拉机上进行调整(电流表须准确,连接须牢固),调整方法如下:

(1)调限压值 用手按住限压器,使触点闭合,提高发电机转速,调整调压器的弹簧长度,使车上电流表所指示的充电电流符合规定的限压值。

(2)调限流值 用手按住限压器,使触点闭合,提高发电机转速,调整限流器的弹簧长度,使车上电流表指示的充电电流符合限流值;若再增加转速仍保持此数值,则认为适宜。

(3)调闭合电压 缓慢提高发电机转速,观察电源表和截流器,当截流器触点刚闭合时,电流表指针不应向"一"方向摆动,允

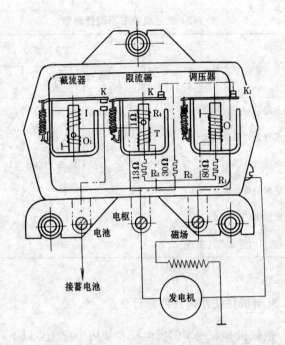

图 7-8 发电机调节器 FT-81 型线路图

许很轻微地向"＋"方向摆动；否则,应调整截流器弹簧。

（4）调反电流值 提高发电机转速,让发电机向蓄电池充电,然后减小油门,观察截流器触点打开前的反电流值。如不符合规定值,则应调整截流器弹簧的长度。

22. 你知道发电机调节器调整数据吗?

答 发电机调节器自动调节各项数据见表 7-2。

表 7-2　发电机调节器调整数据

项　　目	调节器型号		
	FT81E	FT81	FT81D
截流器触点闭合电压(伏)	12.2~13.2	12.2~13.2	12.2~13.2
截流器触点打开时的反电流(安)	0.5~6	0.5~6	0.5~6
调压器的限压值(伏)	13.8~14.8	13.8~14.8	13.8~14.8
调节限压值时的负载电流(安)	10	10	10
限流器的限流值(安)	19~21	17~19	12~14
调限压、限流值时发电机转速(转/分)	3000	3000	2500

23. 发电机在使用时应注意什么?

答　拖拉机和农用车的发电机在使用中应注意以下几点:

(1)规定负极搭铁,绝对不允许将蓄电池极性接错。否则,将烧坏发电机。

(2)检查发电机的硅整流元件时,要用万用表或欧姆表,绝对不允许用兆欧表来试验元件和发电机的绝缘性能。

(3)平时保养发电机需用压缩空气吹去灰尘,以保持通风良好。

(4)驾车行驶20000公里后,应拆下发电机保养一次。内容有:

①用压缩空气吹净各部分灰尘,用汽油擦净滑球和各部分油污。

②检查发电机传动皮带是否过松或打滑,否则应调整或更换皮带。

③清洗轴承并加注润滑脂。

④检查炭刷弹簧压力是否正常,检查炭刷的磨损情况,有无卡

死现象。炭刷磨损应更换。

⑤测量硅整流元件(二极管),如发现正反向电阻均极大或极小,说明整流元件(二极管)已断路或短路,必须更换。

24. 火花塞为何无火花或火花微弱?

答 铁牛-55型、东方红-802型拖拉机是采用汽油机点火系统起动的,若火花塞出现故障,就不能起动拖拉机。分析火花塞出现故障原因:

(1)火花塞电极被烧损或电极间隙不合要求。此间隙过大时,不打火;若间隙过小时,打火微弱,不易使缸内混合气燃烧。

(2)起动机曲轴箱内机油太多,或活塞环磨损过度,使缸内混合气过浓和机油窜入,导致火花塞电极沾油、积炭,增加电阻。积炭严重时,不能打火;轻微时,打火微弱或间断。

(3)安装火花塞时拧紧力太大,或火花塞受硬物击碰,使绝缘体产生裂缝;裂缝内嵌入导电杂粒后,火花塞在工作中漏电。火花塞漏电严重,便打不着火。

25. 怎样预防和排除火花塞无火花的故障?

答 为了弄清无火花或火花微弱是火花塞还是磁电机的故障,先按下列方法进行检查:取下火花塞,将高压线接上,使火花塞与机体搭铁,转动起动机,若火花塞跳火明亮呈淡蓝色,并伴随发出"啪啪"的响声,说明磁电机和火花塞均无问题;若不跳火或火花微弱,则做进一步检查。将高压线从火花塞上取下,使高压线端头与机体保留一定间隙,转动起动机,此时无火花或火花弱属磁电机故障;若出现强烈火花则为火花塞故障。

发现火花塞绝缘体沾有污物时,必须及时清除干净。火花塞电极积炭后,可在汽油里浸一浸,用小竹片刮除,再用干净布条擦净炭屑。电极间隙一般为 0.6～0.7 毫米,不合要求时可轻轻扳动侧电极加以调整。

火花塞电极烧损严重,绝缘体破裂时,必须换装规格、型号相同的火花塞。安装火花塞时,先用手旋紧,使火花塞密封圈与起动机气缸盖紧密接触,再用扳手适当拧紧。注意拧力不要太大,以免拧裂绝缘体。另外,起动的次数不宜过于频繁,每次起动时间不能过长,不超过5秒钟。向起动机曲轴箱加机油要适量,活塞环磨损严重要及时更换,以防止机油窜入气缸燃烧室而增加火花塞电极的积炭。

26. 怎样巧除火花塞积炭?

答 把工作不良或不工作的火花塞从汽油机上拆下,观察火花塞绝缘体有无破裂,有破裂应更换;再检查火花塞电极,如果电极之间的颜色为黑色而且有堆积物,这就是积炭,可用磨成尖形的钢锯片,刮去火花电极绝缘体和壳之间的积炭,把刮下的积炭从火花塞中倒出,反复几次,刮净为止。利用点火线圈的高压检查火花塞电极跳火情况,跳火良好说明火花塞积炭已被清除。用这种方法可在很短时间排除故障,提高火花塞的利用率。图7-9为火花塞的构造图。

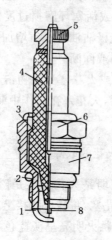

图7-9 火花塞的构造图
1.侧电极 2.垫圈 3.瓷填料 4.绝缘瓷体
5.接线螺母 6.接头螺母 7.壳体
8.中心电极

27. 怎样使用电喇叭?

答 (1)鸣喇叭得当 每次按电喇叭的时间不宜过长,不要长鸣,要时按时停。否则,通电时间过长,容易烧坏触点和线圈。

（2）防止进水　安装电喇叭的位置应适当向下倾斜,预防雨天进水;洗车时,要设法预防电喇叭进水。

（3）响声调整　当电喇叭音量和音调不正常时,可进行调整。改变调节螺柱与衔铁的间隙可以调整音调:适当调小间隙,音调升高;适当调大间隙,音调降低。改变触点间接触压力可以调整音量:适当拧出调节螺钉,音量增大;适当拧进调节螺钉,音量减小;如调整无效,表明电喇叭有故障。

28. 怎样排除电喇叭故障?

答　（1）触点烧蚀　当工作电压过高,在触点间并联的电容器松脱或失效时,极易出现此故障。可将电喇叭拆开,用细油石或"0"号砂纸修磨触点,并擦拭干净。

（2）膜片损坏　当触点严重烧蚀以及零部件松动时,也易出现此故障。膜片损坏,只能更换。

（3）线圈烧毁　当电源电压过高,工作电流过大时容易造成此事故。线圈烧坏,应换新或重绕。

（4）接触不良　当通电时,电喇叭不响,则表明接线断路或内触点接触不良;当通电后,喇叭发出沙哑声,则表明触点调整不当或线路接头上接触电阻大,需要对电源通往喇叭的线路进行检查,并需重新调整触点间隙。

29. 如何防止搭铁线引发的电路故障?

答　农用车和拖拉机上的每一种电气设备都有搭铁线,它与机架的金属搭接代替了一根导线,是构成单线制电气系统不可缺少的一部分。正确使用搭铁线的关键是减少线路电阻及其电压降。

防止搭铁线引发故障,首先应保持搭铁线的可靠接触。如果搭铁线接触不良,电流在此处的电阻明显增大,使作用于该处的无效电压降增大,用于电气设备上的有效电压降减小,造成电气设备不能正常工作。如车灯搭铁不良,灯光不亮,喇叭将不响;蓄电池搭铁不良,将无法起动发动机等。

其次,有的搭铁线暴露在容易接触泥水的地方,因此,应经常检查接头螺钉是否拧紧,接头是否有腐蚀物,必要时用砂纸和细锉刀打磨接头处,以防假搭铁。

最后,搭铁线不能过长。如过长,引起线路电阻增大,电压降增加,将削弱供电能力。因此,国产蓄电池搭铁线制成300、450、600、760毫米4种规格。若自制蓄电池搭铁线,其横截面面积不得小于原设计,长度不宜超过700毫米。

30. 电路总开关导电不良怎么修理?

答 拖拉机、农用车的电路总开关经长期使用后,总开关中与钥匙接触的触点臂,由于自然磨损,间隙变大。在行车中插入钥匙开通电路后,往往出现接触不良或断电故障。出现这种异常现象,可把电路总开关拆下,拔出各线接头,将总开关板上的铜导电片撬开,取出圆胶木垫圈,用尖嘴钳将总开关的两个触点臂夹紧,使其向中心钥匙插孔靠拢些,然后插入钥匙试验其松紧度,调整到适当紧度为止,尔后装上圆胶木垫圈,并将铜导电片扳回原位。把电路总开关装好后,要把各路接线头按原位置插上,再插入钥匙检查其导电和松紧度,直到调到理想程度为止。

31. 电流表指针为何在"0"位不动?

答 机车在起动发动机时,电流表没有故障,指针应指向"-"的一侧,且电流值较大。若表指针此时在"0"值不动,则发生了电路故障。此故障发生在蓄电池至磁力线圈的电路中。机车可确定为低压电路故障,如接线有短路,熔断丝熔断,磁力线圈损坏等。由于起动造成电池亏电,电流表指针应指向"+"的一侧,并有较大的充电流。若此时电流表指针指在"0"位不动,打不开前后大灯;如表指针指向"-"一侧,表明故障发生在发电机或调节器,是发电机不发电或调节器失灵所造成的。

32. 电流表指针超过"十"15安怎么办？

答 发动机中速运转，一般情况下，由于受调压器的控制，充电电压不能过高，充电电流不超过15安；如超过这个数值，说明发电机发出的电压过高，故障可从调节器上找。此现象持续时间过长，会造成蓄电池过量充电或发电机与用电设备烧毁。因此，一旦发现故障，应及时排除。

33. 电流表为何在"十"侧左右摆动？

答 充电时，电流表没有故障其指针在"十"侧左右摆动。此情况表明发电机发出的电压不稳定。有两种情况：其一是指针在发动机高速时摆动，而中低速时正常，故障多由于调压器触点表面烧蚀、风扇皮带过松、打滑所造成；其二是发动机中速时表指针摆动轻微，而高速时摆动严重，故障多由于发电机炭刷与整流子接触不良而造成，现象是在炭刷与整流子之间有火花。

34. 电流表指针为何在0～—5安范围内摆动？

答 发动机运转中，电流表本身没有故障其指针在0～—5安范围内摆动。此故障是由截流器触点的闭合电压过低而引起的。其排除方法是增加触点臂拉紧弹簧的拉紧力，直至表指针调到正常为止。

35. 电流表指针为何在0～十25安内大幅摆动？

答 发动机运转中，电流表本身没有故障的情况下，其指针在0～十25安内大幅摆动，此故障发生在蓄电池因修理或更换时，搭铁极性接错所致；如表指针在0～—25安内摆动，故障出现在发电机，是发电机在送修过程中受外界磁场的影响，改变了发电机的剩磁方向，使充电电路变成了放电电路。

36. 电流表指针为何指向"一"向最大电流值？

答　在电流表本身没有故障情况下，发动机熄火后，表指针指向"一"向最大电流值，此时表明蓄电池在大量放电。故障为截流器的触点粘在一起而造成。蓄电池通过截流器粘结的触点向发电机反充电。这个放电电流如持续很短一段时间，会烧毁发电机和调节器，蓄电池也很快会把蓄存的电能放光。因此发现这种情况，应立即切断电路，排除故障。

37. 农用车仪表在使用时应注意什么？

答　农用车仪表为组合式仪表，其中包含有速度表、油量表、水温表、机油压力表、电流表及各种信号指示灯。仪表在使用保养时应注意如下几点：

（1）当拆下水温表、机油压力表、燃油表等传感器时，应将接头用绝缘胶布包扎好，以免短路，烧坏仪表。安装机油压力表传感器时，应将有箭头标记的一边指向上方。

（2）拆卸燃油传感器重新装回时，其衬垫最好换新，以免密封不严渗漏，而影响油量表的准确性。

（3）每年应对水温表进行一次校验，旋出传感器并将其浸入热水中。热水温度由标准温度计测量。

（4）每年用标准压力表校验一次机油压力表。

（5）仪表保持清洁，安装牢靠。

38. 农用车洗涤器在使用中应注意什么？

答　洗涤器和刮水器配合使用，向上拨动刮水器开关，即可接通洗涤器电动机喷出洗涤液，以清洗挡风玻璃上的尘土、灰沙等脏物。在使用中须注意：

（1）洗涤器电动机为短时工作制的高速直流电动机，每次工作时间不得超过 5 秒钟，如一次喷出洗涤液不够用，可停数秒钟后再接通一次,不允许连续工作。否则,电动机易损坏。

(2)洗涤液不宜注得太满。水管卡子固定在适当部位,不得将水管压弯,以免影响洗涤液畅通;当喷嘴堵塞而射不出水柱时,可用细钢丝疏通。

(3)喷嘴为球状体,可用一根铁丝插入喷嘴孔内,调节其喷射角度,使洗涤液能喷及雨刮器的刮刷范围之内。

(4)洗涤液不得使用酸碱性水质或含有杂质较多的水,以免损坏机件和堵塞喷嘴。

39. 农用车刮水器不能工作怎么办?

答 刮水器不能工作,首先应检查热敏金属片安全器是否有通电的响声,如没有,应进一步作如下检查:

(1)电路导线是否连接完好,变速开关是否损坏。

(2)刮刷长度是否过短,刮刷弹簧弹力是否不足,炭刷与整流子接触是否良好。

(3)电阻电枢线圈或定子励磁线圈是否损坏。

(4)刮刷传动机构的涡轮轴及刮刷传动杆是否松脱,各连接件是否损坏。

(5)对具有磁力开关的电动刮水器还应逐步检查是否有以下现象:磁力线圈短路;离合器弹簧折断;尾端销损坏和卡铁严重磨损。只有检查发现故障及时排除,才能保证刮水器正常工作。

40. 农用车刮水器在工作中突然停止运动怎么办?

答 这主要是由于拉杆卡在减速器壳体中造成的。排除时,必须拆开减速机构,查出卡住原因,使拉杆在壳体中能自由运动,故障排除后活动自如。

41. 农用车刮水器刮刷摆动不对称怎么办?

答 刮水器停止工作,刮刷应停止在挡风玻璃上靠近玻璃架的位置才是正确的,这样刮刷摆动才能对称。如位置不对,可将刮刷杆轴上的紧固螺母松开,使刮刷杆绕轴转动到挡风玻璃架附近适当位置,摆动对称后,再重新拧紧螺母,故障即可排除。

第三节 起动电动机的使用与保养

42. 起动电动机的功用是什么?

答 起动用的电动机称为"起动电动机",它是将电能转换为机械能的专用设备。拖拉机上的起动电动机由蓄电池的直流电驱动,并通过起动电动机上的小驱动齿轮和发动机飞轮上的齿圈啮合带动飞轮旋转,从而带动曲轴旋转而使发动机起动。图7-10为起动电动机结构图。

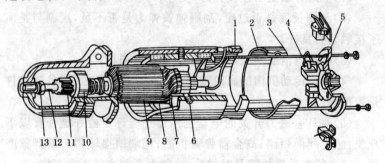

图7-10 起动电动机结构图

1. 机壳 2. 防尘带 3. 拉固螺栓 4. 炭刷 5. 后端盖 6. 换向器 7. 磁极
8. 磁场绕组 9. 电枢 10. 单向离合器 11. 驱动齿轮 12. 电枢轴
13. 限位螺母

43. 电起动机接通电路为何不运转?

答 将起动开关旋钮扳到起动位置,电起动机不转。分析原因:

(1)蓄电池存电量不足或接线柱氧化锈蚀、接头松动、搭铁线松脱,因无电源或电路不通。

(2)炭刷磨损过度、炭刷弹簧压力减弱、炭刷在刷架内卡住及搭铁不良,电起动机整流子有油污、烧损或偏磨失圆,导致炭刷与整流子接触不良,导电性能变差。

(3)起动开关触点烧损,电磁开关线圈与接线柱脱焊或线圈烧坏,影响大电流通过。

(4)电起动机线圈绝缘被破坏,造成匝间短路或搭铁,使电起动机不能工作。起动时间太长,烧毁并联线圈,或起动时电磁开关主触点不闭合,串联线圈仍通电,不能被短路隔开,而电动机又不转,这时若不及时松开起动按钮,常使串联线圈也在短时间内烧毁。

44. 怎样排除电起动机不运转故障?

答 (1)在接合起动开关,电起动机不转的情况下,接通大灯开关,若灯不亮,说明蓄电池无电流输出。蓄电池存电不足,应补充;若接线柱与接头松动或氧化,应清除氧化物,牢固连接。

(2)接通大灯开关,若灯亮,说明蓄电池有电流输出。再用旋具搭接电磁开关接线柱与蓄电池接线柱。若电磁开关铁芯不动,说明电磁开关两线圈与接线柱脱焊或线圈烧坏,应检修;若电磁开关铁芯立即动作,说明电磁开关线圈完好,而是起动开关内部接触不良或电磁开关连接断路,应重新连接牢靠。

(3)接合起动开关,电动机不转,但电流表指针指值为-18～-20安培,说明电磁开关中吸力线圈电路中断;再用旋具搭接蓄电池接线柱和磁场接线柱,若电起动机不转,很可能是整流子因沾油污、烧蚀、偏磨失圆或炭刷弹簧弹力不足,磨损过度,引起接触不良,使电流不能经过电枢线圈与吸力线圈相通。整流子与炭刷接触不良的修复与直流发电机基本相同。

(4)接合起动开关,电流表指针向"-"摆到头,电起动机不转而发出"咔"的响声;此时可摇一下曲轴再起动,如仍不能起动,再用旋具搭接开关上蓄电池接线柱与磁场接线柱。搭接后,如电起动机高速空转,说明开关接触盘与接触点严重烧损,不能接通主电路。当电磁开关接盘、触点表面有轻微烧斑时,用"00"号细砂纸磨光;当烧蚀较严重时,接盘可调面使用;当接盘局部熔化不能继续使用时,应换新品。为了保护电磁开关线圈不被烧坏,起动时应将起动按钮按到底,每次起动时间不超过 5 秒钟;若一次起动不了,应间隔 2 分钟再起动。非紧急情况,不准用旋具搭火起动。

45. 电起动机运转为何无力?

答 接合起动开关,发动机减压时,电起动机旋转缓慢无力;不减压时不能转动。分析原因:

(1)蓄电池存电量不足,或炭刷与整流子接触不良,起动开关或电磁开关触点接触不良,蓄电池接线柱接触不良,导致连接松脱等,使起动电流减小,运转无力。

(2)激磁线圈或电枢线圈短路,电枢线圈与整流子有脱焊处,电起动机功率不足。

(3)轴承松旷或过紧,电枢轴弯曲变形,运转中使电枢与磁极相碰,增加工作阻力,导致运转无力。

46. 怎样排除电起动机运转无力故障?

答 拧转起动开关至起动位置:若发动机减压时旋转,不减压时电起动机不转或旋转吃力,很可能是蓄电池存电不足或导线接头氧化等引起;若减压时电起动机旋转很慢,整流子处发出火花,多半是炭刷、整流子磨损而接触不良,或整流子铜片发生短路;若减压时电起动机旋转很慢,并发出噪声或有冒烟现象,主要是电枢与磁极碰擦或线圈绝缘被破坏引起。找到故障原因可分别采取给蓄电池充足电,线圈发生匝间短路可重新加绝缘,电枢线圈与整流子脱焊须重新焊牢,轴承松旷或过紧须更换,电枢弯曲可拆下校正,还可参考"怎样排除电起动机不运转"方法排除故障。

47. 怎样安装、使用、保养起动机？

答 (1)起动机的安装 先用汽油清洗电枢及外部驱动机构。清洗后,看其驱动是否灵活;安装时,在摩擦离合器的摩擦片间应涂石墨润滑脂,螺纹花丝部分涂有机油;起动机安装在发动机上,驱动齿轮端面与飞轮平面间距离以3～5毫米为宜,以保证齿轮正确啮合。

(2)起动机的使用 每次起动时间不超过5秒钟,起动时间间隔2～3分钟,如连续三次未能发动,应检查修理;冬天起动时,必须先转动曲轴数次,经预热15分钟左右,方可起动电动机;驱动齿轮未进入齿圈啮合而高速运转,应迅速停止起动,待电动机停转后再起动;发动机着火后应立即松开按钮,使驱动齿轮退回原位。

(3)起动机的保养 起动机应定期检查清洗。拆下防尘带,检查整流子表面与炭刷的接触情况。整流子表面应平滑、清洁,接触面应大于85%,炭刷高度不低于7毫米,炭刷弹簧压力应为8.8～12.7帕。如整流子表面不光滑,应用"0"号砂纸磨光。炭刷弹簧压力低于8.8帕应调整或更换;检查电磁开关触点表面,若有烧坏或有黑斑,应用"0"号砂纸磨掉;检查励磁线圈及线路状况,内部转动有无碰击。

48. 如何判断起动机带不动发动机？

答 有时起动机带不动发动机,究其原因有:蓄电池充电不足;导线连接不良;起动机本身故障;发动机润滑油浓凝,起动机不能克服润滑油的阻力而带不动发动机。常用判断办法是使用万用表的直流电压档进行:起动机转动时,用万用表的直流电压档在蓄电池接线柱上测量电压降。如果电压降在3V左右,说明蓄电池正常;若电压降太大,蓄电池接线柱上的连线不热,说明蓄电池缺电或有故障。

在起动机再次转动时,用万用表的直流电压档测量,"－"表笔搭铁,"＋"表笔接在起动机的火线接线柱上。如果和第一次在蓄电池接线柱上的测量值一样(3V 左右),说明起动机有故障,需解体检查;如果测出电压降很大,说明导线连接不良,蓄电池接线柱过度氧化或搭铁线紧固不牢;如果蓄电池、导线连接、起动机都无故障,一般是因发动机润滑油过于浓凝,使起动机带不动发动机。

49. 起动机在使用时应注意什么?

答 (1)起动机每次使用时间不宜超过 5 秒钟,两次起动之间隔时间 2～3 分钟。如连续三次不能起动,应停机对电路及油路进行检查,排除故障后再起动。

(2)严禁利用起动机驱动发动机以转动传动机构的方法驱驶车辆。

(3)车辆行驶 2000 公里后,应检查紧固件连接是否牢靠,导线接触是否良好。

(4)车辆行驶 8000 公里后,应检查整流子表面是否光洁,炭刷在架内是否卡死,炭刷弹簧压力是否正常,若有故障应拆下修理。

第八章　拖拉机、农用车油液

第一节　拖拉机、农用车用燃油

1. 拖拉机和农用车应选用何种燃油？

答　拖拉机和农用车的发动机均为柴油机，因此都须选用柴油。轻柴油根据凝固点分为 20、10、0、−10、−20、−35 号共 6 个牌号。号数代表凝固点的温度，如 0 号柴油表示在 0℃时开始凝固失去流动性。机车使用柴油一般以环境温度高于柴油凝固点 5～10℃选用相应牌号。如南方夏季选用 10 号，春秋季选用 0 号，冬季选用−10 号。

2. 怎样净化柴油机燃油？

答　柴油净化的常用方法有机外净化和机内净化两种：

(1)机外净化是指柴油加入油箱前的净化　其有效措施：

①沉淀。柴油使用前用储油罐储油，须经过 96 小时以上沉淀，用油桶沉淀时间不得少于 48 小时，且不能摇动油桶。

②过滤。加油时用过滤器过滤，使杂质不能进入油箱；同时要定期清洗油罐、油桶和加油工具。

(2)机内净化是指柴油加入油箱后的净化　其有效措施：按机车保养规程，定期放出油箱的沉淀物；同时按级进行保养，清洗油箱和柴油粗、细滤清器，并及时更换失效的滤芯。

3. 使用油料应注意些什么？

答　驾驶员使用油料应注意以下几点：

(1)净化

①每吨农用柴油中含有 50 克左右的石英、矾土等杂质，一般使用柴油前须经至少 48～96 小时的沉淀；机油要经过 5 天以上时间沉淀后方可使用。图 8-1 为柴油净化沉淀桶。

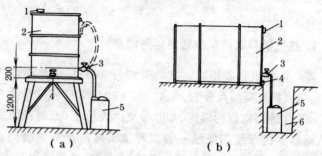

(a)　　　　　　　　　　(b)

图 8-1　柴油净化沉淀桶

(a)立式沉淀桶

1. 加油口　2. 沉淀桶　3. 放油开关　4. 放污开关　5. 加油桶

(b)卧式沉淀桶

1. 通气塞　2. 沉淀桶　3. 放油开关　4. 放污加油开关　5. 加油桶　6. 地坑

②加油要过滤。无论采用何种加油方式，不可取容器油底 20 厘米以下部分柴油。加入油箱前，要进行严格的杂质过滤；可用一层金属丝网垫一层丝绸过滤；机油过滤应采用两层或多层金属丝网过滤。

③加入新机油应注意清洗油底壳、磁性放油螺塞、通风管中的滤网和机油滤清器的杂质，更换机油前，须对润滑系统油路进行清洗。方法是：发动机熄火后，趁热放出机油，向油底壳加入适量柴油，先摇转曲轴几圈，再起动发动机低速运转 3 分钟放尽柴油，加足新机油，用手摇动曲轴，待运动副布满润滑油后起动发动机运转 3 分钟，检查油压是否正常，工作半小时后复查油面高度，不足予

以补充。

(2)储存 储存中主要注意防止污染、损失和失火。储油容器应分类专用,并明显标记,以免混乱错用。容器应可靠密封,防止尘垢污染。要特别注意防止水分浸入油料。柴油进水后凝点升高,并且加重硫分的酸蚀作用。机油和齿轮油进水后,会使添加剂乳化失效。钠基润滑脂遇水后便乳化流失。油料遇到明火,容易起火。因此,在储油地点应严禁烟火。储油容器上严禁放置沾油棉丝之类的易燃物品。在存油地点必须备有灭火器材。

(3)回收 用过的油料应按品种分别收集保管,不要混装,特别注意不要将其他油料混进润滑油中,以免造成再生困难,甚至无法再生。对于回收的油料,可以交售给石油供应部门或再生加工单位,也可以经过沉淀处理后移作他用。例如,用过的柴油经沉淀处理后,可用于清洗一般机件;用过的机油经沉淀处理后,可用于空气滤清器或粗糙机件的润滑。

4. 怎样用简便方法识别各种油料?

答 目前,各种假冒伪劣油品充斥市场,有些驾驶员经常买到劣质油深受其害。为使驾驶员买油不上当受骗,现介绍油料简易鉴别方法:

(1)看颜色 轻柴油呈茶黄色,柴油、机油呈绿蓝到深棕色,齿轮油根据型号不同有黑色到黑绿色。润滑脂类:钙基润滑脂呈黄褐色,钠基润滑脂呈黄色或浅褐色,钙钠基润滑脂呈浅黄白色。

(2)闻气味 柴油、机油有刺鼻气味,齿轮油有焦糊味,轻柴油有较重的柴油味,钙基润滑脂有机油味。

(3)用手摸 轻柴油用手捻动,有光滑油感;柴油、机油较黏稠,蘸水捻动,稍乳化能拉短丝;齿轮油黏稠,沾手不易擦掉,能拉丝。润滑脂:钙基脂蘸水捻动不乳化,光滑不拉丝;钠基脂蘸水捻动能乳化,可拉丝;钙钠基脂蘸水捻动不乳化,不沾手,稍能拉丝。

(4)装瓶摇动 轻柴油装入无色透明玻璃瓶中约2/3的高度,

摇动观察,油不挂瓶,产生的气泡小,消失稍慢;柴油、机油装瓶摇动,泡少且难消失,油挂瓶;齿轮油装瓶摇动,油挂瓶时间长,瓶不净。

以上这些简易方法,仅能识别常用油的基本特征,若要正确区分油料的优劣还要通过辨别油料的牌号用仪器来测试。

5. 怎样选用柴油?

答 柴油的特点是自燃点低、黏度较大,在运输和储存过程中不易挥发,使用安全等。

轻柴油分 20 号、10 号、0 号、-10 号、-20 号、-35 号 6 个牌号。号数代表凝固点的温度,如-20 号柴油表示在零下 20℃时开始凝固失去流动性。因此,选用柴油应按季节变化而定,一般选用比环境气温低 5~10℃的柴油号数,否则柴油在油管中流动会受到阻碍。如南方夏季选用 10 号,春、秋季选用 0 号,冬季选用-10号。

第二节　拖拉机、农用车用润滑油

6. 润滑油的性质和作用是什么?

答 利用润滑油,在两个相互摩擦零件的表面,形成一层均匀而可靠的油膜,将两个零件的表面隔离开来,使金属表面不直接接触,不发生摩擦,达到零件不会急剧磨损,延长使用寿命的目的。

润滑油的性质主要是:

(1)黏度和黏度指数 这一性能在很大程度上决定油膜的形成能力,它随温度而变化,有时润滑油温度每变化 10℃,黏度增减可到一倍。

(2)酸值 它含有机酸和无机酸两种。在使用过程中,受到氧化和分解作用,酸值会增加,对金属表面起腐蚀作用。

（3）抗乳化度　润滑油乳化后,不溶解性杂质就悬浮在油中,污损摩擦表面,破坏油膜使润滑油过早变质。

（4）抗氧化安定性　即润滑油受热时抵抗空气氧化的能力,性能差的油容易氧化变质,油色变深,酸值和黏度均会增加。

（5）残炭　润滑油在氧化时生成的胶质,在高温下分解成固态炭,或直接裂化为炭渣。润滑油炭化是有害的,还使润滑油耗量增加。因此,驾驶员应高度重视润滑油性质。柴油机工作500小时后,应全部更换新机油。

7. 润滑油的压力对柴油机工作有何影响?

答　柴油机采用机油压力表来指示机油压力。柴油机正常机油压力一般规定为196~294千帕（19.6~29.4牛/厘米^2）;新设计高速多缸机一般规定为390千帕（39.2牛/厘米^2）;怠速时机油压力不应低于49千帕（4.9牛/厘米^2）。

柴油机正常工作时,润滑系统内必须保持一定的压力,以克服管道阻力,可靠地将润滑油输送到各个摩擦表面,并维持一定的机油循环速度,以便使零件保持可靠地润滑。

如果润滑系统油压过低,柴油机不能正常工作;如果压力过高,它使机油泵零件负荷大,流动阻力增加,功率消耗大,而且泄漏飞油使更多的润滑油进入燃烧室,引起积炭结焦,缩短活塞使用寿命,并使机油消耗增加。

8. 润滑油的流量对柴油机工作有何影响?

答　为了保持可靠的摩擦表面的油膜,就必须以一定的速度向摩擦表面不断地补充机油,同时,为了带走摩擦表面的热量,使润滑油保持循环也是必要的。

若机油循环流量过小,则润滑不可靠,由于热量不能及时带走容易烧坏轴承;若循环流量过多,不但使机油消耗量增加,积炭结焦,而且机油泵上的功率消耗增加。

9. 润滑油的温度对柴油机工作有何影响？

答　柴油机机油的正常温度应保持在 70～90℃，新设计的高速多缸机为 85℃。润滑油的温度取决于柴油机的转速、负荷、冷却系统的工作、外界环境温度、气缸密封状况等。机油温度直接影响它的使用性能，也间接反映出轴承等零件的温度状况。

若柴油机工作负荷大、气温高或润滑油循环滞缓、冷却不良时，机油温度就会升高，此时其黏度降低，易从摩擦表面间挤出，致使摩擦表面不易形成油膜或油膜很薄，导致润滑不良而加剧零件磨损。同时温度升高也加速机油的变质，机油温度每升高 10℃，机油的氧化速度增加近 1 倍；如果润滑油温度过低，黏度增大，虽然对形成油膜有利，但润滑流动不快，对柴油机工作同样不利。

10. 变速箱与后桥的齿轮润滑油有何区别？

答　农用车和拖拉机变速箱和后桥中的齿轮润滑的好坏，与润滑剂有较大的关系。对变速箱齿轮的转速、负荷、环境温度相同的普通圆柱齿轮，可使用普通齿轮油；而对后桥中双曲线锥齿传动的润滑，由于它承受重负荷，并有较高的润滑速度，故必须选用具有抗磨抗压性能高的双曲线齿轮油，才能保证齿轮传动的正常润滑。两种齿轮润滑油是不同的。另外，润滑油加少了，会引起机件润滑不良，磨损加快，甚至发生抱轴咬死事故；润滑油过多，容易损坏油封、发生漏油现象。因此，变速箱和后桥部位的润滑油，一定要按规定的要求加注。

11. 怎样用简便方法识别使用中机油的好坏？

答　机油的好坏直接影响各零件的磨损量，过迟更换机油将使机械零件磨损加快；过早更换机油经济损失大。在无仪器鉴别情况下，检查使用一段时间后的机油是否变质，以决定换机油周期，可采用下列简易方法进行：

（1）在洁白的滤油纸上滴一滴新机油,然后再滴一滴使用过的机油,观察对比变化情况(最好用放大镜观察)。如果使用中的油滴中心黑点有较多的硬沥青及炭粒,表明滤清器不好,并说明机油已变质;如果黑点较大,是黑褐色且均匀的颗粒,表明机油已严重变质,应更换机油;如果黑点更改四周黄色浸润痕迹的边界不很明显,则表明机油中的添加剂未完全失效;如果边界很清晰,表明添加剂已消耗到不起作用,也应换油。

（2）用直径 0.5 厘米、长 20 厘米的玻璃管,装入 19 厘米高度的新机油,并封好。另外用一个同样玻璃管装入同量的使用过程中的机油并封好。使两者同时颠倒,记录气泡上升的时间。如果两者气泡上升时间差,超过 20% 时,就应换机油。

（3）取使用中的机油 100 毫升,加入无铅汽油 200 毫升稀释,然后用滤油纸过滤并干燥,当油泥沉淀物产生量达 2 克时,就应换机油。

12. 怎样选用机油?

答　机油分为柴油机机油和汽油机机油两种。柴油机机油一般用于高速柴油机润滑,拖拉机和农用车使用柴油机机油。

柴油机机油有 HC——14、HC——11、HC——8 三种牌号。牌号中的数值表示黏度,号数越高,黏度越大。"H"代表润滑油、"C"代表柴油机。选用机油要根据气温和季节变化来定。一般温度在 21℃以上选用 HC——14 号,4～21℃选用 HC——11 号,4℃以下选用 HC——8 号,或按发动机说明书规定选用。切不可用汽油机机油代替柴油机机油,也不允许在柴油机机油中掺入汽油机机油使用,否则会使机油的润滑作用大大降低。

第三节 其他油液的选用

13. 怎样选用齿轮油？

答 齿轮油含有胶质,颜色黑色或黑绿色,油性较好,主要用于机车的变速箱、差速器、转向器及主减速器等传动零部件的润滑。

国产齿轮油按 100℃ 运动黏度划分牌号,有 HL——20（凝点为 -20℃）、HL——30（凝点为 -5℃）两个牌号,牌号中"H"代表"润滑油","L"代表"齿轮"。齿轮油按用途分为齿轮油和双曲线齿轮油两类。选用齿轮油要根据地区、季节的气温条件而定:北方地区冬季应选用 HL——20 号、夏季选用 HL——30 号;南方地区全年可选用 HL——30 号。机油和齿轮油不能互相代用,严禁把废机油倒入变速箱当做齿轮油用;也不允许往齿轮油内掺柴油,否则会破坏齿轮油形成齿轮油膜的能力。

14. 怎样选用润滑脂？

答 润滑脂俗称黄油,是机油中加皂类稠化剂而制成的。由于调制时所用的皂类不同,润滑脂被分为不同的种类。常用的润滑脂有:

(1)钙基润滑脂 它耐水不耐热,广泛用于温度 70℃ 以下的滑动摩擦面,以及转速 3000 转/分以下的各种轴承。常用牌号有 ZG——2 和 ZG——3。"Z"代表润滑脂。"G"代表钙基。

(2)钠基润滑脂 它耐热不耐水,适用于高速、高温不超过 120℃ 轴承的润滑。常用牌号有 ZN——2 和 ZN——3。"N"代表钠基。

(3)钙钠基润滑脂 其性能介于钙基和钠基两种润滑脂之间,适用于 100℃ 以下而又易于与水接触的摩擦零部件的润滑。常用牌号有 ZGN——1 和 ZGN——2 号润滑脂。"GN"代表钙钠基。

拖拉机和农用车使用的润滑脂,须按机车规定的"润滑部位、润滑油名称及润滑周期表"选用。

15. 怎样选用制动液?

答 制动液俗称刹车油,主要用于液压制动系统中传递压力,使机车的车轮停止转动。

机车制动液应选具有良好的高温抗气阻性能、低温性能和防腐性能的制动液,如选用国家新产品 JG3(901)型聚醇醚合成制动液。

16. 废机油为何不能代替齿轮油?

答 有的驾驶员为节省油料开支,把油底壳内的废机油当齿轮油用于齿轮箱内,这种做法是不正确的。

机油与齿轮油的性能不同,一般说,机油黏度要比齿轮油黏度小得多,机油不能保证轮齿齿面间的润滑油膜。况且废机油是变质的机油,它含有酸性物质,且黏性很小,润滑性很差,不但不能对轮齿齿面起润滑作用,而且具有较强的腐蚀作用,容易使齿轮面粘着磨损、腐蚀磨损和粘粒磨损,这三大磨损形成相互促进,将会大大加快齿轮损坏的速度,严重者会引起咬齿破坏。所以,废机油不能代替齿轮油使用。

17. 你会使用金属清洗剂吗?

答 使用金属清洗剂,可以节约大量的清洗油,1000 克 8112清洗剂,可洗 1～2 台拖拉机,替代 20～25 千克清洗油。金属清洗剂无毒,不伤皮肤,不燃,不爆,安全可靠。

(1)金属清洗剂的选用 目前,常用金属清洗剂有:8112 型农机清洗剂,R2-3 型常温金属清洗剂,SS 1、SS-2 型高效金属清洗剂,X-Ⅱ型常温净洗剂,77-2 型金属清洗兼防锈剂,77-3 型干粉金属清洗剂,816 型清洗剂等。

(2)金属清洗剂溶液的配制　　一般配制浓度为 2%～5%,视清洗件油污情况而定。一般零部件清洗取 2%～3%的浓度,机械化清洗取 2%,油污严重的复杂零部件浓度取 4%～5%。

(3)清洗剂溶液的温度　　由于清洗剂的渗透能力比柴油差,因此,一般把清洗剂加温让清洗的零部件浸泡一段时间,清洗效果更好。清洗高熔点脂类和重油污温度要高到 40～50℃、一般稀油污 20～35℃,低于 20℃清洗效果要差些。

(4)清洗剂溶液使用周期　　清洗剂溶液一般可多次重复使用,使用的周期,决定于清洗件的数量和机件的污垢程度。一次配制的洗液可以连续使用 2～3 个星期。

(5)清洗的脱水　　零部件清洗后,一般用自然干燥,如为了加速干燥,可用纱、布擦干。

(6)废水的处理　　为了防止污染环境,对大量废水可在废水中加入 0.2%氯化钙和 0.1%明矾,静置一二天使废油珠析出,去掉浮油,滤去固态杂质,然后进行排放。

附　录

一、中华人民共和国机动车
驾驶证管理办法

（1996 年 6 月 3 日中华人民共和国公安部发布）

第一章　总　　则

第一条　为了加强机动车驾驶证和驾驶员的管理，维护道路交通秩序，保障道路交通安全，根据《中华人民共和国道路交通管理条例》的有关规定，制定本办法。

第二条　在道路上驾驶民用机动车辆的人员，须依照本办法申请领取机动车驾驶证。机动车驾驶证全国有效。

第三条　本办法由地（市）以上公安机关交通管理部门负责实施。

第二章　机动车驾驶证

第四条　机动车驾驶证分为中华人民共和国机动车驾驶证（以下简称驾驶证）、中华人民共和国机动车学习驾驶证（以下简称学习驾驶证）、中华人民共和国机动车临时驾驶证（以下简称临时驾驶证）。

第五条　机动车驾驶证记载持证人的身份证号码、姓名、性别、出生日期、长期住址、国籍、准驾（学）车型代号、初次领证日期、有效期和管理记录，并有发证机关印章、档案编号和持证人的照片。临时驾驶证还应记载有效区间。

机动车驾驶证式样由公安部规定。

第六条 准驾车型代号表示的车辆及准予驾驶的其他车辆为：

准驾车型代号	表示的车辆	准予驾驶的其他车辆的代号
A	大型客车	B、C、G、H、J、M、Q
B	大型货车	C、G、H、J、M、Q
C	小型汽车	G、H、J、Q
D	三轮摩托车	E、F、L
E	二轮摩托车	F
F	轻便摩托车	
G	大型拖拉机	H
H	小型拖拉机	
K	手扶拖拉机	
L	三轮农用运输车	
J	四轮农用运输车	G、H
M	轮式自行专用机械车	
N	无轨电车	
P	有轨电车	
Q	电瓶车	

第七条 驾驶证有效期六年。初次领取的驾驶证第一年为实习期；学习驾驶证有效期为二年；临时驾驶证有效期不超过一年。

第三章　申请、考试、发证

第八条　申请机动车驾驶证应当向长期居住地车辆管理所提出申请。

在暂住地居住一年以上的,可向暂住地车辆管理所申请。

第九条　申请机动车驾驶证的身体条件:

(一)申请大型客车、大型货车、无轨电车驾驶证的,身高不低于 155 厘米,申请其他车型驾驶证的,身高不低于 150 厘米;

(二)两眼视力不低于标准视力表 0.7 或对数视力表 4.9(允许矫正);

(三)无赤绿色盲;

(四)两耳分别距音叉 50 厘米能辨别声源方向;

(五)四肢、躯干、颈部运动能力正常。

第十条　有下列情形之一的,不得申请机动车驾驶证:

(一)有妨碍安全驾驶疾病及生理缺陷的;

(二)被吊销机动车驾驶证未满两年的;

(三)在吊扣机动车驾驶证期间的;

(四)已持有机动车驾驶证的(申请增驾的除外)。

第十一条　初次申请学习驾驶证的年龄:

(一)申请大型客车、无轨电车学习驾驶证为 21 至 45 周岁;

(二)申请大型货车学习驾驶证为 18 至 50 周岁;

(三)申请其他车型学习驾驶证为 18 至 60 周岁。

第十二条　需要学习驾驶机动车的,应当申请学习驾驶证。申请时应当履行下列手续:

(一)填写《机动车驾驶证申请表》;

(二)交验身份证件(居民身份证、护照等),在暂住地申请的还应交验暂住证(暂住期为一年以上),外国(地区)人还应交验居留证件(居留期为一年以上);

(三)初次申请大型客车学习驾驶证的,由省级车辆管理所按公安部规定审批；

（四）接受身体检查。

车辆管理所对符合规定的,考试交通法规与相关知识合格后,核发学习驾驶证。对持学习驾驶证并掌握驾驶技能的,经考试合格后,核发驾驶证。

第十三条　持有驾驶证需要增加准驾车型的,应当申请学习驾驶证。申请时应当履行下列手续：

（一）填写《增驾申请表》；

（二）交验驾驶证；

（三）申请增驾大型客车、无轨电车的,须具有三年以上安全驾驶大型货车的经历。

车辆管理所对符合规定的,增发学习驾驶证。对持增驾学习驾驶证并掌握驾驶技能的,经考试合格后,换发驾驶证。

第十四条　持有军队、武装警察部队驾驶证的,可以申请驾驶证。申请时应当履行下列手续：

（一）填写《机动车驾驶证申请表》；

（二）复员、转业、退伍人员交验居民身份证和复员、转业、退伍证明；

（三）现役军人交验军人身份证件和省军区以上证明；

（四）交验军队、武装警察部队驾驶证；

（五）接受身体检查。

车辆管理所对符合规定的,经考试合格后,核发驾驶证。

第十五条　持有外国或香港、澳门、台湾地区驾驶证或国际驾驶证并在境外连续居留六个月以上的中国公民,可以申请驾驶证。申请时应当履行下列手续：

（一）填写《机动车驾驶证申请表》；

（二）交验居民身份证或中华人民共和国护照；

（三）交验外国或香港、澳门、台湾地区驾驶证或国际驾驶证；

（四）接受身体检查。

车辆管理所对符合规定的,经考试合格后,核发驾驶证。

第十六条 持有外国或香港、澳门、台湾地区驾驶证或国际驾驶证的外国(地区)人,可以分别申请驾驶证或临时驾驶证。申请时应当履行下列手续:

(一)填写《机动车驾驶证申请表》;

(二)交验护照等入境身份证件;

(三)交验居留证件(申请驾驶证居留期为一年以上,申请临时驾驶证居留期为三个月以上一年以下);

(四)交验外国或香港、澳门、台湾地区驾驶证或国际驾驶证;

(五)接受身体检查。

车辆管理所对符合规定的,经考试合格后,分别核发驾驶证或临时驾驶证。

第十七条 关于考试科目的规定。

(一)考试科目为:交通法规与相关知识、场地驾驶、道路驾驶。

(二)初次申请机动车驾驶证及申请增加准驾车型的,应按照《考试科目表》(附件一)的科目进行考试。

(三)持外国或香港、澳门、台湾地区驾驶证或国际驾驶证的,考试交通法规与相关知识、道路驾驶。

驾驶经历三年以上的,免道路驾驶考试。

(四)持军队、武装警察部队驾驶证的,考试科目为道路驾驶。

持有军队、武装警察部队小型乘座车、摩托车驾驶证三年以上的,免道路驾驶考试。

第十八条 考试的内容、方法、合格标准,按照《中华人民共和国机动车驾驶员考试办法》办理。

第四章 审验、换证、注销

第十九条 车辆管理所应对持证人按以下期限进行审验,审验时进行身体检查,审核违章、事故是否处理结束。对审验合格的,在驾驶证上按规定格式签章或记载。持未记载审验合格的驾驶证不具备驾驶资格。

(一)对持有准驾车型 A、B、N、P 驾驶证的、持有准驾车型 C 驾驶证从事营业性运输的和年龄超过 60 周岁的,每年审验一次;

(二)对持有其他准驾车型驾驶证的,两年审验一次,免身体检查。

第二十条 对年龄超过 60 周岁的,注销准驾车型 A、B、N、P。

第二十一条 车辆管理所对在外地因故不能返回接受审验的,可委托外地车辆管理所代审。

第二十二条 驾驶证有效期满前三个月内,持证人应当到车辆管理所换证。车辆管理所应结合审验对持证人进行身体检查、审核违章、事故是否处理结束,对审核合格的,应换发驾驶证。

因特殊情况不能按期换证的,应当事先申请提前或延期换证,事先未申请并超过有效期换证的,依法处罚后予以换证。

持证人在换证期间,有义务接受交通法规教育。

第二十三条 持证人在暂住地居住一年以上的,自愿决定是否在暂住地申请换发驾驶证。暂住地车辆管理所对申请人的驾驶证、驾驶证登记资料和暂住证审核后,换发驾驶证。

第二十四条 全国统一的驾驶证登记资料为《机动车驾驶证申请表》(附件二)和机动车驾驶证登记项目(附件三)。

第二十五条 对持证人发生交通事故或违章的,实行记分管理,并在驾驶证或驾驶证登记资料中记载。对超过违章、事故记录分数规定的,依法分别进行交通法规教育、考试和处罚。

第二十六条 机动车驾驶证遗失、损毁,应当向原发证机关书面申报原因并登报声明,30 天后,由车辆管理所审核补发新证。

第二十七条 车辆管理所对有下列情况之一的,应当注销机动车驾驶证并在登记资料中注明:

(一)持证人死亡的;

(二)身体条件发生变化,不适合驾驶机动车的;

(三)超过换证时限一年以上的;

(四)涂改、冒领机动车驾驶证的;

(五)无正当理由,超过三个月不接受违章或事故处理的;

(六)持有两个以上驾驶证的;

(七)年龄超过 70 周岁的;

(八)本人或监护人提出注销申请的。

第二十八条 吊销和注销的机动车驾驶证、登记资料保留两年后销毁。

第五章 附 则

第二十九条 国家之间对驾驶证有互相认可协议的,按协议办理。

经国家主管部门批准,临时入境举办有组织的驾驶车辆的活动(汽车、摩托车比赛、旅游等),由公安部交通管理局或由其委托的公安交通管理部门,组织有关车辆管理所核发临时驾驶证。

第三十条 驾驶证持有人从事道路驾驶教练的,应持有相应准驾车型驾驶证五年以上。

第三十一条 机动车驾驶证管理的印章、证表式样,由公安部统一制定。

第三十二条 收费项目的标准,按国家有关规定执行。

第三十三条 本办法自 1996 年 9 月 1 日起施行。

附件一：

考 试 科 目 表

考试科目＼考试车型		汽车			摩托车			拖拉机			农用运输车		专用机械	电车		
已有准驾		A	B	C	D	E	F	G	H	K	J	L	M	N	P	Q
无		交场路			交场路		交场	交场路			交场路		交路	交场路		交路
汽车	A		✓	✓									✓			
	B	路		✓	场路		场	✓	场		✓	场		路	路	✓
	C	×	场路										路			
摩托车	D					✓	✓									
	E	×	交场路		场		✓	交场路					路	×	路	
	F				路	路										
拖拉机	G								✓		场路					
	H	×	交路		交场路		场	场路		场路			路		路	
	K							场路	场路							
农用运输车	J	×	交场路		交场路		场	✓	场路		场路		路	×	路	
	L								场路		场路					
专用机械	M	×	交场路		交场路		场	交场路			交场路			×	路	
电车	N															路
	P	×	交场路		交场路		场	交场路			交场路		路	×		交路
	Q												×	路		

注：1．表中交、场、路分别表示交通法规与相关知识、场地驾驶和道路驾驶。

　　2．"√"表示准驾。

　　3．"×"表示不准增驾。

附件二：

机动车驾驶证申请表

档案编号	

	姓名		性别		出生	年 月 日	
申请人填写	身份证件号码				国籍		
	暂住证、居留证号码					（照片）	
	住址						
	电话			邮编			
	申请驾驶证种类			车型			
	申请人签名		年 月 日				
	原证件种类			准驾记录			
身体条件	身高		视力		辨色力		年 月 日
	听力		身体运动能力				
	有无妨碍驾驶疾病及生理缺陷						
考试记录	项目	交通法规		场地驾驶		道路驾驶	
	成绩						
	考试员、日期						
证件记录	驾驶证种类	车型	核发日期		经办者		
	学习驾驶证		年 月 日			（发证机关章） 年 月 日	
	正式驾驶证		年 月 日				
	初次领证日期		年 月 日				

· 391 ·

机动车驾驶证登记项目

1. 档案编号
2. 姓名
3. 身份证件号码
4. 国籍
5. 住址
6. 电话
7. 邮编
8. 初次领证日期
9. 准驾车型及取得日期
10. 审验记录
11. 违章记录
12. 事故记录
13. 住址变更记录
14. 补证记录
15. 吊销、注销记录

二、中华人民共和国机动车
驾驶员考试办法

（1996 年 6 月 3 日中华人民共和国公安部发布）

第一条 为保证机动车驾驶员具备应有的驾驶知识和技能，保障道路交通安全，依据《中华人民共和国道路交通管理条例》的有关规定，制定本办法。

第二条 本办法由地（市）以上公安机关交通管理部门负责实施。

第三条 考试科目的顺序按照交通法规与相关知识(简称科目一)、场地驾驶(简称科目二)、道路驾驶(简称科目三)依次进行,前一科目合格后,再进行后一科目的考试。

第四条 各科目考试内容。

科目一的内容为:现行道路交通管理法规和规章;异常气候、复杂道路、危险情况时的安全驾驶知识,简单的伤员急救和危险物品运输知识;所考车辆的总体构造、主要装置的作用,车辆日常检查、保养、使用知识,常见故障的判断方法、紧急情况的处理知识。

科目二的内容为:在设有障碍的场地驾驶车辆的能力。

科目三的内容为:在实际道路上正确操纵驾驶机动车的能力;遵守交通法规行驶的程度;驾驶姿势及观察、判断、预见能力及综合控制车辆的能力。

第五条 考试应在车辆管理所设定的考试场或指定的道路、场所进行。并事先约定考试日期、时间。

第六条 关于考试车辆、场地、道路的规定。

(一)车辆:

1. 大型客车,车长 8 米以上,轴距 3.9 米以上。

2. 大型货车,车长 6 米以上,轴距 3.6 米以上。

3. 小型汽车,车长 3.3 米以上,轴距 2.3 米以上,轮距 1.3 米以上。

4. 三轮摩托车,至少有四个档位。

5. 拖拉机带挂车。

6. 其他考试用车,由省级车辆管理所确定。

有自动变速装置的车辆不得作为考试车辆;考试车辆必须悬挂考试车标志。

(二)场地:

1. 场内地面平坦,坡度小于 1%,附着系数大于 0.40;

2. 桩位、标线准确。

(三)道路:

考试路段应有弯道、坡道、交叉路口及信号灯、标志、标线等交通设施。考试大型客车、大型货车的距离不少于 5 公里,其他车辆的距离不少于 3 公里。考试两轮摩托车的,可以在考试场道路上进行。

第七条 考试方法。

(一)科目一采用选择、判断正误的方法,考试时间为 45 分钟。

(二)科目二采用被考人单独驾驶的方法。

(三)科目三采用考试人员与被考人同乘考试车(两轮车及无法同乘的车辆除外),按照道路考试必考行为用减分法进行评判得分。被考人在道路考试时应持有相应的驾驶证件。

第八条 考试题目由车辆管理所按照下列规定负责出题。

(一)科目一的试卷题量为 100 题。

题量中《中华人民共和国道路交通管理条例》等法规的考题为 70%;安全驾驶、伤员急救和危险物品运输知识的题量为 15%;车辆的构造、使用、日常检查、保养知识,常见故障的判断方法等知识的考题为 15%。

科目一考试题库全国统一。

(二)科目二按所考车型选定桩考图。

桩考图全国统一。

(三)科目三由操纵驾驶机动车,遵守交通法规行驶,观察、判断、预防、应变等综合驾驶能力三项内容组成,按不同车型设定必须考核的项目,并设定不合格、减 20 分、减 10 分、减 5 分的减分标准。

汽车、摩托车的考核项目和减分标准全国统一。

第九条 考试合格标准。

(一)科目一,得分数为总分数的 90% 以上。

(二)科目二,未出现下列情况之一的:

1. 不按规定路线、顺序行驶;

2. 碰擦桩杆;

3. 车身出线；

4. 移库不入；

5. 中途停车两次；

6. 熄火；

7. 脚触地(两轮车)。

(三)科目三,100 分为满分。合格标准:大型客车 90 分以上,大型货车 80 分以上,其他机动车 70 分以上。

第十条 每个科目考试一次,补考一次。补考仍不合格的,本次考试终止。在学习驾驶证有效期内,可重新申请考试,重新考试的时间间隔不少于 30 天。

考试结果应当场公布,对科目二或三考试不合格的,应当指出不合格的原因。

第十一条 对考试中有舞弊行为的,应当场停止该科目考试,并视为不合格。

第十二条 从事考试工作的人员,必须具备考试员资格,持有省级公安机关交通管理部门颁发的考试员证书。

第十三条 收费项目和标准,按照国家有关规定执行。

第十四条 本办法自 1996 年 9 月 1 日起施行。公安部 1985 年发布的《城市机动车驾驶员考试暂行办法》即行废止。

三、道路交通标志图解

1. 警告标志

警告标志有 33 种,形状为正三角形,颜色为黄底、黑边、黑色图案;叉形符号为白底红边。其作用都是警告驾驶员注意危险,减速慢行的标志。

图 1　十字交叉

图 2　T 型交叉

图 3　T 型交叉

图 4　T 型交叉

图 5　Y 型交叉

图 6　环型交叉

图 7　向左急
　　　转弯

图 8　向右急
　　　转弯

图 9　反向弯路

图 10　连续
　　　　弯路

图 11　上陡坡

图 12　下陡坡

图 13　两侧
　　　　变窄

图 14　右侧
　　　　变窄

图 15　左侧
　　　　变窄

图 16　双向
　　　　交通

图 17 注意
行人

图 18 注意
儿童

图 19 注意信
号灯

图 20 注意
落石

图 21 注意
横风

图 22 易滑

图 23 傍山
险路

图 24 堤坝路

图 25 村庄

图 26 隧道

图 27 渡口

图 28 驼峰桥

图 29 过水
路面

图 30 铁路
道口

图 31 叉形
符号

图 32 施工

图 33　注意危险

2. 禁令标志

禁令标志有 35 种,形状为圆形、倒等边三角形,颜色为白底、红边、红斜杠、黑色图案,其作用是根据道路情况,对车辆加以限制,确保交通安全,具有严格的强制性。

图 34　禁止　　图 35　禁止　　图 36　禁止机　　图 37　禁止载
　　　通行　　　　　　驶入　　　　动车通行　　　货汽车通行

图 38　禁止后　　图 39　禁止大　　图 40　禁止汽　　图 41　禁止拖
三轮摩托　　　型客车通行　　车拖、挂车通行　　拉机通行
车通行

图 42 禁止手 图 43 禁止摩 图 44 禁止某 图 45 禁止非
扶拖拉机通行 托车通行 两种车通行 机动车通行

图 46 禁止畜 图 47 禁止人 图 48 禁止人 图 49 禁止骑
力车通行 力货运三 力车通行 自行车下坡
轮车通行

图 50 禁止行 图 51 禁止向 图 52 禁止向 图 53 禁止
人通行 左转弯 右转弯 掉头

图 54 禁止 图 55 解除禁 图 56 禁止 图 57 禁止非
超车 止超车 停车 机动车停车

图 58　禁止鸣　　图 59　限制　　图 60　限制　　图 61　限制
　　　喇叭　　　　　　宽度　　　　　　高度　　　　　　质量

图 62　限制　　图 63　限制　　图 64　解除限　　图 65　停车
　　　轴重　　　　　　速度　　　　制速度　　　　　检查

图 66　停车　　　　图 67　减速　　　　图 68　会车
　　　让行　　　　　　　让行　　　　　　　让行

3. 指示标志

指示标志有 25 种,形状为圆形、长方形、正方形,颜色为蓝底、白色图案,其作用是用以指引驾驶人员安全行驶和停车。

图 69　直行

图 70　向左
转弯

图 71　向右
转弯

图 72　直行和
向左转弯

图 73　直行和
向右转弯

图 74　向左和
向右转弯

图 75　靠右侧
道路行驶

图 76　靠左侧
道路行驶

图 77　立交直
行和左转
弯行驶

图 78　立交直
行和右转
弯行驶

图 79　环岛
行驶

图 80　单向行
驶（向左
或向右）

图 81　单向行
驶（直行）

图 82　机动
车道

图 83　非机动
车道

图 84　步行街

图85　鸣喇叭

图86　准许试
　　　刹车

图87　干路
　　　先行

图88　分向行驶方向

图89　车道行驶方向

四、机动车驾驶员交通违章记分办法

（1999年12月9日公安部令第45号发布）

第一章　总　则

第一条　为了维护道路交通秩序，增强机动车驾驶员遵守交通法规的意识，减少道路交通违章行为，预防道路交通事故，根据有关法律和法规的规定，制定本办法。

第二条　本办法适用于持有中华人民共和国机动车驾驶证的机动车驾驶员。

第三条　公安机关交通管理部门对机动车驾驶员实施交通违章记分管理。对违反交通法规的机动车驾驶员予以记分和考试；对模范遵守交通法规的机动车驾驶员予以奖励。

第四条　本办法由公安机关交通管理部门负责实施。

第二章　记分分值

第五条　一次记分的分值,依据违章行为的严重程度,分为12分、6分、3分、2分、1分五种。

第六条　机动车驾驶员有下列违章行为之一的,一次记12分:

(一)醉酒后驾驶机动车的;

(二)把机动车交给无驾驶证的人驾驶的;

(三)驾驶无牌无证机动车的;

(四)挪用、转借机动车牌证或者驾驶证的;

(五)涂改、伪造、冒领机动车牌证、驾驶证或者使用失效的机动车牌证、驾驶证的;

(六)驾驶禁止驶入高速公路的机动车驶入高速公路的;

(七)在高速公路上倒车、逆行或者穿越中央分隔带掉头、转弯的;

(八)在高速公路上不按规定停车的;

(九)在高速公路上车辆发生故障、事故停车后,不按规定使用灯光和设置警告标志的。

第七条　机动车驾驶员有下列违章行为之一的,一次记6分:

(一)不按规定停车或者车辆发生故障不立即将车移开,造成交通严重堵塞的;

(二)逆向行驶的;

(三)饮酒后驾驶车辆的;

(四)驾车穿插、超越警车护卫车队的;

(五)驾驶与驾驶证准驾车型不相符合的车辆的;

(六)驾车下陡坡时熄火、空档滑行的;

(七)行经铁路道口不按规定行车或者停车的;

(八)客车载人超过额定人数20%以上的;

(九)在高速公路上客车载人超过核定人数的;

（十）在高速公路上货车载物超过核定载质量30％以上的；

（十一）在高速公路上不按规定超车或者变更车道的；

（十二）在高速公路上驾驶转向器、制动器、灯光装置等机件不符合安全要求的车辆的；

（十三）在高速公路上载运危险物品未经审批或者未按规定行驶的。

第八条 机动车驾驶员有下列违章行为之一的，一次记3分：

（一）不按规定超车或者让车的；

（二）违反交通信号指示的；

（三）路口遇有交通堵塞，强行驶入的；

（四）驾驶未经检验或者检验不合格的车辆的；

（五）驾驶转向器、制动器、灯光装置等机件不达安全要求的车辆的；

（六）进入导向车道后，不按规定方向行驶的；

（七）不避让执行任务的警车、消防车、工程救险车、救护车的；

（八）在禁行的时间、道路上行驶的；

（九）违反停车规定，临时停车、停放的；

（十）不按规定掉头的；

（十一）驾驶噪声和排放有害气体超过国家标准的车辆的；

（十二）不按规定使用喇叭或者喇叭音量超过标准的；

（十三）客车载人超过核定人数未过20％的；

（十四）货车载物超过核定载质量30％以上的；

（十五）在高速公路上货车载物超过核定载质量未达30％的；

（十六）在高速公路上违反其他载人规定的；

（十七）在高速公路上机动车载物长度、宽度、高度超过规定，未经审批或者未按规定行驶的；

（十八）在高速公路上驾车超过规定最高时速二十公里以上的；

（十九）在高速公路上不按规定保持行车间距的；

(二十)在高速公路上正常情况下驾车低于规定最低时速的；

(二十一)在高速公路上未按规定系安全带的；

(二十二)低能见度气象条件下在高速公路上不按规定行驶的；

(二十三)实施高速公路交通管制后，违反管制措施的。

第九条 机动车驾驶员有下列违章行为之一的，一次记 2 分：

(一)违反交通标志、交通标线指示的；

(二)违反车速规定的；

(三)货车载物超过核定载质量未达 30％的；

(四)驾驶后视镜、刮水器不符合安全要求的车辆的；

(五)向右转弯遇同车道内前方有车等候放行信号时，强行转弯的；

(六)行经交叉路口不按规定行车或者停车的；

(七)在同车道行驶中，不按规定与前车保持必要的安全距离的；

(八)不按规定使用转向灯的；

(九)不按规定使用防眩目近光灯、远光灯、示宽灯、尾灯、雾灯的；

(十)行经人行横道，不按规定停车、减速、避让行人的；

(十一)驶入或者驶出非机动车道，不避让非机动车的；

(十二)不按规定安装、使用警报器或者标志灯具的；

(十三)不按规定临时停车的；

(十四)不按规定申领或使用机动车临时号牌、试车号牌或者移动证的；

(十五)在高速公路上骑、压车道分界线行驶和在超车道上连续行驶的；

(十六)在高速公路上违反规定拖曳故障车、肇事车的；

(十七)在高速公路上不按规定车道行驶的。

第十条 机动车驾驶员有下列违章行为之一的，一次记 1 分：

（一）不按规定会车、倒车的；

（二）在实习期间不按规定驾驶大型客车、电车、起重车或者挂车的汽车的；

（三）不按规定拖带挂车或者牵引车辆的；

（四）不按规定安装车辆号牌的；

（五）不携带驾驶证、行驶证的；

（六）驾驶和乘坐二轮摩托车，不戴安全头盔的；

（七）驾驶轻便摩托车载人或者驾驶二轮、侧三轮摩托车后座附载不满十二岁儿童的；

（八）驾车没有关好车门、车厢的；

（九）驾车时吸烟、饮食或者有其他妨碍安全行车行为的；

（十）在没有划分中心线和机动车道与非机动车道的道路上，不按规定行驶的；

（十一）小型客车行驶中，驾驶员未按规定系安全带的；

（十二）其他违反车辆装载规定的。

第十一条 机动车驾驶员造成交通事故尚不够追究刑事责任的，除按照法规处理和对违章行为记分外，还应按照下列规定追加记分：

（一）造成重大事故，负次要责任的，追加记分 3 分；

（二）造成一般事故，负同等责任以上的，追加记分 2 分；

（三）造成轻微事故，负主要责任以上的，追加记分 1 分。

造成交通事故被吊销机动车驾驶证的，不予记分。

第三章　记分执行

第十二条 记分周期为一年度，总分 12 分，从机动车驾驶员初次领取机动车驾驶证之日起计算。一个记分周期满后，记分分值累加未达到 12 分的，该周期内的记分分值予以消除，不转入下一个记分周期。

第十三条 交通违章记分与对机动车驾驶员违章行为进行纠

正、处罚或者追究其交通事故行政责任同步执行。

对非本地核发机动车驾驶证的驾驶员给予记分的,应当将记分情况转至核发地公安机关交通管理部门。

第十四条 机动车驾驶员一次有两种以上违章行为的,应当分别计算,累加分值。

第十五条 公安机关交通管理部门发现机动车驾驶员记分分值已满12分的,滞留其机动车驾驶证正证和副证,考试合格后应当及时发还。但同时被处以吊扣机动车驾驶证处罚期限未到的,应当在吊扣期满后发还。

第十六条 机动车驾驶员对交通违章处罚和交通事故处罚不服,申请行政复议或者提起行政诉讼后,经依法裁决变更或者撤销原处罚决定的,相应记分分值予以变更或者消除。

第四章 考 试

第十七条 公安机关交通管理部门对在一个记分周期内记分分值满12分的机动车驾驶员进行考试的内容是交通法规与相关知识和道路驾驶。

第十八条 公安机关交通管理部门应当向社会公布机动车驾驶员违章记分查询方式。对需要参加考试的机动车驾驶员应当提前通知考试的时间、地点和内容。

机动车驾驶员应当主动查询自己的记分情况,并按照公安机关交通管理部门通知的时间、地点参加考试。

第十九条 记分分值满12分的机动车驾驶员经考试合格的,原记分分值予以消除。考试不合格的,可以申请补考。

机动车驾驶员在一个记分周期内被再次记满12分的,除须重新参加交通法规与相关知识和道路驾驶考试外,还须增考场地驾驶。

第二十条 机动车驾驶员被记满12分,经公安机关交通管理部门通知后,无正当理由逾期三个月不参加考试的,撤销其机动车驾驶证。

第二十一条 机动车驾驶员对交通违章处罚和交通事故处罚不服,申请行政复议或者提起行政诉讼的,在复议、诉讼期间机动车驾驶员接受考试的时限顺延。

第五章 奖 励

第二十二条 公安机关交通管理部门对无交通违章记分的机动车驾驶员按下列规定予以奖励:

(一)机动车驾驶员连续二个记分周期内无交通违章记分的,免审验一次;

(二)机动车驾驶员连续五个记分周期内无交通违章记分的,同时延长机动车驾驶证有效期二年;

(三)机动车驾驶员连续十个记分周期内无交通违章记分的,二十年内免审验和换证。

第二十三条 公安机关交通管理部门对予以奖励的机动车驾驶员应当在机动车驾驶证上注明。

第六章 附 则

第二十四条 对地方法规、规章设定违章行为确定的记分分值,只适用于当地机动车驾驶员。

第二十五条 本办法自 2000 年 3 月 1 日起施行。

五、我国农用车 2001 年 1～9 月 产销量情况

车 型	产销量	产 量（辆）	销 量（辆）	产销率（％）
农用车		2147612	2072930	96.52
其中	四轮农用车	277290	276082	99.56
	三轮农用车	1870322	1796848	96.07

四轮农用运输车 2001 年 1～9 月 排名前 10 名企业的产销量

序 号	企 业 名 称	产量（辆）	销量（辆）
1	山东时风(集团)有限责任公司	29228	29200
2	安徽飞彩(集团)有限公司	25404	25999
3	山东华源凯马车辆有限公司	21683	20791
4	北汽福田车辆股份有限公司	20333	21067
5	淄博汽车制造厂	13074	12879
6	山东黑豹集团公司	10982	10552
7	四川省公路机械厂	9240	9601
8	许昌机器制造厂	9206	9209
9	杭州市挂车总厂	8704	8674
10	成都王牌车辆股份有限公司	8317	8923

三轮农用运输车 2001 年 1～9 月
排名前 10 名企业的产销量

序　号	企　业　名　称	产　量（辆）	销　量（辆）
1	山东时风(集团)有限责任公司	589723	589722
2	山东巨力股份有限公司	388578	387382
3	南京金蛙集团有限公司	223683	156544
4	山东双力集团股份有限公司	178085	178000
5	安徽飞彩(集团)有限公司	163250	160961
6	山东五征农用车制造有限公司	66781	66652
7	河南奔马集团股份有限公司	42034	41799
8	沈阳天菱机械有限责任公司	36926	35524
9	许昌机器制造厂	21513	21602
10	山东华源光明机器制造有限公司	21293	21731

注：以上资料出自 2001 年 10 月 20 日《中国农机化报》,仅供参考。

六、我国大中型拖拉机 2001 年 1～6 月
排名前 10 名企业的产销量

序　号	企　业　名　称	产　量（台）	销　量（台）
1	山东拖拉机厂	5358	5220
2	中国一拖集团公司	3586	3020

序 号	企 业 名 称	产 量 (台)	销 量 (台)
3	盐城拖拉机厂	2601	2675
4	上海拖内公司	2544	2579
5	天津拖拉机有限公司	2426	2083
6	宁波中策拖拉机公司	2147	2421
7	东风农机集团公司	1332	1253
8	一拖清江拖拉机公司	702	1001
9	湖北拖拉机厂	641	544
10	新疆十月拖拉机厂	540	553

注:以上资料出自 2001 年 8 月 9 日《中国农机化报》,仅供参考。

金盾版图书，科学实用，
通俗易懂，物美价廉，欢迎选购

新编汽车驾驶员自学读本
（第二次修订版）　31.00 元
汽车维修工艺　46.00 元
汽车电子控制装置使用维
修技术　33.00 元
柴油汽车故障检修 300 例　15.00 元
汽车发机机构造与维修　30.00 元
汽车底盘构造与维修　26.50 元
汽车电气设备构造与维修　29.00 元
汽车驾驶技术教程　22.00 元
汽车使用性能与检测　19.00 元
汽车电工实用技术　46.00 元
汽车故障判断检修实例　10.00 元
汽车转向悬架制动系统使用
与维修问答　22.00 元
汽车电器电子装置检修图解　45.00 元
新编汽车故障诊断与检修问
答　37.00 元
怎样识读汽车电路图　10.00 元
新编国产汽车电路图册　47.00 元
新编汽车电控自动变速器
故障诊断与检修　30.00 元
国产轿车自动变速器维修
手册　29.00 元
北京福田系列汽车使用与
检修　19.00 元
汽车故障诊断检修 496 例　15.50 元
新编解放系列载货汽车使
用与检修　15.00 元
新编东风系列载货汽车使
用与检修　17.00 元
新编汽车修理工自学读本　33.50 元
中级汽车修理工职业资格
考试指南　18.00 元
汽车维修指南　32.00 元

汽车传感器使用与检修　13.00 元
轿车选购与用户手册　39.00 元
汽车驾驶常识图解
（修订版）　12.50 元
新编轿车驾驶速成图解教
材　17.00 元
新编汽车电控燃油喷射系
统结构与检修　25.00 元
东风柴油汽车结构与使用
维修　29.00 元
机动车机修人员从业资格
考试必读　27.00 元
机动车电器维修人员从业
资格考试必读　23.00 元
机动车车身修复人员从业
资格考试必读　20.00 元
机动车涂装人员从业资格
考试必读　16.00 元
机动车技术评估(含检测)
人员从业资格考试必读　16.00 元
汽车驾驶技术图解　27.00 元
汽车维修电工技能实训　19.00 元
汽车维修工技能实训　20.00 元
汽车涂装美容技术问答　17.00 元
夏利系列轿车故障诊断排
除实例　14.50 元
汽车电子控制技术自学读
本　25.00 元
汽车电控系统故障诊断检
修实例　33.00 元
新编汽车故障诊断与检修
问答　37.00 元
威驰轿车维修技术问答　25.00 元
斯太尔重型载货汽车维修
手册　23.50 元

富康轿车结构与使用维修	6.30 元	汽车修理基本技术指南	
天津华利微型汽车结构与		（修订版）	18.50 元
使用维修	10.50 元	北京 2020 系列汽车结构	
天津夏利轿车结构与使用		与维修	11.00 元
维修	11.80 元	汽车防抱死制动系统（ABS）	
上海别克轿车结构与维修	16.50 元	结构与使用维护	10.00 元
出租汽车驾驶员运营指南	9.50 元	摩托车故障速查与排除	
初级汽车修理工自学读本		技术手册	16.00 元
（修订版）	32.00 元	国内流行摩托车电气设备	
中级汽车修理工自学读本		结构与维修	27.00 元
（修订版）	34.00 元	摩托车使用与维修问答	19.00 元
中级汽车修理工自学读本		新型摩托车电子控制技	
（平装）	29.60 元	术与电器设备	19.00 元
高级汽车修理工自学读本		图解踏板式摩托车故障	
（精装）	39.00 元	诊断与排除	30.00 元
汽车镗磨工基本技术	14.00 元	国产摩托车使用与维修	19.50 元
汽车电子装置检修手册	12.00 元	电动自行车选购与使用	
汽车使用维修实用技术	23.00 元	维修	17.00 元
国产轿车轻型越野车及客		新编国产摩托车使用与	
车微型客车电路图册	16.00 元	维修（第一册）	29.50 元
中外汽车检测与维修设备		新编国产摩托车使用与	
手册	58.00 元	维修（第二册）	31.00 元
日本汽车计算机控制系统		新编国产摩托车使用与	
及检修	29.00 元	维修（第三册）	20.00 元
解放牌轻型汽车结构与使		新型摩托车电路图集与	
用维修	16.50 元	电路图识读	21.00 元
切诺基吉普车使用维修		摩托车检修技术问答	20.00 元
（修订版）	9.00 元	新型摩托车故障快查快修	19.00 元
进口轿车、轻型越野车及		进口摩托车使用与维修	37.50 元
客车、微型客车电路图		摩托车驾驶读本	11.50 元
册	50.00 元	摩托车驾驶与维修	
摩托车修理入门与技巧	14.00 元	（第二版）	10.00 元

以上图书由全国各地新华书店经销。凡向本社邮购图书或音像制品，可通过邮局汇款，在汇单"附言"栏填写所购书目，邮购图书均可享受9折优惠。购书30元(按打折后实款计算)以上的免收邮挂费，购书不足30元的按邮局资费标准收取3元挂号费，邮寄费由我社承担。邮购地址：北京市丰台区晓月中路29号，邮政编码：100072，联系人：金友，电话：(010)83210681、83210682、83219215、83219217(传真)。